安徽省省级质量工程配套教材
教育部高职教育创新发展计划配套教材
新时代职业教育课证融通新形态一体化教材

计算机绘图——AutoCAD 2020

主　编　陈周五　郭　强　李　娟
副主编　梁发贵　陈　菊　邓文锋
　　　　李晟锴　袁　帅
主　审　史召峰

電子工業出版社
Publishing House of Electronics Industry
北京 · BEIJING

内 容 简 介

AutoCAD 是目前国内外广泛使用的计算机辅助设计软件。本书是编者结合多年教学经验和大量企业工程实践进行编写的。全书共分 9 章,内容涵盖 AutoCAD 2020 基础知识、设置绘图环境、绘制平面图形、平面图形编辑、文本与表格、尺寸标注、创建和使用块、三维模型的绘制、图形布局与输出。本书坚持实例、技巧和经验并重,深入浅出讲解实例操作过程,具有实例简单、易懂易学、实践指导性强的特点。

本书既可作为高职院校工程、建筑、设计相关专业及计算机培训机构的教材,也可作为从事计算机辅助设计及相关工作人员的参考书。

图书在版编目(CIP)数据

计算机绘图 ：AutoCAD 2020 / 陈周五，郭强，李娟主编. -- 北京 ：电子工业出版社，2025. 1. -- ISBN 978-7-121-49570-0

Ⅰ. TP391.72

中国国家版本馆 CIP 数据核字第 2025PH4992 号

责任编辑：刘子杭

印　　刷：湖北画中画印刷有限公司

装　　订：湖北画中画印刷有限公司

出版发行：电子工业出版社

北京市海淀区万寿路 173 信箱　　邮编：100036

开　　本：787×1092　1/16　印张：17　字数：402 千字

版　　次：2025 年 1 月第 1 版

印　　次：2025 年 1 月第 1 次印刷

定　　价：49.00 元

凡所购买电子工业出版社图书有缺损问题，请向购买书店调换。若书店售缺，请与本社发行部联系，联系及邮购电话：(010)88254888,88258888。

质量投诉请发邮件至 zlts@ phei.com.cn,盗版侵权举报请发邮件至 dbqq@ phei.com.cn。

本书咨询联系方式：luy@ phei.com.cn。

前　言　PREFACE

在当今数字化技术飞速发展的时代,AutoCAD 作为一款广泛应用于工程、建筑、设计等领域的计算机辅助设计软件,无论是绘制精确的二维工程图,还是构建复杂的三维模型,AutoCAD 都为专业人士和学习者提供了强大而灵活的功能。

本书以实用为导向,从基础的界面认识开始,逐步引导读者掌握各种绘图工具、编辑命令、尺寸标注、文本与表格操作等基本技能。本书将每个知识点都融入实际的案例当中,让读者在学习过程中不仅能掌握单独的命令,还能理解如何将这些命令组合运用到实际的项目中。同时,本书还涵盖了 AutoCAD 2020 的高级功能,如三维建模、动态块等内容,为读者打开更广阔的设计视野。

中国共产党第二十次全国代表大会(以下简称党的二十大)报告指出:“教育是国之大计、党之大计。培养什么人、怎样培养人、为谁培养人是教育的根本问题。育人的根本在于立德。全面贯彻党的教育方针,落实立德树人根本任务,培养德智体美劳全面发展的社会主义建设者和接班人。”为落实立德树人根本任务,本书每章开篇结合专业培养目标和本课程的相关内容融入课程思政,从而提升学生的人文情怀和综合素养,培养既有科学精神又有人文素养的高素质人才。实现以树人为核心,以立德为根本。

本书的编者均为高校一线教师,编者结合多年教学经验,从方便读者学习的角度出发,在本书的编写过程中主要有以下特色。

1.循序渐进的结构

本书在内容安排上,注重从基础到高级的合理过渡。本书开篇介绍 AutoCAD 2020 的界面布局、基本工具和操作命令,为后续复杂操作奠定基础。例如,绘制简单的二维图形。随着学习的深入,讲解文本与表格、尺寸标注、创建和使用块等中级功能。在学习前述内容后,引入三维建模、文件输出等高级功能。

2.注重实践性

本书每章节末尾配备丰富的练习题,涵盖了该章节的重点知识,方便教师教学和学生练习。同时,在正文中适时添加说明内容,包含一些在实际操作中可能遇到的问题及解决方法,以及提高绘图效率的技巧。

3.语言精练,通俗易懂

本书在讲解知识点时,力求做到语言精练,通俗易懂,避免过多的专业术语堆砌。通过大量的插图、实例和详细的步骤讲解,读者能够直观地理解每个操作的目的和效果。

本书由安徽工业经济职业技术学院陈周五、郭强和淮南联合大学李娟担任主编;由安徽工业经济职业技术学院梁发贵、陈菊、邓文锋,淮南联合大学李晟锴,安徽国防科技职业学院袁帅担任副主编。具体编写分工如下:陈周五编写第8章,郭强编写第4章,李娟编写第2章和第5章,梁发贵编写第3章,陈菊编写第6章,李晟锴编写第7章,邓文锋编写第9章,袁帅编写第1章、附录和课后习题。全书由安徽工业经济职业技术学院史召峰主审。

在编写本书的过程中,编者参阅了部分同类教材和资料,在此向这些作者表示衷心的感谢。由于编者水平有限,书中难免存在疏漏或不足之处,恳请使用本书的广大师生和读者批评指正,以便在修订本书时加以改进和更正。

编　者

2024年10月

目 录 CONTENTS

第1章 AutoCAD 2020基础知识

党的二十大报告指出："加快建设国家战略人才力量，努力培养造就更多大师、战略科学家、一流科技领军人才和创新团队、青年科技人才、卓越工程师、大国工匠、高技能人才。"高技能人才是我国人才队伍的重要组成部分，熟练掌握 AutoCAD 是提升工程设计等相关行业从业者职业技能的重要手段，有助于打造高质量的工程设计人才队伍，为高质量发展夯实技能人才基石。

【知识目标】

（1）熟悉 AutoCAD 2020 操作界面的组成。

（2）掌握管理图形文件的相关命令。

（3）了解命令输入的基础知识及各种命令的响应。

（4）熟悉图形对象选取的常用方法。

（5）掌握点的坐标输入方式。

【技能目标】

（1）能合理配置操作界面并完成图形文件的基本操作。

（2）能操作鼠标和键盘，快速执行相关命令和功能。

（3）能根据绘图要求合理选取图形对象，进行视图缩放和平移等操作。

（4）能应用坐标输入方式实现点的定位。

【素养目标】

（1）帮助学生了解 AutoCAD 在职业发展中的应用，鼓励学生不断学习新技术和新知识，规划个人职业发展，适应不断变化的技术环境。

（2）在绘制设计图时必须严格遵守相关标准，保证绘图精确，培养学生的质量意识和责任意识。

1.1 初识 AutoCAD 2020

AutoCAD(Autodesk Computer Aided Design,欧特克计算机辅助设计)是 Autodesk(欧特克)公司于 1982 年开发的一款自动计算机辅助设计软件,具有二维绘图、三维设计、数据交换和打印输出图纸等功能,已广泛应用于机械、电子、汽车、土建、航天、石油化工、冶金、地质、纺织、轻工等领域。经过 40 多年的发展,该软件不断完善和更新,已成为工程技术人员必须掌握的基本绘图软件之一,并成为计算机辅助设计领域常用的绘图软件。

1.1.1 软件操作界面

启动 AutoCAD 2020 后,将打开 AutoCAD 2020 初始界面,如图 1-1 所示。该界面主要由"了解"和"创建"两大模块组成,通过不同模块可以执行开始绘图、打开文件、快速打开最近使用过的文档、显示产品更新信息、发送反馈等操作。

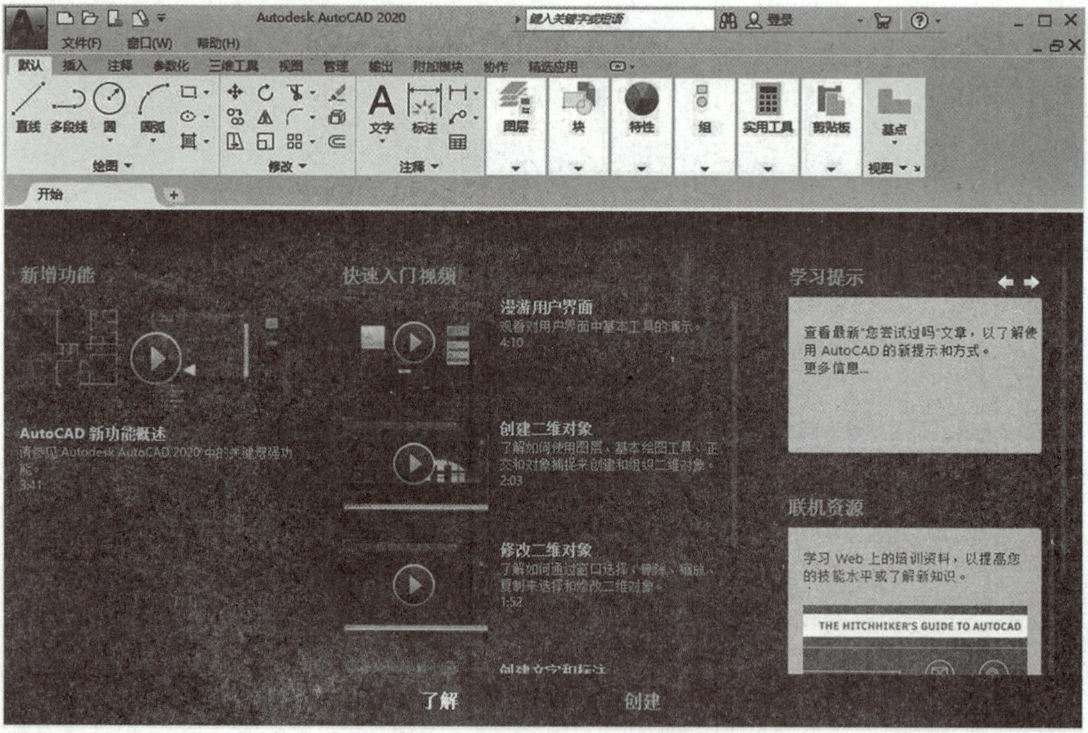

图 1-1　AutoCAD 2020 初始界面

在"创建"模块中选择"开始绘图"选项,会自动创建一个名为"Drawing1.dwg"的图形文件,并打开如图 1-2 所示的 AutoCAD 2020 操作界面。操作界面主要包括"应用程序"按钮、快速访问工具栏、标题栏、菜单栏、选项卡、功能区、绘图区、状态栏、命令行等。

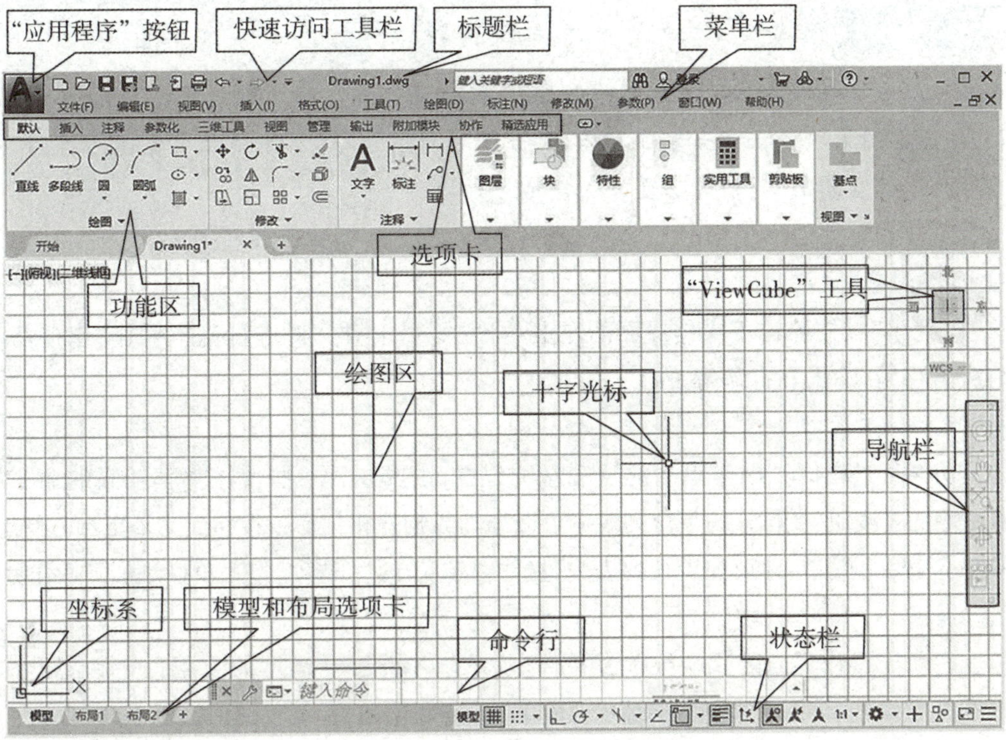

图 1-2　AutoCAD 2020 操作界面

1.工作空间

工作空间是用户配置界面，它允许用户根据不同的任务或工作环境配置绘图环境，包括菜单栏、快速访问工具栏、选项卡和功能区的布局等。

AutoCAD 2020 提供了 3 种系统设置的工作空间，即“草图与注释”“三维基础”“三维建模”。其中，“草图与注释”工作空间主要用来绘制二维平面图形；“三维基础”工作空间主要用来绘制三维实体模型；“三维建模”工作空间主要用来绘制三维实体、曲面和网格模型。用户可以按需求选择相应的工作空间。

进入 AutoCAD 2020 操作界面后，系统默认的工作空间是“草图与注释”。若要切换工作空间，则可通过“工作空间”下拉列表来切换，如图 1-3(a)所示，也可单击绘图区右下方状态栏中的“切换工作空间”按钮 ⚙ ·，在弹出的快捷菜单中切换，如图 1-3(b)所示。

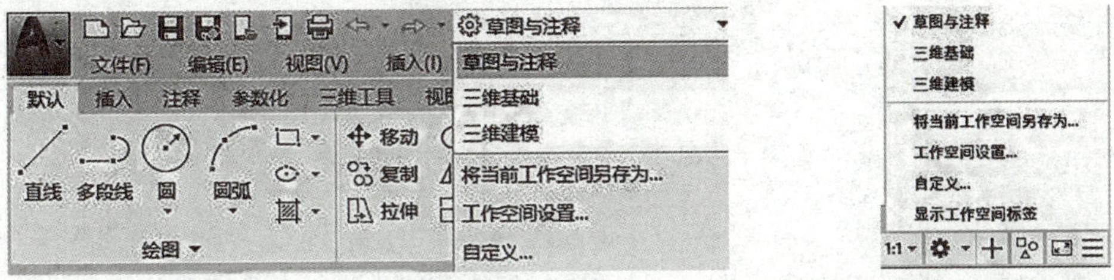

（a）“工作空间”下拉列表　　（b）“切换工作空间”快捷菜单

图 1-3　工作空间的切换

说明

用户可以依据个人绘图习惯或工作需要，自行配置工作空间。用户先配置选项卡、功能区的布局，然后在图 1-3(b)的“切换工作空间”快捷菜单中选择“将当前工作空间另存为”选项，输入合适的工作空间名称，即可配置工作空间。

2.“应用程序”按钮

“应用程序”按钮 A 位于操作界面的左上角，主要用于对文件进行基本操作，包括新建、打开、保存、另存为、输出和打印等。

3.快速访问工具栏

快速访问工具栏位于操作界面的顶端左侧位置，主要包含一些使用频率较高的命令按钮。单击其右侧的 ▾ 按钮，在打开的下拉列表中可以添加或删除相关命令按钮。为了更加方便地学习软件的基本命令和功能，建议在下拉列表中选择“显示菜单栏”选项，将菜单栏添加到操作界面。

4.标题栏

标题栏位于操作界面的顶端位置，用于显示系统当前正在运行的应用程序和图形文件名称。标题栏右端的 _ ▫ ✕ 按钮，分别表示最小化、最大化和关闭应用程序窗口。

5.菜单栏

将菜单栏添加到操作界面后，菜单栏将显示在标题栏的下方。AutoCAD 2020 的菜单栏包括文件(F)、编辑(E)、视图(V)、插入(I)、格式(O)、工具(T)、绘图(D)、标注(N)、修改(M)、参数(P)、窗口(W)和帮助(H)12 个菜单项，这些菜单项几乎涵盖了 AutoCAD 2020 的所有命令，使用起来非常方便。

AutoCAD 2020 菜单项命令的 4 种类型如图 1-4 所示。

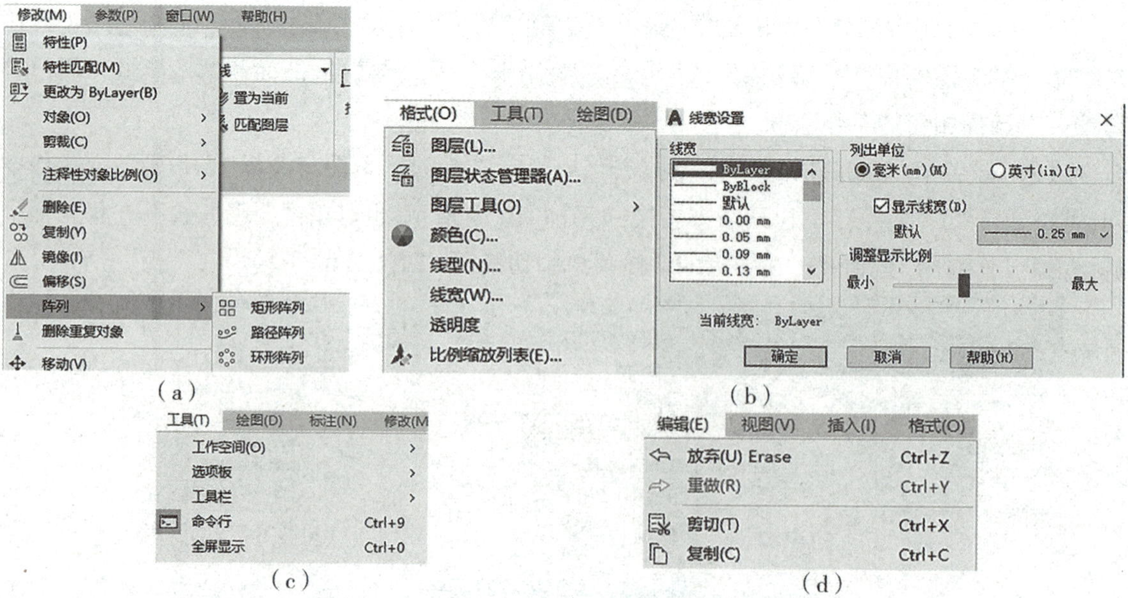

(a) (b) (c) (d)

图 1-4 AutoCAD 2020 菜单项命令的 4 种类型

(1)带有›符号的命令。

该命令含有子命令。例如,执行“修改(M)”→“阵列”命令,会进一步列出所有的阵列子命令,如图 1-4(a)所示。

(2)带有“...”的命令。

执行该命令将打开一个对话框。例如,执行“格式(O)”→“线宽(W)...”命令,会打开“线宽设置”对话框,如图 1-4(b)所示。

(3)带有组合键的命令。

按组合键可执行该命令。例如,按“Ctrl+0”组合键,等同于执行“工具(T)”→“全屏显示”命令,如图 1-4(c)所示。此时,绘图区将最大化显示。

(4)呈灰色显示的命令。

在当前状态下无法执行该命令。例如,在操作界面中未操作的情况下,展开“编辑(E)”下拉菜单,会发现“重做(R)”命令呈灰色,说明此时无法执行该命令,如图 1-4(d)所示。

6.功能区

AutoCAD 2020 将大部分命令以按钮的方式分类放置在不同选项卡中,每个选项卡对应一定的功能区,每个功能区内都有相应的工具条或对话框,方便用户使用。单击功能区下面的▼按钮,展开功能区,即可显示更多的工具条或对话框。此外,功能区展开后,可单击其左下角的按钮,使功能区始终保持展开状态。

7.绘图区

绘图区是功能区下方的空白区域,是用户使用 AutoCAD 2020 绘制图形的区域,所有绘图结果都反映在该区域内。AutoCAD 2020 的绘图区是无限大的,用户可在其中绘制任意尺寸的图形。此外,位于绘图区左下角的是“坐标系”,可显示坐标轴的正方向;位于绘图区右上角的是“ViewCube”工具,可以从不同视角查看图形,主要应用于三维建模;位于绘图区右侧中部的是“导航栏”,主要有平移、缩放,以及其他绘图导航工具。

8.命令行

命令行位于绘图区的下方,是用户与 AutoCAD 2020 进行交互的窗口。在命令行中可以输入命令及参数,并显示当前所执行命令的提示信息。在绘图过程中,初学者应留意命令行的提示内容和信息,以便及时了解该命令接下来的操作。按“F2”键,可以打开如图 1-5 所示的命令行文本信息,从中可以查看更多的历史提示内容和信息。

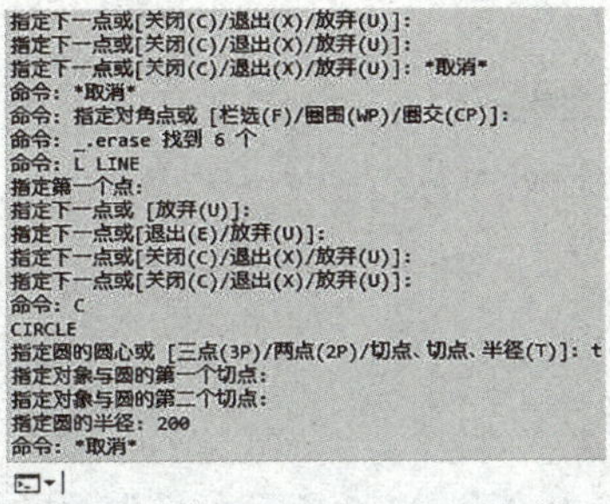

图 1-5　命令行文本信息

说明

(1)在命令行中输入命令后，会出现一些符号。其中，“[ ]”符号表示命令在执行至某一阶段时有多种选项供选择；“( )”符号表示可选项的标识字符，一般由数字或字母组成，输入标识字符即可选择相应可选项；“< >”符号内的数值为默认值，按“Enter”键可直接输入默认值。例如，在命令行中输入“CIRCLE”并按“Enter”键，当指定圆心位置后，命令行出现提示信息：

```
CIRCLE 指定圆的半径或 [直径(D)]<20.0000>:
```

此时可以指定圆的半径或直径选项。如需指定圆的直径选项，需要输入“D”标识字符，命令行出现提示信息：

```
CIRCLE 指定圆的直径<40.0000>:
```

当圆的直径为40时，按“Enter”键可直接输入40。

(2)在命令行中输入命令、参数或选项后，必须按空格键或“Enter”键进行确认。否则，所输入的命令、参数或选项无效。

9.状态栏

状态栏位于操作界面的右下方，主要用于显示和控制AutoCAD 2020当前的工作状态，如当前坐标的坐标值、各种辅助绘图工具的状态和相关图形状态等。用户可对状态栏显示的工具按钮进行自定义，方法为：单击状态栏右端的“自定义”按钮≡，在弹出的快捷菜单中选择要显示或隐藏的工具按钮（已在状态栏中显示的工具按钮，其名称前带有✓符号）。

1.1.2 管理图形文件

1.新建文件

要绘制AutoCAD 2020图形文件，必须新建一个图形文件。启动AutoCAD 2020后，在“创建”模块中选择“开始绘图”选项，会自动创建一个名为“Drawing1.dwg”的图形文件。用户既可以直接使用此图形文件绘制图形，也可以以系统提供的样本文件为基础新建一个图形文件。可通过以下5种方式执行“新建文件”命令。

(1)“应用程序”按钮：→。

(2)菜单栏：“文件(F)”→“新建(N)…”。

(3)快速访问工具栏：。

(4)命令行：输入“NEW”，按“Enter”键。

(5)组合键：Ctrl+N。

执行上述任意一种操作后，打开如图1-6所示的“选择样板”对话框，从中选择合适的样板文件(默认为“acadiso.dwt”),单击“打开(O)”按钮,即可以该样板文件为基础新建一个图形文件。

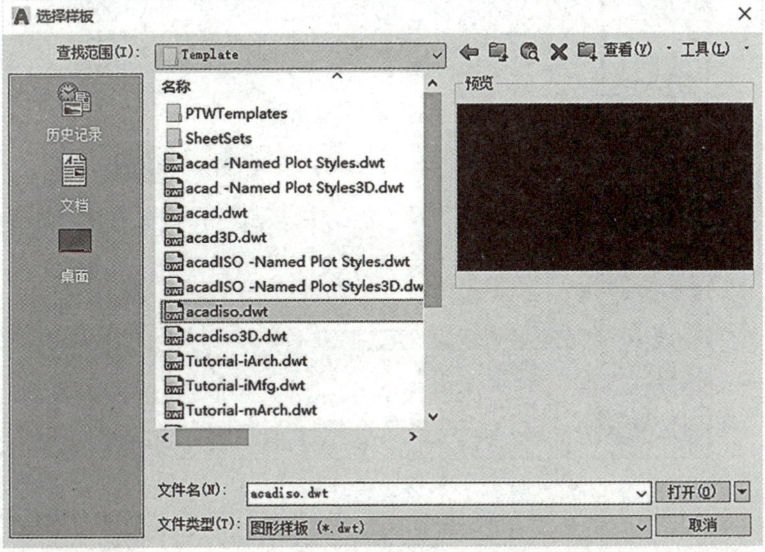

图 1-6　“选择样板”对话框

说明

(1)样板文件(＊.dwt)是预先定义图形单位、图层、尺寸标注样式、图纸边框、标题栏和输出布局等基本配置的文件。“acadiso.dwt”是 AutoCAD 2020 默认的标准样板文件,图形单位默认为公制单位。

(2)用户可根据自身需求创建样板文件,方法如下。

①用默认的“acadiso.dwt”样板文件创建一个新样本文件。

②设置新样本文件的绘图特性,如图形单位、图形界限、图层、文字样式、标注样式等。

③将设置好的样本文件保存为“＊.dwt”格式。

④在图 1-6 的“选择样板”对话框中找到该样板文件,单击“打开(O)”按钮即可。

2.打开文件

可打开已经保存的某个图形文件进行查看和编辑,可通过以下 5 种方式执行“打开文件”命令。

(1)“应用程序”按钮:A→打开。

(2)菜单栏:“文件(F)”→“打开(O)...”。

(3)快速访问工具栏:打开图标。

(4)命令行:输入“OPEN”,按“Enter”键。

(5)组合键:Ctrl+O。

执行上述任意一种操作后，打开如图 1-7 所示的“选择文件”对话框。在按住“Ctrl”键或“Shift”键的同时选择要打开的文件，可一次选中多个文件。

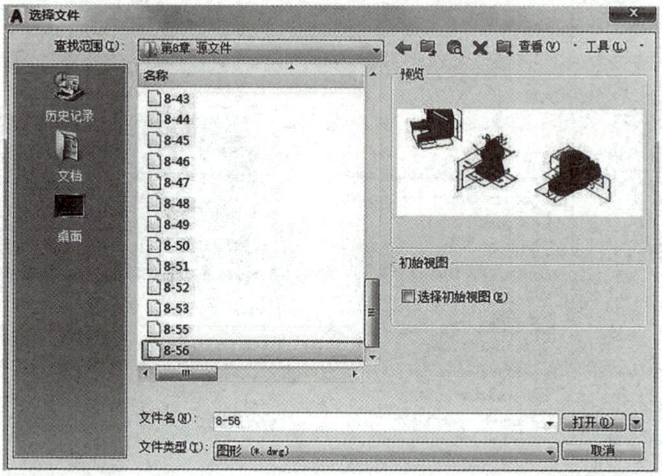

图 1-7 “选择文件”对话框

3.保存文件

将绘制完成的图形文件保存，方便以后查看或使用，可通过以下 5 种方式执行“保存文件”命令。

(1)“应用程序”按钮：→。

(2)菜单栏：“文件(F)”→“保存(S)”。

(3)快速访问工具栏：。

(4)命令行：输入“SAVE”，按“Enter”键。

(5)组合键：Ctrl+S。

执行上述任意一种操作后，打开如图 1-8 所示的“图形另存为”对话框。从中选择图形文件的保存路径、输入文件名、指定文件类型后，单击“保存(S)”按钮保存图形文件。

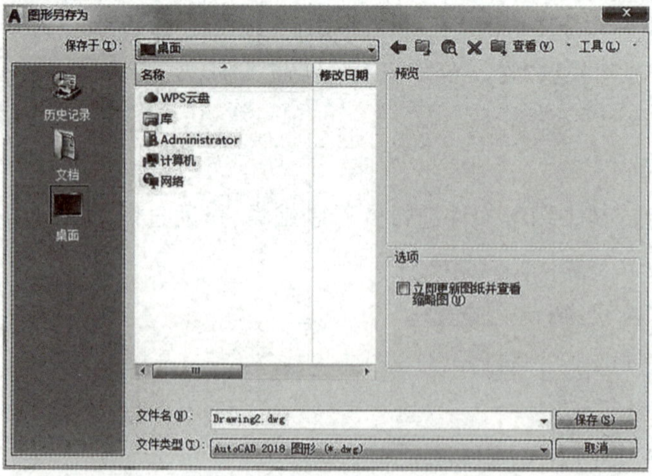

图 1-8 “图形另存为”对话框

说明

(1)在对图形文件执行“保存文件”命令后，再次单击“保存(S)”按钮，系统不会打开“图形另存为”对话框，而会自动保存文件。

(2)为了使低版本的 AutoCAD 能顺利打开高版本保存的文件，在“文件类型(T)”下拉列表中应尽量选择低版本的“ *.dwg”文件。

(3)当前的图形文件被修改后，若想另存为一个新文件，则可通过“另存为”命令来进行保存。

4.关闭文件

在确认图形文件保存后，可以将当前图形文件关闭，可通过以下 4 种方式执行“关闭文件”命令。

(1)“应用程序”按钮：A →关闭。

(2)菜单栏：“文件(F)”→“关闭(C)”或“退出(X)”。

(3)命令行：输入“QUIT”(命令别名“EXIT”)，按“Enter”键。

(4)组合键：Ctrl+Q。

执行上述任意一种操作后，系统将关闭当前的图形文件。若用户对图形文件所做的修改尚未保存，则系统会打开如图 1-9 所示的“AutoCAD”对话框。若单击“是(Y)”按钮，则保存修改后的图形文件后关闭文件；若单击“否(N)”按钮，则不保存修改后的图形文件并关闭文件；若单击“取消”按钮，则取消当前的操作。

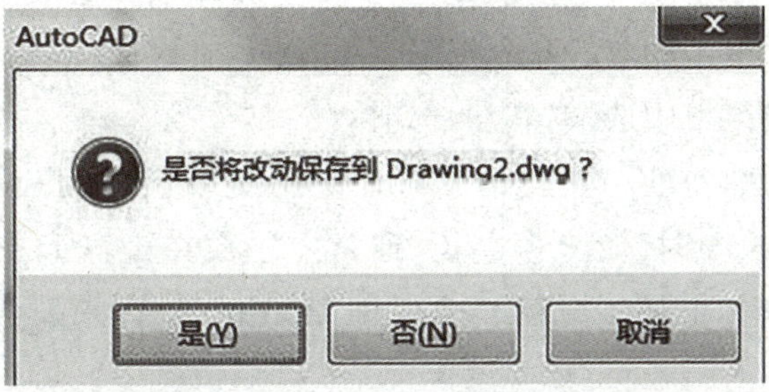

图 1-9　“AutoCAD”对话框

练一练

【练习 1-1】启动 AutoCAD 2020，按照要求完成下列任务。

(1)新建一个图形文件。

(2)将当前工作空间切换到“三维基础”工作空间。

(3)将菜单栏添加到操作界面。

(4)在“视图”选项卡中添加“导航”面板。

练习1-1

(5)在命令行中输入“C”,按“Enter”键;输入“0,0”,按“Enter”键;输入“10”,按“Enter”键。

(6)将该图形文件保存为“圆.dwg”。

(7)退出 AutoCAD 2020。

1.2 快速入门操作

在利用 AutoCAD 2020 进行二维平面图形绘制前,用户需要了解一些绘图前的基础知识和基本操作。

1.2.1 命令的输入及响应

1.命令的输入

AutoCAD 2020 命令的输入主要通过键盘和鼠标。键盘可用于输入命令和参数,鼠标可用于选择选项和单击按钮。

可通过以下 4 种方式执行命令的输入。

(1)在命令行中输入命令或命令别名(不区分英文大小写)。

(2)按快捷键或组合键。

(3)在功能区用鼠标单击相应的命令按钮。

(4)在菜单栏或快捷菜单中选择相应的选项。

无论采用哪种方式执行命令,用户都应随时查看命令行中的提示信息,以便及时了解该命令接下来的操作。在绘图时,应坐姿端正,通常左手放在键盘上控制键盘,左手拇指主要控制空格键;右手放在鼠标上控制光标。键盘输入和鼠标选择的配合应用,能够显著提高绘图效率。

2.命令的取消

在 AutoCAD 2020 中执行某项命令时,可通过以下 3 种方式取消该命令。

(1)按“Esc”键取消命令。

(2)在绘图区右击,在弹出的快捷菜单中选择“取消”选项。

(3)调用另一个可执行的命令,系统将自动取消当前正在执行的命令。

3.命令的重复

在 AutoCAD 2020 中完成某项命令后,可通过以下两种方式重复执行该命令。

(1)命令结束后,再次按空格键或“Enter”键。

(2)在绘图区右击,在弹出的快捷菜单中选择要重复的命令选项。

4.命令的撤销

在绘图过程中，当命令操作的结果出现错误时，可以撤销已经执行的命令。可通过以下 3 种方式执行命令的撤销。

(1)组合键：Ctrl+Z。

(2)快速访问工具栏：⇦。

(3)命令行：输入“UNDO”(命令别名“U”)，按“Enter”键。

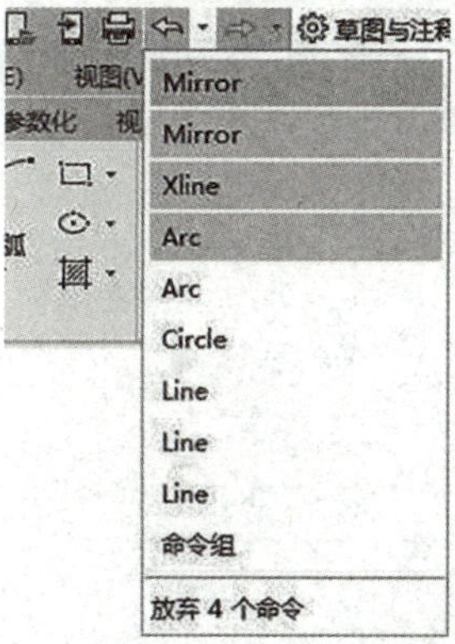

图 1-10 选取需要撤销的多个命令

当需要一次撤销多个命令操作的结果时，可单击“放弃”按钮⇦右侧的▼按钮，在打开的下拉列表中从上到下移动光标，这样可以选取需要撤销的多个命令，在所选的最后一个命令上单击，即可执行多个命令撤销操作，如图 1-10 所示。

说明

如果要恢复已经被撤销的命令，那么应在执行命令撤销操作后立即执行命令恢复操作，即单击快速访问工具栏中的“重做”按钮⇨▼。

5.鼠标的使用

鼠标是使用 AutoCAD 2020 进行绘图的必备工具。目前使用的鼠标基本都是由“双键+滚轮”组成的，在绘图过程中要充分利用鼠标提高绘图效率。鼠标的基本操作及功能如表 1-1 所示。

表 1-1 鼠标的基本操作及功能

鼠标键	基本操作	功能
左键	单击	单击菜单项，执行相应命令；单击图形对象，选取对象；单击特征点，指定点的位置
	双击	双击普通对象，打开“快捷特性”对话框；双击文本或尺寸对象，切换到“文字编辑器”选项卡；双击普通块，打开块编辑器
	按住并拖动	移动对象(选取对象后)
	Shift+单击	取消已经选取的对象
右键	单击	在操作界面不同区域右击，弹出不同的快捷菜单
	按住并拖动	移动对象后，在光标处弹出快捷菜单
	Shift+单击、(Ctrl+单击)	弹出“对象捕捉”快捷菜单

续表

鼠标键	基本操作	功能
滚轮	直接滚动	放大或缩小图形对象
	按住并拖动	实时平移视图
	双击	有图形对象的区域在绘图区最大化显示
	按住并按“Shift”键	动态观察图形对象

1.2.2 图形对象的选取

在对图形对象进行编辑前，应先选取图形对象，其选取前后的显示状态如图 1-11 所示。可以按以下两种顺序选取和编辑图形对象。

(1)先选取要编辑的图形对象，再执行编辑命令。此时选取的图形对象以蓝色高亮显示，并且显示带有特征点的夹点(默认为蓝色)，如图 1-11(b)所示。

(2)先执行编辑命令，再选取要编辑的图形对象。此时选取的图形对象以蓝色高亮显示，但是不显示带有特征点的夹点。

(a)原始图形对象　　(b)带夹点的图形对象(蓝色高亮显示)

图 1-11　图形对象选取前后的显示状态

说明

(1)当光标移动至绘图区时，将变为十字光标。十字光标由两条相互垂直的线段和一个小方框组成。两条相互垂直的线段用于指示光标在坐标系中的位置；小方框称为拾取框，用于拾取对象。为了方便查看和选中对象，十字光标和拾取框的大小可以由用户自行调整，方法为：在绘图区右击，在弹出的快捷菜单中选择“选项(O)...”选项，在打开的“选项”对话框中依次选择“显示”和“选择集”选项卡，分别拖动“十字光标大小(Z)”和“拾取框大小(P)”的滑块位置来调整十字光标与拾取框的大小。

(2)绘图区中所有被选中的对象将成为一个选择集。若需要从选择集中取消某个对象的选中状态，则可在按住“Shift”键的同时单击对象。若需要取消所有对象的选中状态，则按“Esc”键。

AutoCAD 2020 提供多种图形对象的选取方法，如点选、窗口（W）、窗交（C）、栏选（F）、套索选取、全部选取等。

1.点选

点选是系统默认的选取方式，是指单击要选取的对象。这种选取方式需要依次选取对象，如果要选取的对象较多，那么这种选取方式的效率较低。

2.窗口（W）

窗口（W）是指通过一个矩形窗口来选取一组相邻的多个对象。该选取方式通过指定矩形窗口的两个对角点位置，或者从左到右拖出矩形窗口来选取对象。这种矩形窗口是一个边界为实线，背景为浅蓝色的窗口，只有完全包含在矩形窗口内的对象才能被选中，如图 1-12 所示。

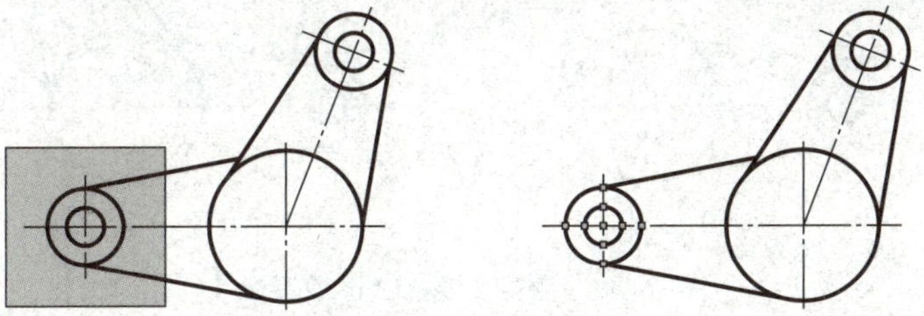

（a）　　（b）

图 1-12　利用窗口（W）选取对象

3.窗交（C）

窗交（C）也是通过一个矩形窗口来选取一组相邻的多个对象。该选取方式与窗口（W）类似，但窗交（C）的矩形窗口必须从右往左拖动形成。这种矩形窗口是一个边界为虚线，背景为浅绿色的窗口，完全包含在矩形窗口内以及与矩形窗口边界相交的对象都会被选中，如图 1-13 所示。

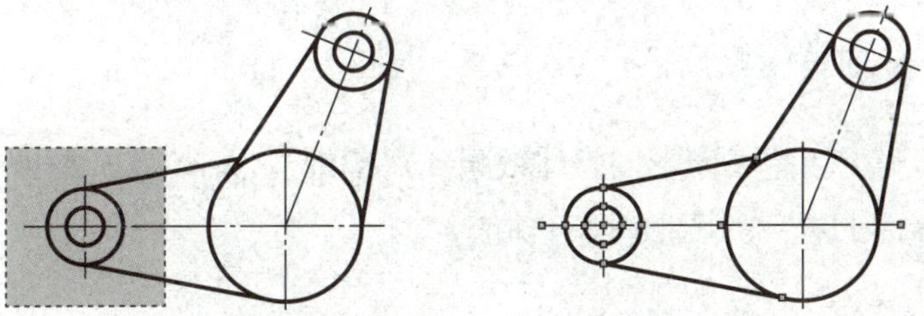

（a）　　（b）

图 1-13　利用窗交（C）选取对象

说明

（1）矩形窗口的操作方法：先单击选取矩形窗口的起点，再移动光标拖出矩形窗口的大小，最后单击确定矩形窗口的对角点。

（2）拖出的矩形窗口与其对角点起点和终点的左、右位置有关，与对角点的上、下位置无关。左位置作为对角点起点的为窗口（W），右位置作为对角点起点的为窗交（C）。

4.栏选(F)

栏选(F)是指通过创建经过若干点的选择栏来选取对象,这种选取方式适用于选取相距较远的对象。在绘图区单击指定一点,此时命令行出现提示信息:

```
指定对角点或[栏选(F)围圈(WP)圈交(CP)]:
```

输入"F"并按"Enter"键,在绘图区绘制一条选择栏(虚线),与选择栏相交的所有对象均会被选中,如图 1-14 所示。

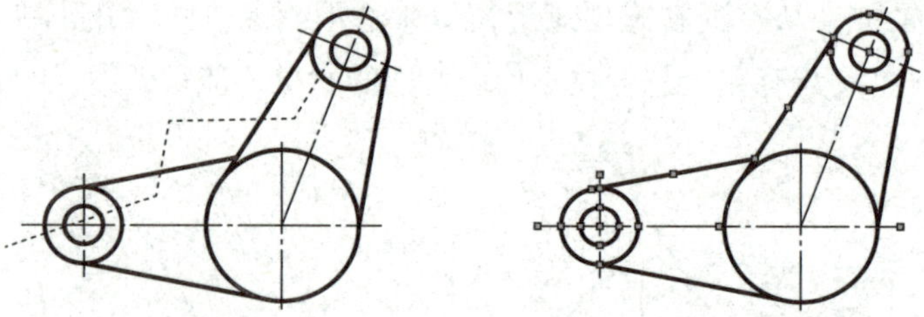

(a)　　　　(b)

图 1-14　利用栏选(F)选取对象

5.套索选取

套索选取是指通过一个封闭的不规则区域来选取对象。在绘图区按住鼠标左键并拖动,此时可按空格键在"窗口(W)""窗交(C)""栏选(F)"3 种套索方式之间来回切换,释放鼠标左键,即可按照选定的套索方式选取对象。

6.全部选取

当需要将绘图区内除锁定层和冻结层以外的所有对象全部选取时,可通过"Ctrl+Z"组合键快速完成。

1.2.3　视图缩放与平移

在绘制图形时,为灵活查看图形的整体效果或局部细节,AutoCAD 2020 提供了视图缩放与平移(视图为当前界面上看到的图形对象)功能。

1.视图缩放

视图缩放是指在保持图形对象真实尺寸不变的情况下,放大或缩小图形对象在绘图区的显示比例。通过缩放图形对象的显示比例,用户可以更加精确地观察和绘制图形。

(1)实时缩放。

实时缩放是 AutoCAD 2020 最基本的显示控制方式之一。在该模式下,十字光标将变为放大镜符号。按住鼠标左键向上移动,当十字光标变为带加号的放大镜符号时可放大视图显示;按住鼠标左键向下移动,当十字光标变为带减号的放大镜符号时可缩小视图显示。实时缩放完成后,可按"Esc"键或"Enter"键退出。

可通过以下 4 种方式执行"实时缩放"命令。

①菜单栏："视图(V)"→"缩放(Z)"→"实时(R)"。

②功能区："视图"选项卡→"导航"面板 →"实时"按钮±实时。

③命令行：输入"ZOOM"(命令别名"Z")，按"Enter"键。

④导航栏："实时缩放"按钮。

(2)窗口缩放。

窗口缩放是 AutoCAD 2020 最常用的显示控制方式之一。在该模式下，通过光标在绘图区拾取矩形窗口的两个对角点位置，矩形窗口内的图形对象将放大并充满整个绘图区。该功能非常方便查看和编辑图形对象的细节特征。

可通过以下 4 种方式执行"窗口缩放"命令。

①菜单栏："视图(V)"→"缩放(Z)"→"窗口(W)"。

②功能区："视图"选项卡→"导航"面板 →"窗口"按钮窗口。

③命令行：输入"ZOOM"(命令别名"Z")后，输入"W"，按"Enter"键。

④导航栏："窗口缩放"按钮。

(3)全部缩放。

全部缩放是 AutoCAD 2020 使用比较频繁的显示控制方式。在该模式下，可以将设置的图形界限在绘图区最大化显示，或将绘图区内的所有图形对象最大化显示(取决于图形界限和图形对象所占范围的较大者)。

可通过以下 4 种方式执行"全部缩放"命令。

①菜单栏："视图(V)"→"缩放(Z)"→"全部(A)"。

②功能区："视图"选项卡→"导航"面板 →"全部"按钮全部。

③命令行：先输入"ZOOM"(命令别名"Z")，按"Enter"键；再输入"A"，按"Enter"键。

④导航栏："全部缩放"按钮。

说明

当新建图形文件后，系统默认的绘图区图形显示比例不符合制图规范。通常在绘制图形之前，需要执行"全部缩放"命令，将设置的图形界限在绘图区最大化显示，方便图形绘制和显示。

另外，视图缩放还包括比例缩放、动态缩放、对象缩放、圆心缩放、范围缩放等方式，其操作方式和功能与前述缩放方式类似，此处不再赘述。

2.视图平移

视图平移是相对于视图缩放的另一种转换图形对象显示范围的工具。在该模式下，可以移动图形对象在视图中的显示位置，方便看清图形对象的其他部分。此时十字光标将变为小手符号。按住鼠标左键并拖动，即可平移视图。在平移视图时，视图的显示比例不变。视图平移完成后，可按"Esc"键或"Enter"键退出。

可通过以下 4 种方式执行“视图平移”命令。

（1）菜单栏：“视图（V）”→“平移（P）”→实时、点(P)、左(L)、右(R)、上(U)、下(D)。

（2）功能区：“视图”选项卡→“导航”面板 →“平移”按钮平移。

（3）命令行：输入“PAN”，按“Enter”键。

（4）导航栏：“平移”按钮。

练一练

【练习 1-2】启动 AutoCAD 2020，执行“直线”和“圆”命令，根据命令行提示信息，自行绘制线段和圆。

（1）练习命令的取消、重复、撤销等操作。

（2）使用鼠标练习图形对象的选取、视图缩放、视图平移等操作。

1.3 坐标系及坐标的表示方法

在绘制图形时，经常需要用户输入指定位置的点来确定图形对象的位置和方向。在 AutoCAD 2020 中通过坐标系，可快速准确地定位指定位置的点。

1.3.1 世界坐标系和用户坐标系

坐标系可分为世界坐标系（WCS）和用户坐标系（UCS），AutoCAD 2020 的坐标系图标如图 1-15 所示。

WCS 是 AutoCAD 2020 默认的坐标系，它是固定不变的，用于确定图形文件中所有图形对象的绝对位置。在二维平面中，WCS 的原点通常位于绘图区的左下角，*X* 轴和 *Y* 轴分别代表水平方向和垂直方向，且规定沿 *X* 轴向右和 *Y* 轴向上的方向为正方向，*X* 轴和 *Y* 轴的交点为 WCS 的原点。WCS 如图 1-15（a）所示。

在一些情况下，使用 WCS 绘图不方便，此时用户可以自行定义坐标原点和轴向，这种坐标系即为 UCS。用户自行定义的坐标原点和轴向，有利于在特定方向上绘制图形对象或进行更直观的设计。二维 UCS 和三维 UCS 如图 1-15（b）和图 1-15（c）所示。

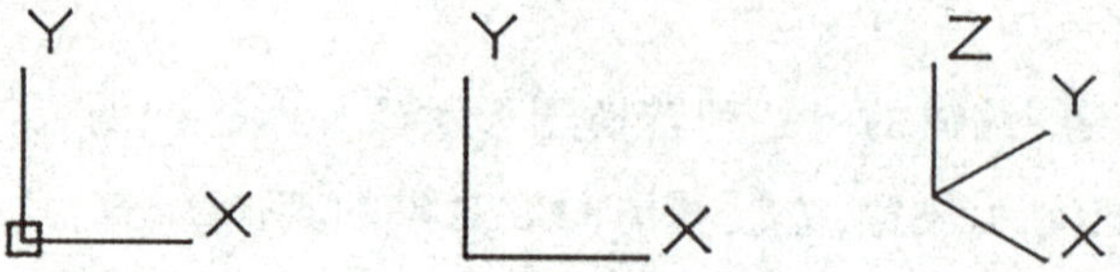

（a）WCS　（b）二维UCS　（c）三维UCS

图 1-15　AutoCAD 2020 的坐标系图标

说明

(1)当坐标系图标上的坐标原点有方框时,UCS 处在 WCS 的位置;当没有方框时,UCS 偏离 WCS 的位置。无论是 WCS 还是 UCS,一个图形对象中只能有一个坐标系。

(2)在绘制二维平面图形时,主要采用 WCS 作为绘图基准;在三维实体建模时,UCS 是三维建模的基础。

1.3.2　坐标输入方式

AutoCAD 2020 提供了 4 种坐标输入方式,即绝对直角坐标、相对直角坐标、绝对极坐标、相对极坐标。

1.绝对直角坐标

绝对直角坐标是以坐标原点为参照点来定位其他点的。在默认状态下,系统采用俯视图的视角,用户在输入坐标点时,只需要输入 x、y 坐标值,坐标值之间用逗号隔开,其表达式为(x,y)。例如,输入“50,30”表示该点的 x 坐标为 50,y 坐标为 30。

【例 1-1】现有如图 1-16 所示的四边形,A 点坐标为(25,10),$AB=30$,$BC=25$。使用绝对直角坐标输入方式,利用“直线”命令绘制该图形。

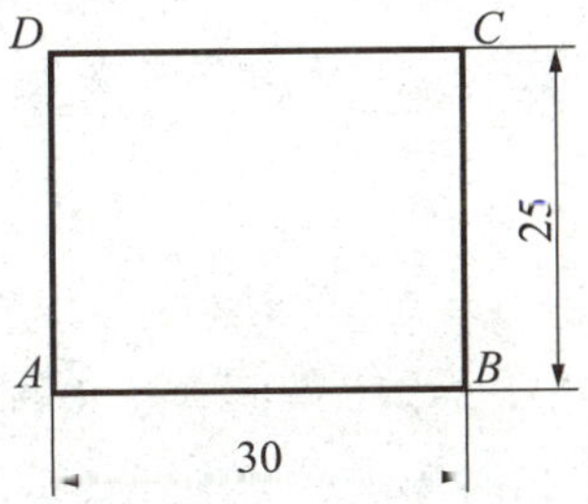

图 1-16　例 1-1 图

解:在命令行中输入“LINE”,按“Enter”键,此时命令行显示操作如下:

```
命令: LINE
指定第一个点: 25,10                                    //输入 A 点的绝对直角坐标
指定下一点或 [放弃(U)]: 55,10                           //输入 B 点的绝对直角坐标
指定下一点或 [退出(E)/放弃(U)]: 55,35                   //输入 C 点的绝对直角坐标
指定下一点或 [关闭(C)/退出(X)/放弃(U)]: 25,35           //输入 D 点的绝对直角坐标
指定下一点或 [关闭(C)/退出(X)/放弃(U)]: 25,10           //输入 A 点的绝对直角坐标
指定下一点或 [关闭(C)/退出(X)/放弃(U)]: X               //结束绘制
```

(1)在输入 x、y 坐标值时,要将输入方式切换至“英文”状态,x、y 坐标值之间必须用逗号隔开。

(2)二维绘图只需输入 x、y 坐标值,z 坐标值可不输入;若省略 z 坐标值,则 z 坐标值默认为当前值。

(3)当启动 AutoCAD 2020 或新建图形文件时,默认状态下的第二个点或后续的点使用相对坐标。"绝对坐标"设置如图 1-17 所示。要采用绝对坐标,可进行如下设置:选择"工具(T)"→"绘图设置(F)..."选项 绘图设置(F)... ,打开如图 1-17(a)所示的"草图设置"对话框,在"动态输入"选项卡中单击"设置(S)..."按钮,打开如图 1-17(b)所示的"指针输入设置"对话框,在"格式"选项组中选中"绝对坐标(A)"单选按钮。

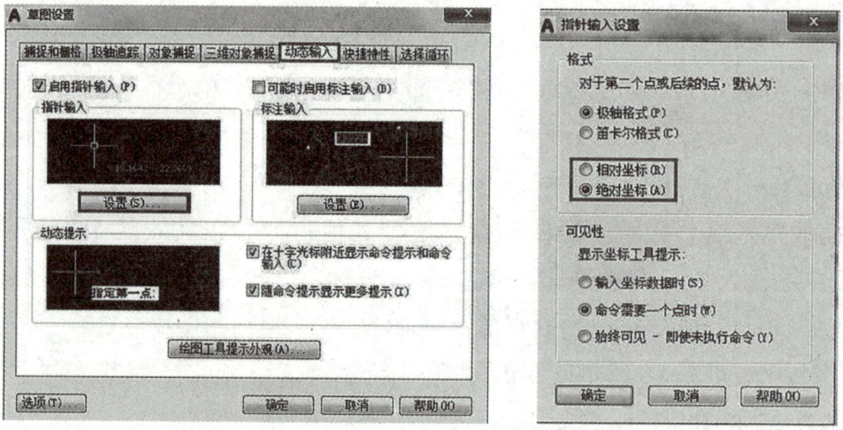

(a)"草图设置"对话框　　(b)"指针输入设置"对话框

图 1-17 "绝对坐标"设置

2.相对直角坐标

相对直角坐标是以当前点的上一点为坐标原点的,当前点与上一点的 x、y 坐标值的差值为坐标值。用户在输入相对直角坐标时,需要在 x 坐标值前添加"@"符号,其表达式为($@\Delta x,\Delta y$),其中 $\Delta x,\Delta y$ 为当前点相对于上一点在 X 轴、Y 轴方向上的坐标值增量。例如,若上一点的绝对直角坐标为(50,30),当前点的绝对直角坐标为(80,20),则当前点相对于上一点的相对直角坐标为(@30,-10)。

【例 1-2】使用相对直角坐标输入方式,利用"直线"命令绘制图 1-16 的四边形。

解:在命令行中输入"LINE",按"Enter"键,此时命令行显示操作如下:

```
命令: LINE
指定第一个点: 25,10                                   //输入A点的绝对直角坐标
指定下一点或[放弃(U)]: @ 30,0                          //输入B点相对A点的直角坐标
指定下一点或[退出(E)/放弃(U)]: @ 0,25                  //输入C点相对B点的直角坐标
指定下一点或[关闭(C)/退出(X)/放弃(U)]:@ -30,0         //输入D点相对C点的直角坐标
指定下一点或[关闭(C)/退出(X)/放弃(U)]: @ 0,-25        //输入A点相对D点的直角坐标
指定下一点或[关闭(C)/退出(X)/放弃(U)]: X              //结束绘制
```

(1)使用相对直角坐标输入点,所创建的每一点不再参照同一坐标原点。在创建的过程

中，上一点是下一点的坐标原点，参照点一直在改变。

(2)当绘制连续多段线时，使用相对直角坐标输入方式可方便地实现点的定位。

3.绝对极坐标

绝对极坐标也是以坐标原点为参照点来定位其他点的。绝对极坐标通过输入相对于坐标原点的极径 γ 和极角 θ 来定义输入点的位置。极径 γ 表示输入点与坐标原点的距离，极角 θ 表示输入点与坐标原点的连线与 X 轴正方向之间的夹角，其中距离和夹角用“<”隔开，其表达式为($\gamma<\theta$)。例如，“25<60”表示该点与坐标原点的距离为25，该点与坐标原点的连线与 X 轴正方向之间的夹角为60°。

(1)在默认设置下，AutoCAD 2020以逆时针方向来测量夹角。规定 X 轴正方向为0°，Y 轴正方向为90°；X 轴负方向为180°，Y 轴负方向为270°。

(2)由于绝对极坐标以坐标原点为参照点，而二维平面图形一般是直接标注图形对象的长度和夹角的，所以绝对极坐标在实际中很少使用。

4.相对极坐标

相对极坐标以上一点的坐标原点为参照点，通过当前点与参照点的极径 γ、极角 θ 来定义输入点的位置。用户在输入相对极坐标时，需要在坐标前添加“@”符号，其表达式为(@$\gamma<\theta$)。例如，在绘制如图1-18所示的图形中的线段 AB 时，若先确定 A 点，则 B 点的相对极坐标为(@30<50)；若先确定 B 点，则 A 点的相对极坐标为(@30<230)或(@30<-130)。

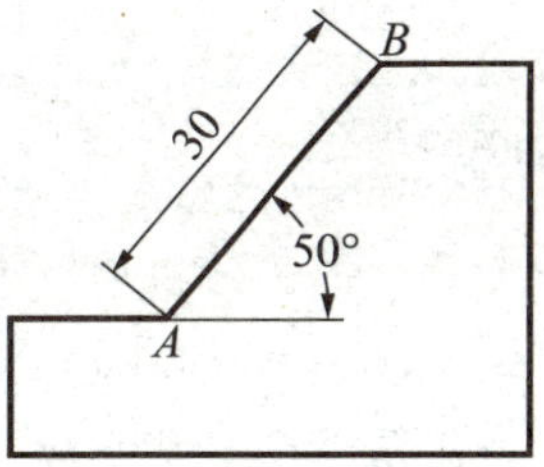

图1-18　相对极坐标的输入方式

【例1-3】现有如图1-19所示的边长为30的正六边形，A 点坐标为(20,0)。使用相对极坐标输入方式，利用“直线”命令绘制该图形。

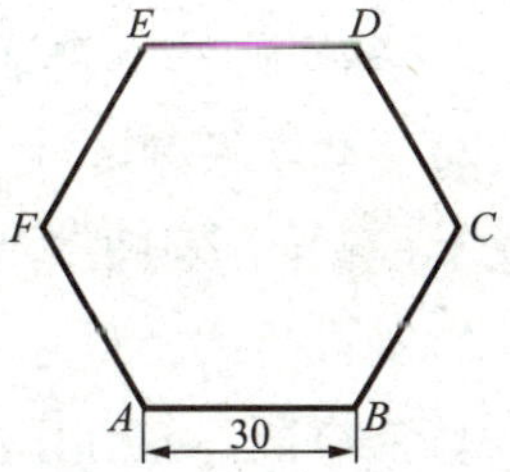

图1-19　例1-3图

解：在命令行中输入“LINE”，按“Enter”键，此时命令行显示操作如下：

```
命令：LINE
指定第一个点：20,0                                          //输入A点的绝对直角坐标
指定下一点或[放弃(U)]：@ 30<0                               //输入B点相对A点的极坐标
指定下一点或[退出(E)/放弃(U)]:@ 30<60                        //输入C点相对B点的极坐标
指定下一点或[关闭(C)/退出(X)/放弃(U)]:@ 30<120               //输入D点相对C点的极坐标
指定下一点或[关闭(C)/退出(X)/放弃(U)]：@ 30<180              //输入E点相对D点的极坐标
指定下一点或[关闭(C)/退出(X)/放弃(U)]:@ 30<240               //输入F点相对E点的极坐标
指定下一点或[关闭(C)/退出(X)/放弃(U)]：@ 30<300              //输入A点相对F点的极坐标
指定下一点或[关闭(C)/退出(X)/放弃(U)]：X                     //结束绘制
```

练一练

【练习 1-3】综合运用 4 种坐标输入方式，利用“直线”命令绘制如图 1-20 所示的图形。

练习1-3

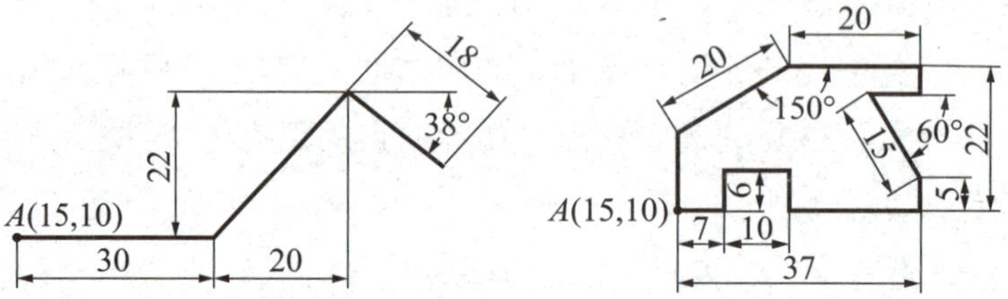

（a）　　　　（b）

图 1-20　练习 1-3 图

本章小结

本章主要学习 AutoCAD 2020 基础知识和操作，包括软件操作界面、AutoCAD 2020 图形文件的管理；命令的输入、取消、重复、撤销等操作；图形对象的选取；视图缩放与平移；坐标输入方式等。在学习完本章后，应重点掌握以下内容。

（1）了解 AutoCAD 2020 操作界面的基本组成，熟悉这些部分的位置和功能是基础；可以依据个人绘图习惯，自行配置工作空间，使常用工具易于访问。

（2）熟练掌握新建、打开、保存、另存为等操作。学会使用视图缩放与平移功能来控制视图，便于查看和编辑图形对象。

（3）AutoCAD 2020 包含多种图形对象的选取方式，选取图形对象是对其进行编辑的前提。

（4）当利用 AutoCAD 2020 进行绘图时，通常左手放在键盘上控制键盘，右手放在鼠标上控制光标。了解鼠标左键、右键和滚轮的基本操作及功能，能够提高绘图效率。

（5）当执行 AutoCAD 2020 命令时，该命令的下一步需要进行的操作或需要输入的参数，都会在命令行中给出提示，因此要随时查看命令行中的提示信息；还需要注意的是，所输入的命令、参数或选项必须按空格键或“Enter”键进行确认。

（6）当使用 AutoCAD 2020 进行绘图和设计时，准确地输入点的坐标是基础且关键的技能。用户需掌握绝对直角坐标和相对直角坐标输入方式，精确绘制图形。使用相对极坐标（$@\gamma<\theta$），可通过距离和夹角来定义输入点的位置，这在绘图过程中相对常用，能够提高绘图效率。

思考与练习

一、填空题

1.AutoCAD 2020 提供__________、__________、__________ 3 种系统设置的工作空间。

2.AutoCAD 2020 中新建文件的组合键是__________;命令撤销的组合键是__________。

3.将绘图区的图形对象最大化显示,可通过__________组合键实现。

4.在 AutoCAD 2020 中,坐标系分为__________坐标系和__________坐标系。绘制二维平面图形一般采用__________坐标系。

5.用户在输入坐标点时,绝对直角坐标表达式为__________,相对极坐标表达式为__________。

6.若上一点的绝对直角坐标为(20,15),当前点的绝对直角坐标为(36,25),则当前点相对于上一点的相对直角坐标为__________。

二、选择题

1.AutoCAD 2020 中图形文件和样板文件的扩展名分别是(　　)。

A. .dwt,.dwf　　B. .dwg,.dws

C. .dws,.dwf　　D. .dwg,.dwt

2.调用“命令行文本信息窗口”的快捷键是(　　)。

A. F1　　B. F2　　C. F3　　D. F4

3.AutoCAD 2020 中单击不能实现的功能是(　　)。

A.选取对象　　B.确定点的位置

C.执行命令　　D.显示快捷菜单

4.在命令行中输入“ZOOM”后,该命令在执行过程中改变(　　)。

A.图形界限范围　　B.图形在视图中的位置

C.图形在视图中的显示大小　　D.图形的实际大小

5.给定任意长度和角度的直线段,确定一个端点后,另一个端点的输入适合采用(　　)。

A.绝对直角坐标　　B.相对直角坐标

C.绝对极坐标　　D.相对极坐标

6.下列关于图形对象的选取方式,描述错误的是(　　)。

A.可通过“Ctrl+A”组合键,一次选中绘图区的所有图形对象

B.当利用矩形窗口选取图形对象时,矩形窗口的种类与对角点起点和终点的左、右位置有关,与对角点的上、下位置无关

C.套索选取是指通过一个开放的不规则区域来选取图形对象

D.通过栏选(F)选取方式,与选择栏相交的所有图形对象均会被选中

7.下列相对直角坐标表示方式正确的是(　　)。

A.8.5,21.4　　B.20<45

C.@22.5,30.0　　D.@ 18<90

三、操作题

综合运用 4 种坐标输入方式，利用“直线”命令绘制如图 1-21 所示的图形。

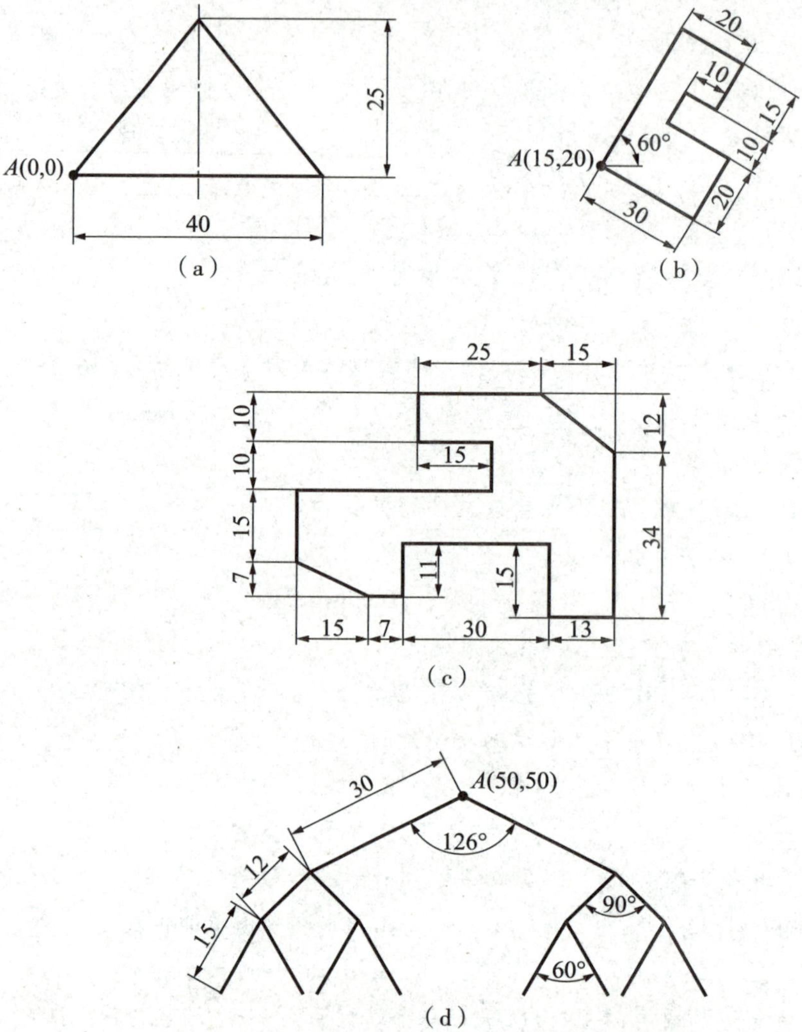

图 1-21 操作题图

第2章 设置绘图环境

新能源汽车是全球汽车产业转型升级、绿色发展的主要方向，也是我国汽车产业高质量发展的战略选择。习近平总书记强调，发展新能源汽车是我国从汽车大国迈向汽车强国的必由之路，要深化新能源汽车产业交流合作，让创新科技发展成果更好造福世界各国人民。AutoCAD常用于绘制汽车零部件的设计图和总装图，设置合适的绘图环境有助于提高汽车制造行业的设计水平和生产效率。

【知识目标】

（1）了解AutoCAD 2020绘图环境的组成及设置合适的绘图环境。

（2）掌握AutoCAD 2020图层的基本操作。

（3）熟悉全局比例因子的调整方法。

（4）掌握辅助绘图工具的功用及使用方法。

【技能目标】

（1）能根据绘图需求调整和优化绘图选项。

（2）能独立设置和修改图形界限，以适应不同尺寸的绘图需求。

（3）能根据绘图要求创建合理的图层，并进行图层的编辑操作。

（4）能调整常见非连续线（如点画线、虚线）的显示效果。

（5）能应用栅格模式、捕捉模式、正交模式、极轴追踪模式和对象捕捉模式等辅助绘图工具绘图，提高绘图效率和精度。

【素养目标】

（1）帮助学生养成良好的绘图习惯，培养学生对绘图细节的关注和精益求精的态度。

（2）帮助学生认识到在团队工作中，清晰、规范的绘图环境对于提高团队工作和沟通的重要性，培养学生的团队协作意识。

2.1 设置绘图选项

每台计算机所使用的显示器、输入设备和输出设备的类型不同，用户喜好的风格及计算机的具体设置也不同。一般来讲，使用系统默认配置即可绘图，但为使用某些特定的定点设备或打印机，以及提高绘图效率，建议在绘图前先进行必要的设置。通过“选项”对话框可以设置合适的绘图环境。

打开“选项”对话框有以下 3 种方式。

(1)菜单栏：“工具(T)”→“选项(N)”。

(2)“应用程序”按钮：A→选项。

(3)命令行：输入“OPTIONS”(命令别名“OP”)，按“Enter”键。

执行上述任意一种操作后，打开如图 2-1 所示的“选项”对话框。用户可以在不同选项卡中进行相关参数设置，从而设置合适的绘图环境。

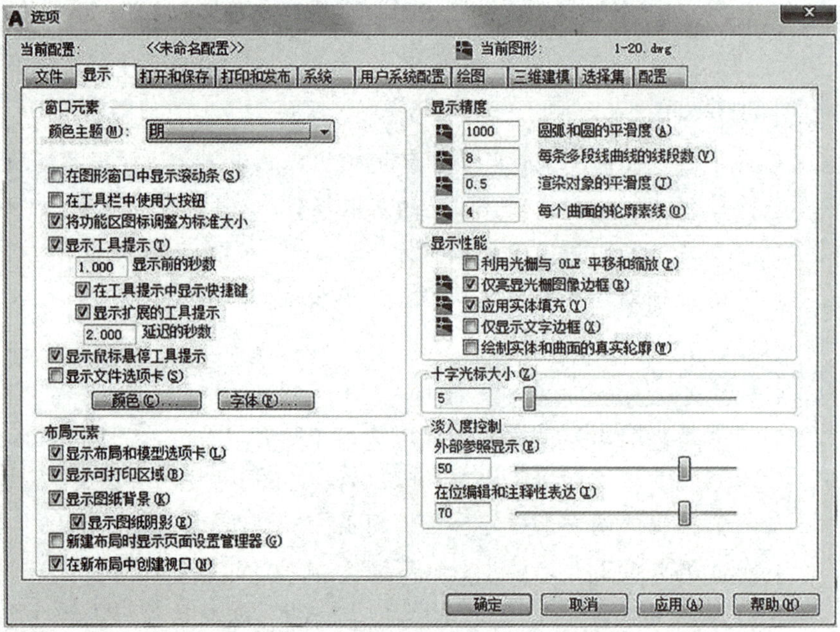

图 2-1 “选项”对话框

【例 2-1】按照下列要求设置绘图环境。

(1)设置十字光标的大小为 10。

(2)设置圆弧和圆的平滑度为 10 000。

(3)设置绘图区的背景颜色为白色。

(4)设置图形文件的自动保存时间为 5 min。

例2-1

解：打开“选项”对话框，进行以下操作。

(1)切换到“显示”选项卡,在“十字光标大小(Z)”选项组的数值框中输入“10”(或拖动滑块)。在“显示精度”选项组的“圆弧和圆的平滑度(A)”数值框中输入“10000”。

(2)在“窗口元素”选项组中单击“颜色(C)...”按钮,打开如图 2-2 所示的“图形窗口颜色”对话框。在“上下文(X)”列表框中选择“二维模型空间”选项,在“界面元素(E)”列表框中选择“统一背景”选项,在“颜色(C)”下拉列表中选择“白”选项,单击“应用并关闭(A)”按钮。

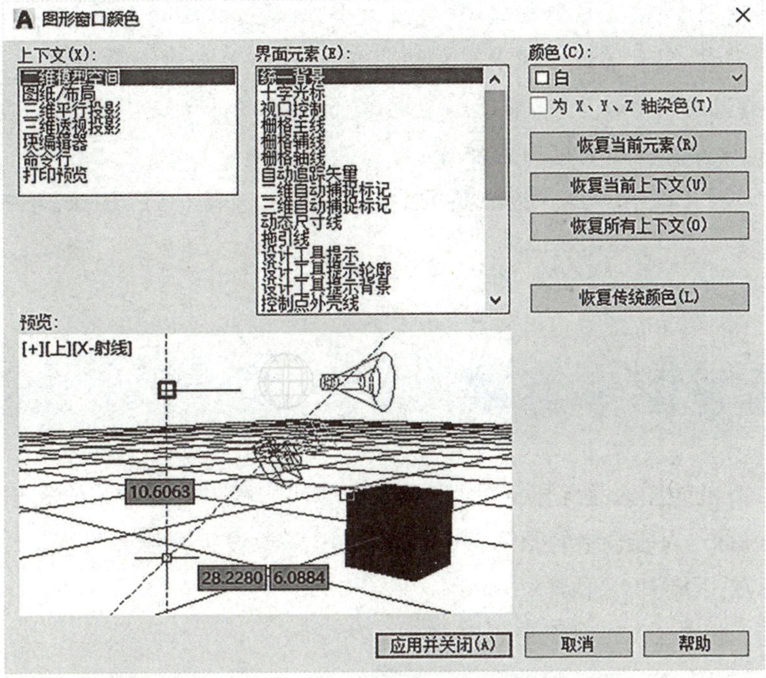

图 2-2 “图形窗口颜色”对话框

(3)切换到“打开和保存”选项卡,在“文件安全措施”选项组中设置“保存间隔分钟数”为 5。

说明

(1)“选项”对话框中各选项卡的主要功能如下。

①“文件”选项卡:不仅指定搜索支持文件、驱动程序、菜单文件和其他文件的文件夹,还指定一些可选的用户定义设置。

②“显示”选项卡:设置窗口元素、显示精度、布局元素、显示性能、十字光标大小和淡入度控制等绘图环境特有的显示属性。

③“打开和保存”选项卡:设置文件保存、文件打开、文件安全措施、外部参照和 ObjectARX 应用程序等属性。

④“打印和发布”选项卡:设置输出设备。

⑤“系统”选项卡:设置当前图形的显示特性、当前定点设备,指定模型选项卡和布局选项

卡上的显示列表如何更新等。

⑥"用户系统配置"选项卡:设置插入比例、是否使用快捷菜单、对象的排序方式,控制按键,自定义鼠标右键对应的命令。

⑦"绘图"选项卡:自动捕捉设置、AutoTrack 设置、自动捕捉标记大小设置,以及自动捕捉靶框的显示尺寸设置等。

⑧"三维建模"选项卡:设置三维十字光标、UCS 图标的显示等。

⑨"选择集"选项卡:设置拾取框大小、夹点大小,以及选择集模式等。

⑩"配置"选项卡:用于实现系统配置文件的新建、重命名和删除等操作。

(2)当设置图形的显示精度时,显示精度越高,计算机分析的时间越长。建议不要将显示精度设置得过高,设定在合理的范围内即可。

(3)在"选项"对话框中,切换到"配置"选项卡,单击"重置(R)"按钮,即可将绘图环境重置为系统默认配置。

2.2 设置图形界限

AutoCAD 2020 的绘图区是无限大的,但现实中使用的纸张均有特定的大小(如 A4 纸大小为 297 mm×210 mm),为使绘制的图形符合纸张大小,需要设置图形界限。

有以下两种方式执行"图形界限"命令。

(1)菜单栏:"格式(O)"→"图形界限(I)"。

(2)命令行:输入"LIMITS",按"Enter"键。

执行上述任意一种操作后,在命令行中输入图形界限的左下角和右上角的坐标值,即可设置图形界限。

例2-2

【例 2-2】在绘图区设置 A4 纸的图形界限。

解:执行"图形界限"命令后,命令行显示操作如下:

```
命令: LIMITS
重新设置模型空间界限:
指定左下角点或 [开(ON)/关(OFF)] <0.0000,0.0000>:
                                        //定义左下角的坐标值,默认为 WCS 原点
指定右上角点 <420.0000,297.0000>: 297,210      //定义右上角的坐标值
```

说明

(1)设置完图形界限后,在图形窗口左下角选择"布局 1"或"布局 2"选项卡,可以看到图纸空间的绘图区;或者在状态栏中打开栅格模式,查看设置的绘图区。

(2)“[开(ON)/关(OFF)]”选项：选择“开(ON)”选项，使绘图边界有效。此时打开图形界限检查，在图形界限以外的拾取点视为无效。例如，当绘制线段时，如果线段的任一端点在图形界限以外，那么该线段将无法绘制。选择“关(OFF)”选项，使绘图边界无效。此时关闭图形界限检查，在图形界限以外的拾取点视为有效，绘制图形不受图形界限的影响。

(3) AutoCAD 2020 默认的图形界限是 A3(420 mm×297 mm)。

2.3 设置图形单位

单位规定了图形对象的度量方式，设置图形单位就是设定绘制图形度量单位的类型。

2.3.1 设置长度单位类型与精度

长度单位并无特定的表示，用户可以将其设置为毫米、厘米、米等。常见的长度单位类型如表 2-1 所示。

表 2-1　常见的长度单位类型

名称	示例	描述
分数	32 1/2	十进制整数加分数
工程	2′-8.50″	英尺加英寸，英寸部分含小数
建筑	2′-8 1/2″	英尺加英寸，英寸部分含分数
科学	3.25E+01	基数加幂指数
小数	32.5	十进制整数加小数

为便于不同领域的设计人员进行设计创作，AutoCAD 2020 允许灵活更改图形单位，以适应不同的需求。

有以下 3 种方式执行“单位”命令。

(1)菜单栏：“格式(O)”→“单位(U)...”。

(2)“应用程序”按钮：。

(3)命令行：输入“UNITS”(命令别名“UN”)，按“Enter”键。

执行上述任意一种操作后，打开如图 2-3 所示的“图形单位”对话框。在“长度”选项组的“类型(T)”下拉列表中可以选择所需的长度单位类型，默认为“小数”；在“精度(P)”下拉列表中可以选择所需的精度。还可以设置从设计中心插入块或外部参照时的缩放单位。

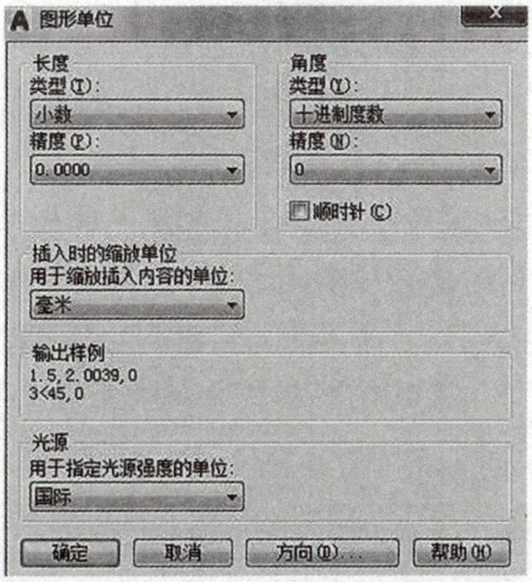

图 2-3　“图形单位”对话框

说明

(1)毫米(mm)是国内绘图最常用的图形单位，AutoCAD 2020 默认的图形单位也是毫米(mm)，所以有时可以省略设置图形单位这一步骤。

(2)“用于缩放插入内容的单位”选项：如果插入块或图形时使用的单位与该选项指定的单位不同，则将进行比例缩放。例如，在插入块或图形时使用的单位是 m，而当前设置的单位是 mm，则在插入块或图形时，默认将按 1 000 : 1 的比例进行缩放。

2.3.2 设置角度单位类型与精度

与长度单位一样，在不同的领域和工作环境中，用来表示角度的方法也是不同的。常见的角度单位类型如表 2-2 所示。

表 2-2 常见的角度单位类型

名称	示例	描述
十进制度数	32.5′	整数角度加小数部分角度
度/分/秒	32°30′0″	度、分、秒
百分度	36.1111g	百分度数
弧度	0.5672r	弧度数
勘测单位	N 57d30′E	勘测（方位）单位

在图 2-3 的“图形单位”对话框中，在“角度”选项组的“类型(Y)”下拉列表中可以选择所需的角度单位类型，默认为“十进制度数”；在“精度(N)”下拉列表中可以选择所需的精度。

说明

(1)六十进制度数中的 1′是 1°的 1/60，而 1″是 1′的 1/60。公制角度的一百分度相当于直角的 1/100。弧度用弧长与圆弧半径的比值来度量角度，弧度一般为 0~2π，相当于 0°~360°，1 弧度大约等于 57.3°。勘测单位是以方位角来表示角度的，先以北或南为起点，再加上特定的角(度、分、秒)来表示该角相对于北或南方向的偏移角，以及偏向哪个方向(东或西)。

(2)在“图形单位”对话框中设置的角度单位类型并不能应用于尺寸标注，尺寸标注的角度单位类型需要通过“标注样式管理器”进行更改。

2.3.3 设置角度的测量方法与方向

在 AutoCAD 2020 中，角度默认按逆时针方向测量，以向右的方向为 0°，也称为东方。可以在

图 2-3 的“图形单位”对话框中，选中“角度”选项组中的“顺时针(C)”复选框，从而改变角度的测量方向。

如果要改变基准角度 0°的方向，那么可以单击“图形单位”对话框中的“方向(D)...”按钮，打开如图 2-4 所示的“方向控制”对话框，“基准角度(B)”选项组中的各按钮可以设置角度的起点和度量方向。如果选中“其他(O)”单选按钮，那么右方的“拾取/输入”数值框就被启用，用户可以在该数值框中输入数值。还可以单击“角度(A)”按钮，切换到图形窗口，通过拾取两个点来确定基准角度 0°的方向。

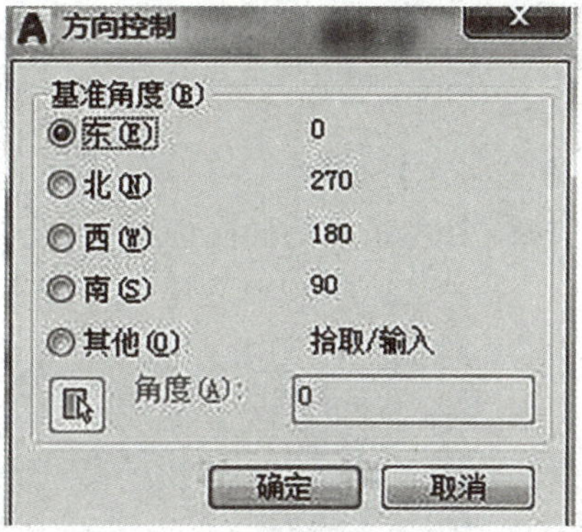

图 2-4 “方向控制”对话框

2.4 图层管理

图层是 AutoCAD 2020 的重要特性，利用图层可以将不同属性的图形对象分类管理。图层绘图原理如图 2-5 所示。图层的属性有颜色、线型、线宽、打印样式等。可以把图层想象为一张没有厚度的透明纸，将不同属性的图形对象绘制在不同的图层上，这些图层具有相同的坐标对应关系，将它们叠加起来就构成完整的图形。例如，将图形的轮廓线、中心线、尺寸标注等分别绘制在不同的图层上，每个图层设定不同的线型、颜色，把所有图层叠加即可构成完整的图形。这样可使图形层次分明，方便对图形对象进行编辑与管理。

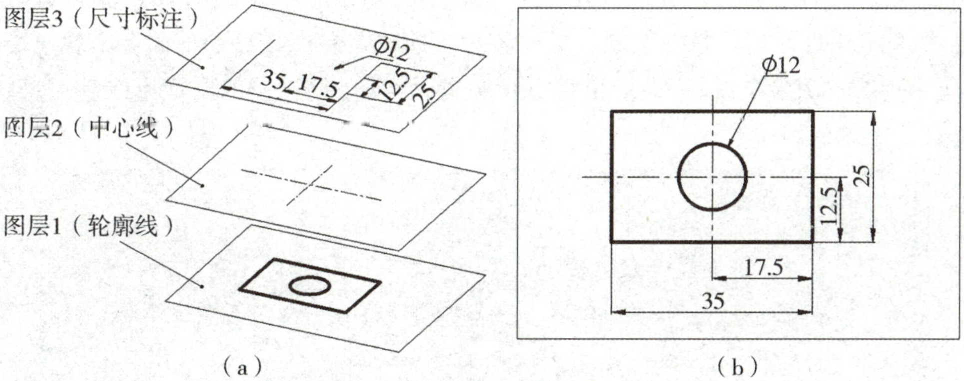

图 2-5 图层绘图原理

2.4.1 新建及命名图层

AutoCAD 2020 提供了详细直观的“图层特性管理器”选项板，用户可以通过对选项板中的各选项及其二级对话框进行设置，实现新建图层、设置图层颜色及线型等功能。

有以下 3 种方式执行“图层”命令。

(1)菜单栏:“格式(O)”→“图层(L)...”。

(2)功能区:“默认”选项卡→“图层”面板→“图层特性”按钮。

(3)命令行:输入“LAYER”(命令别名“LA”),按“Enter”键。

执行上述任意一种操作后,打开如图 2-6 所示的“图层特性管理器”选项板。

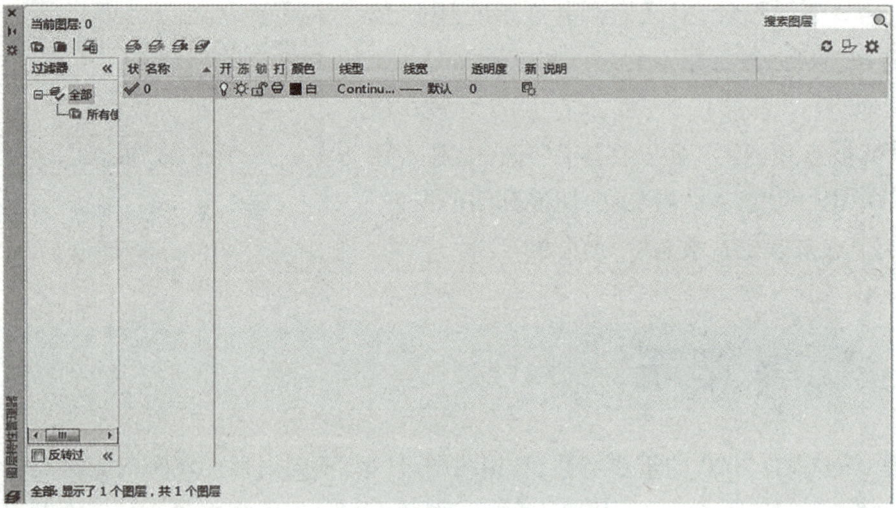

图 2-6 “图层特性管理器”选项板

单击该选项板上方的“新建”按钮,即可新建图层。重复单击“新建”按钮,可以新建多个图层。在默认情况下,新建的多个图层会依次以“图层 1”“图层 2”等命名。用户也可以自行定义图层名称,如“轮廓实线层”“中心线层”等。输入图层名称后,可设置该图层对应的颜色、线型、线宽等属性。选中某一图层,单击“置为当前”按钮,该图层前面会出现✔符号。如图 2-7 所示为新建图层及设置,并将轮廓实线层置为当前图层,颜色设置为红色、线型设置为实线、线宽设置为 0.3 mm。

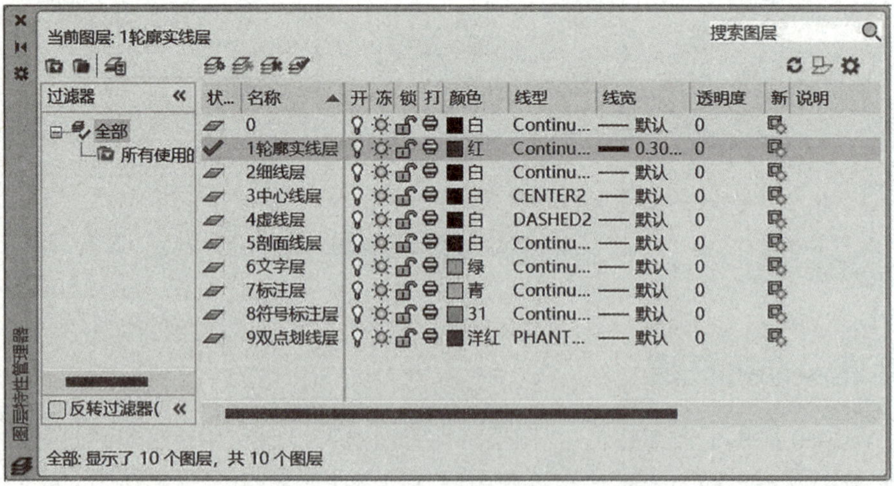

图 2-7 新建图层及设置

说明

(1)图层名称一般要能反映出绘制在该图层上图形对象的属性。图层名称最多可以包含255个字符,并且字符之间可以有空格,图层名称区分英文大小写。图层名称不能包含的字符有<、>、^、"、"、;、?、*、|、,、=、'等,如果用户在定义图层名称时提示失败,那么可检查是否含有这些字符。

(2)每个图形文件都包含名称为"0"的图层。该图层包含一些与图形块有关的特殊变量,它无法删除及重命名。

(3)当新建多个图层时,有且只有一个图层能置为当前图层。所有图形对象都是基于当前图层进行绘制的,并且所绘图形对象都会自动继承当前图层的所有属性。

2.4.2　设置图层颜色

为区分不同的对象,通常要为不同的图层设置不同的颜色。设置图层颜色后,该图层上的所有对象均显示为该颜色(修改了对象属性的图层除外)。

在图2-6的"图层特性管理器"选项板中,单击某一图层对应的"颜色"标记,打开"选择颜色"对话框,如图2-8所示。可通过"索引颜色""真彩色""配色系统"选项卡选择颜色,单击"确定"按钮,即可为该图层设置颜色。

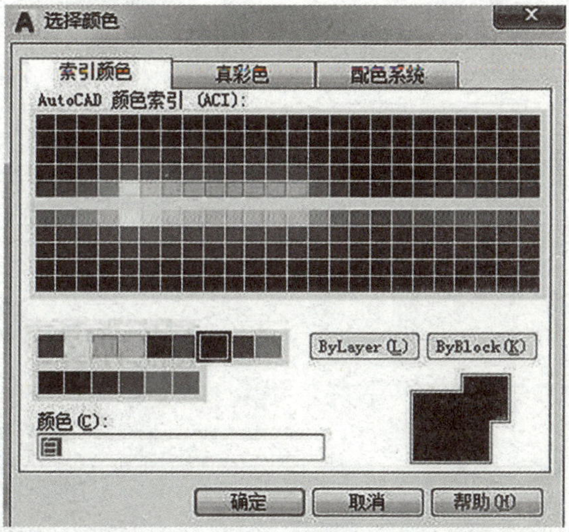

图2-8　"选择颜色"对话框

说明

AutoCAD 2020中黑色与白色指的是同一种颜色。当绘图区背景颜色为黑色时,图层颜色为白色;当绘图区背景颜色为白色时,图层颜色为黑色。

2.4.3 设置图层线型

线型是指几何图形对象的视觉特性。线型既可以是虚线、点线、文字和符号形式，也可以是未打断和连续形式。通常，需要为每个图层设置专门的线型，以满足在绘图时不同对象对线型的要求，如粗实线、细实线、中心线、虚线、点画线、双点画线等。通过线型，可以直观地判断图形对象的属性。在 AutoCAD 2020 中默认的线型是实线（Continuous），其他的线型必须加载才能使用。线型加载或重载如图 2-9 所示。

在“图层特性管理器”选项板中，单击某一图层对应的“线型”标记，打开“选择线型”对话框，如图 2-9（a）所示。在默认状态下，“选择线型”对话框中只有 Continuous 一种线型。如果要使用其他线型，必须将其加载到该对话框中。单击“加载（L）...”按钮，打开“加载或重载线型”对话框，如图 2-9（b）所示。从中选择所需的线型，单击“确定”按钮，就可以将线型加载到“选择线型”对话框中。

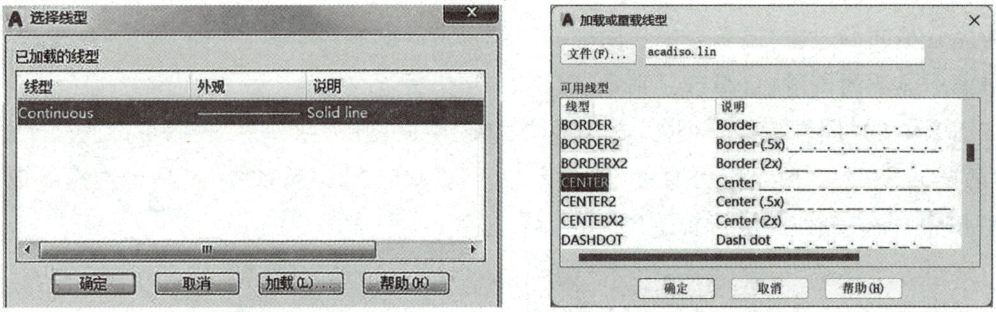

（a）“选择线型”对话框　　（b）“加载或重载线型”对话框

图 2-9　线型加载或重载

【例 2-3】在指定的图层添加“CENTER2”线型，调整线型比例，如图 2-10 所示。

例2-3

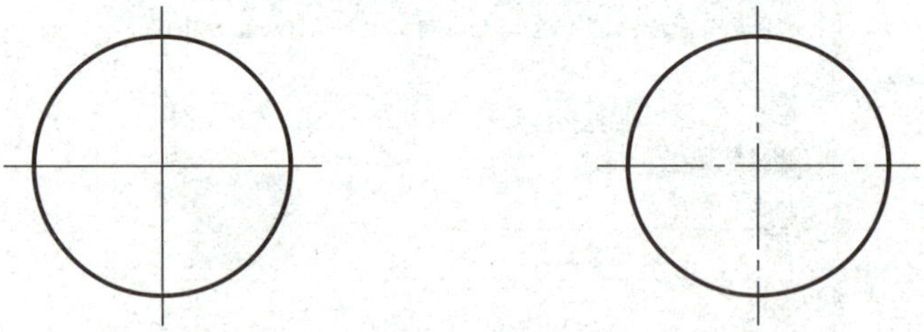

（a）“CENTER2”线型显示为实线　　（b）“CENTER2”线型显示为中心线

图 2-10　例 2-3 图

解：（1）在“加载或重载线型”对话框的“可用线型”列表框中，选中“CENTER2”线型，单击“确定”按钮，将线型加载到“选择线型”对话框中。在“选择线型”对话框中，选中“CENTER2”线型，单击“确定”按钮，完成指定图层的线型设置。

（2）将“CENTER2”线型所在图层置为当前图层，执行“直线”命令绘制图 2-10（a）的中心线，从图中可以看出该中心线显示为实线。这通常是因为线型的“线型比例”值过大，修改数值即可显示出正确的线型。

(3)打开“线型管理器”对话框有以下两种方式。

①菜单栏：“格式(O)”→“线型(N)...”。

②功能区：“默认”选项卡→“特性”面板→“线型”列表框→“其他...”选项。

在“线型管理器”对话框的“线型”列表框中，选中“CENTER2”线型，在右下方的“全局比例因子(G)”数值框中输入“0.3”，如图 2-11 所示。

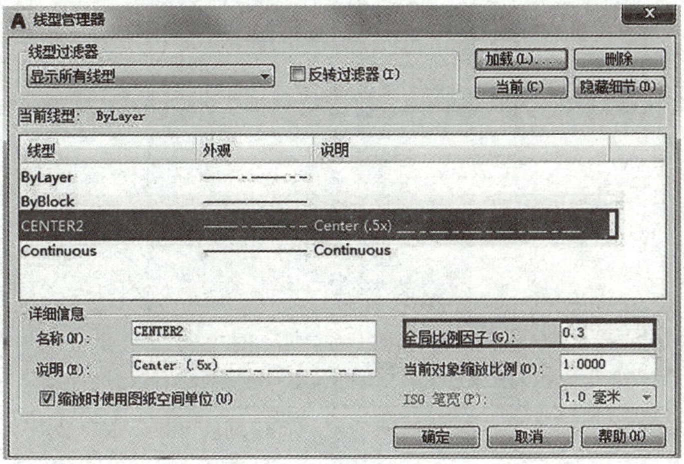

图 2-11　“线型管理器”对话框

(4)设置完成后，单击“确定”按钮返回绘图区，可以看到中心线的线型发生了变化。

说明

(1)在“加载或重载线型”对话框中选择要加载的线型并返回“选择线型”对话框后，系统不会自动选中加载的线型。用户需要手动选中加载的线型并单击“确定”按钮，才能将加载的线型设置到图层。

(2)在“加载或重载线型”对话框中选择要加载的线型时，可以先按住“Ctrl”键或“Shift”键，再单击线型名称，选择多种线型。

(3)在“线型管理器”对话框中，如果右下方没有出现“全局比例因子(G)”等信息，则需要先单击右上方的“显示细节(D)”按钮，将线型的详细信息显示出来。

(4)线型比例针对每个图形单位，控制线型图案的大小和重复间距。“全局比例因子(G)”选项与图形中所有线型的外观有关，默认的全局比例因子为 1.0。全局比例因子越小，重复的线型图案数量就越多，每个线型图案的间距也就越小。用户可以在命令行中输入“LTSCALE”来调整全局比例因子。

2.4.4 设置图层线宽

线宽即线条显示的宽度。使用不同宽度的线条表现对象的不同部分,可以提高对象的表达能力和可读性。

在默认状态下,新建图层的线宽为“默认”。在“图层特性管理器”选项板中,单击某一图层对应的“默认”标记,打开“线宽”对话框,如图 2-12 所示,从中选择所需的线宽即可。

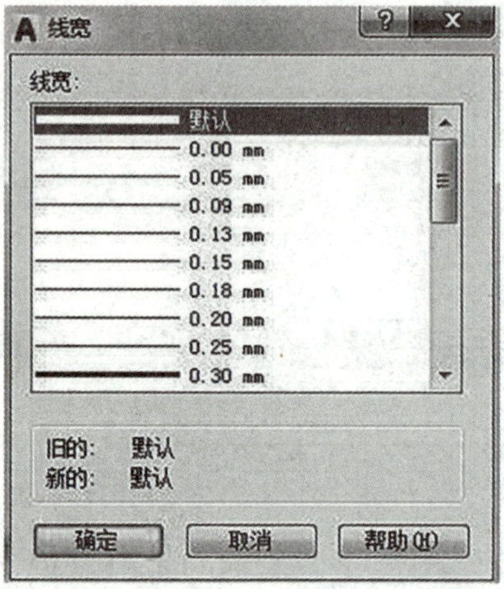

图 2-12 “线宽”对话框

说明

(1)机械制图中通常采用粗、细两种线宽,在 AutoCAD 2020 中常设置粗细比例为 2 : 1。共有0.25/0.13、0.35/0.18、0.5/0.25、0.7/0.35、1/0.5、1.4/0.7、2/1(单位均为 mm)7 种组合,同一图纸只允许采用一种组合。

(2)在修改图层线宽后,只有打开状态栏的“显示/隐藏线宽”开关,才能在绘图区看到图层线宽效果。

练一练

【练习 2-1】图层设置如表 2-3 所示,依据该表创建图层。

表 2-3 图层设置

图层名称	颜色	线型	线宽
粗实线	白色/黑色	Continuous	0.50 mm
细实线	绿色	Continuous	0.25 mm

续表

图层名称	颜色	线型	线宽
虚线	黄色	DASHED2	0.25 mm
点画线	红色	CENTER2	0.25 mm
尺寸线	蓝色	Continuous	0.25 mm
文字	青色	Continuous	0.25 mm
剖面线	洋红色	Continuous	0.25 mm

2.4.5 图层的管理

对创建的图层进行管理，可以提高绘图效率，保证绘图质量。

(1)删除图层：先在“图层特性管理器”选项板中选中相应图层，再单击“删除图层”按钮，即可将相应图层删除，如图 2-13 所示。及时将未被参照的图层删除，可以节约磁盘空间。

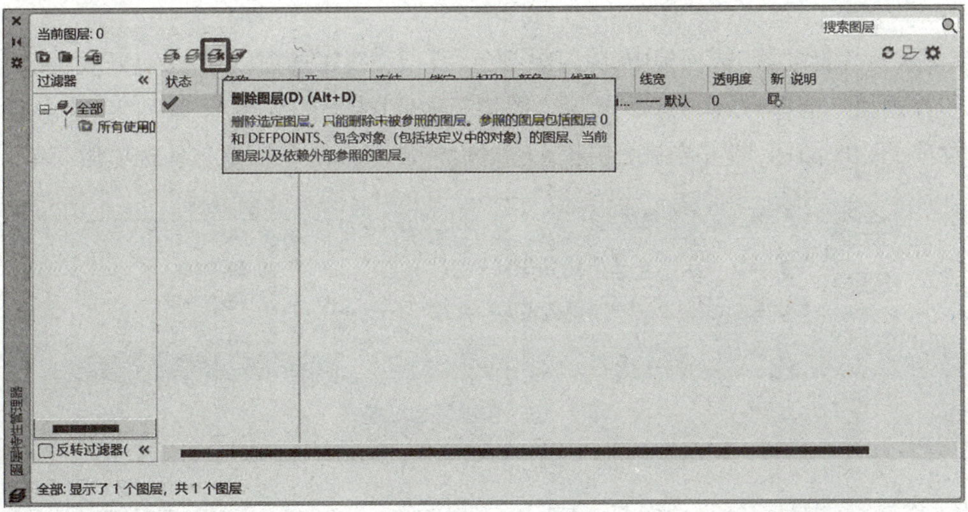

图 2-13 删除图层

说明

系统默认的“0”图层、包含图形对象的图层、当前图层、DEFPOINTS 图层(进行尺寸标注时系统自动生成的图层)，以及使用外部参照的图层无法删除。

(2)更改图形对象所在图层：在绘图区中选取相应图形对象后，选择“默认”选项卡，在“图层”面板中打开“图层”下拉列表，单击相应图层名称，即可将选取的图形对象放置到相应图层，如图 2-14 所示。

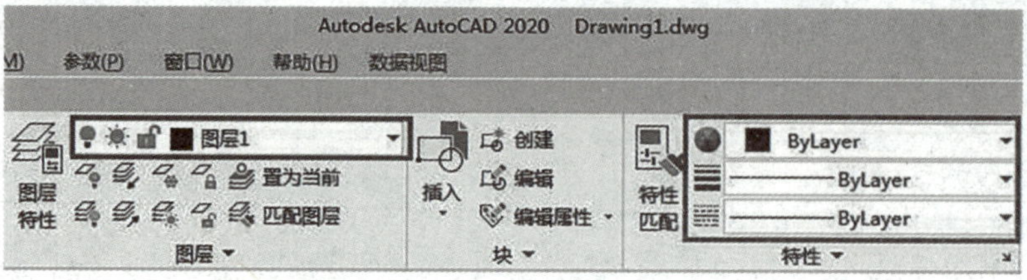

图 2-14　更改图形对象所在图层

说明

当图形对象更改到相应图层后，图形对象的属性等不一定发生变化。只有当图 2-14“特性”面板中的“对象颜色”、“线宽”、“线型”设置为“ByLayer”时，图形对象的属性才会随图层发生变化。因此，在绘图时，“特性”面板中的“对象颜色”“线宽”“线型”一般都设置为“ByLayer”。

2.4.6　控制图层状态

在“图层特性管理器”选项板中，除对象颜色、线型和线宽选项以外，还有开关、冻结、锁定、是否打印等选项。选择“默认”选项卡，在“图层”面板中打开“图层”下拉列表，单击要调整的图层名称前的相应图标，即可控制图层状态，如图 2-15 所示。下面对这些选项做简单介绍。

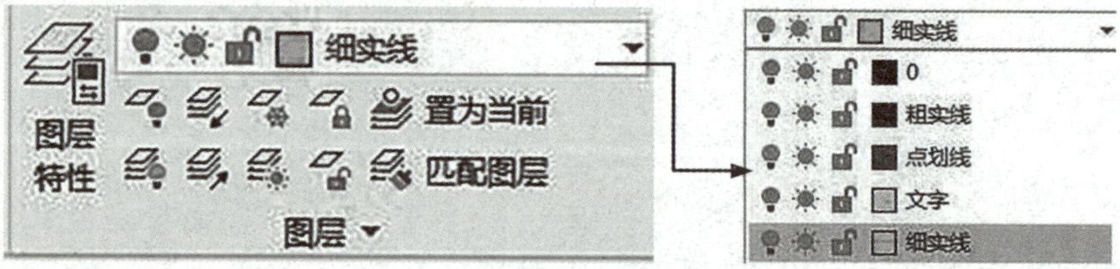

图 2-15　控制图层状态

（1）“打开/关闭图层”：在绘图过程中，可以将暂时不用的图层关闭。若图标为一个明亮的灯泡，则该图层为打开状态；若图标为一个熄灭的灯泡，则该图层为关闭状态。当图层处于关闭状态时，其中的图形对象将不可见，并且不能选择、编辑、修改，以及打印。

（2）“冻结/解冻图层”：当图层冻结时，图层中的内容被隐藏，且该图层上的内容不能编辑和打印。将图层冻结可以减少复杂图形的重生成时间。图层冻结时将以灰色的雪花图标显示，图层解冻时将以明亮的太阳图标显示。

（3）“锁定/解锁图层”：如果某个图层上的图形对象只需要显示而不需要选取和编辑，那么可以锁定该图层。锁定图层上的图形对象仍然可见，但会淡化显示，而且可以选取、标注和测量，但不能编辑、修改和删除。另外，还可以在该图层上添加新的图形对象。图标表示解锁，图标表示锁定。

(4)“打印/不打印图层”：在“图层特性管理器”选项板中单击“打印/不打印”按钮，即可将图层置于可打印状态或不可打印状态。图层的不可打印状态只对图形中可见的图层（即图层是打开并且解冻的）有效。若图层置于可打印状态，但处于冻结或关闭状态，则该图层将不能打印。图标表示可打印，图标表示不可打印。

说明

(1)在进行图形编辑时，关闭与当前工作无关的图层，会带来很大方便。如果关闭当前图层，那么系统将打开“图层-关闭当前图层”对话框，从中选择“关闭当前图层”选项即可。

(2)图层的冻结和关闭，都能使图层上的图形对象全部隐藏，看似效果一致，其实是有不同之处的。被关闭的图层，不能显示、编辑和打印，但仍然存在于图形中，图形刷新时仍会计算该图层上的图形对象，可以近似理解为图层被“忽视”；而被冻结的图层，除不能显示、编辑和打印之外，还被认为不属于图形，图形刷新时不会计算该图层上的图形对象，可以近似理解为图层被“无视”。

2.5 辅助绘图工具

为提高绘图效率和准确性，AutoCAD 2020 提供多种辅助绘图工具，如栅格模式、捕捉模式、对象捕捉追踪模式、极轴追踪模式等。这些辅助绘图工具主要集中在状态栏上，如图 2-16 所示。

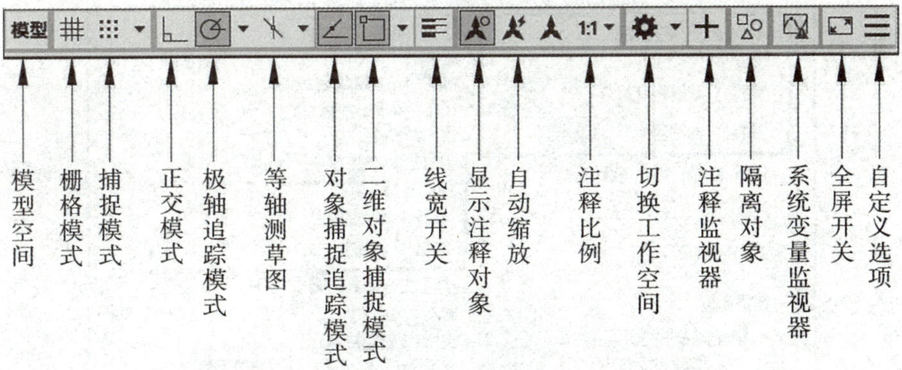

图 2-16　辅助绘图工具

2.5.1　栅格和捕捉

栅格由有规则的矩阵点组成，延伸到图形界限的整个区域。使用栅格与在坐标纸上绘图十分相似,可以直观地显示图形对象之间的距离。虽然栅格在屏幕上是可见的,但它并不是图形对象,因此不会被打印成图形中的一部分,也不会影响绘图。当栅格模式未打开时,单击状态栏的“栅格”按钮#(或按“F7”键),可打开栅格模式,如图 2-17 所示。

为准确地在屏幕上捕捉矩阵点,AutoCAD 2020 提供捕捉模式,可以在屏幕上生成一个隐含栅格(捕捉栅格),该栅格能够捕捉光标,使光标只能落在栅格的某一个节点上,从而使用户能够精确地捕捉和选择该栅格上的点。当捕捉模式未打开时,单击状态栏的“捕捉”按钮:::(或按“F9”键),可打开捕捉模式,如图 2-18 所示。

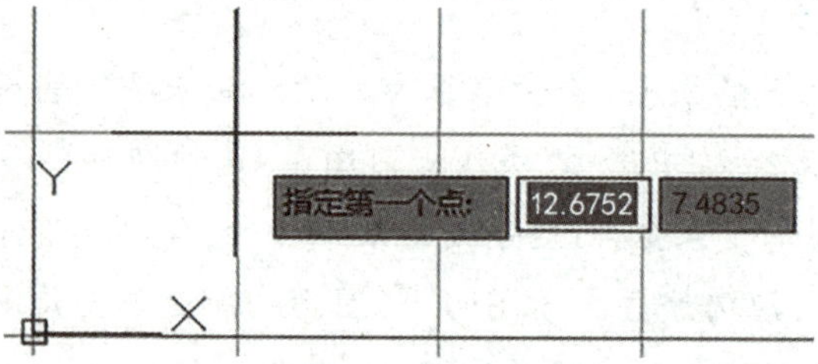

图 2-17　打开栅格模式

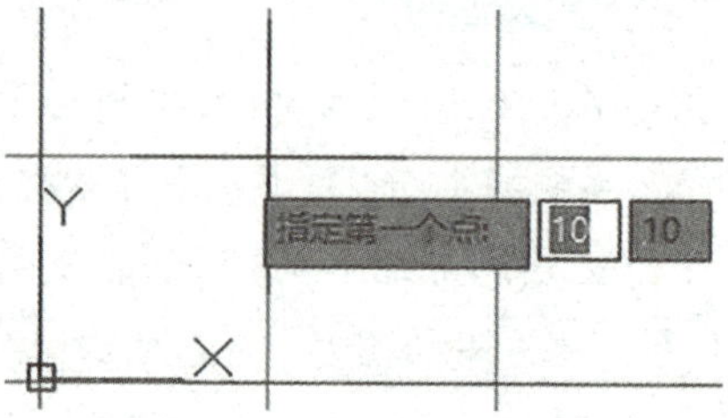

图 2-18　打开捕捉模式

打开“草图设置”对话框有以下 3 种方式。

(1)菜单栏:“工具(T)”→“绘制设置(F)...”。

(2)状态栏:单击状态栏的“栅格”按钮#,选择“网格设置...”选项。

(3)命令行:输入“DSETTINGS”(命令别名“DS”),按“Enter”键。

执行上述任意一种操作后,打开如图 2-19 所示的“草图设置”对话框,从中可以设置“捕捉和栅格”相关选项及参数。

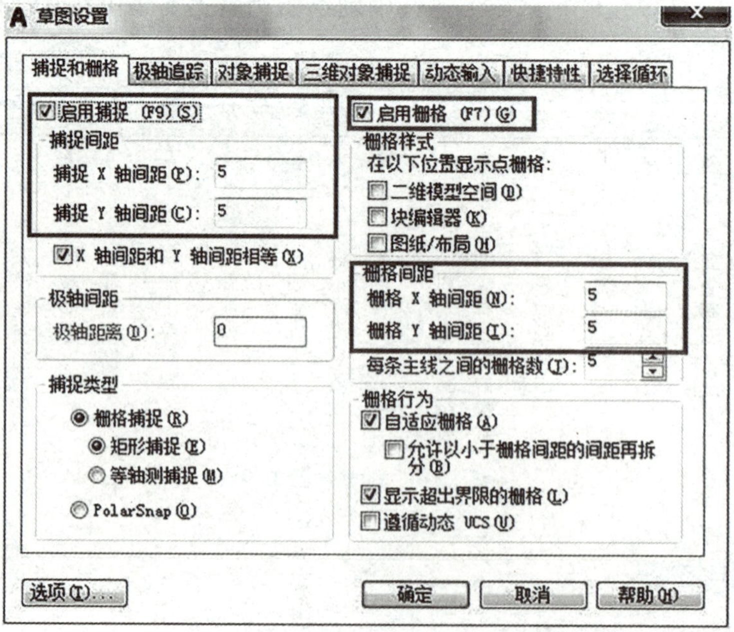

图 2-19　“草图设置”对话框

【例 2-4】利用栅格模式和捕捉模式绘制如图 2-20(a)所示的图形。

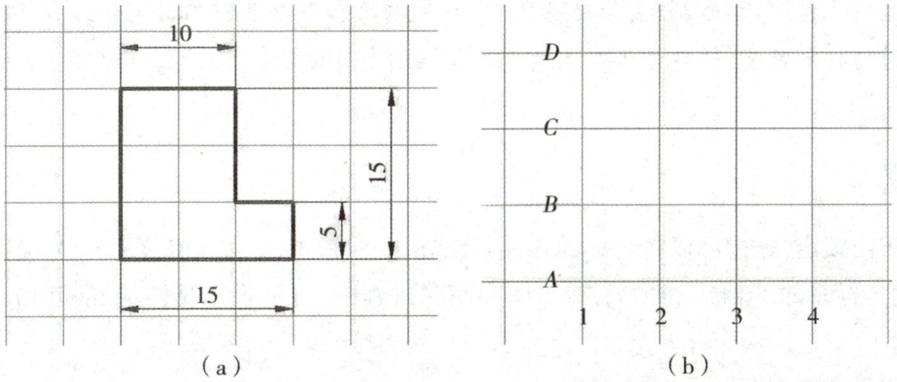

例2-4

图 2-20 例 2-4 图

解:(1)打开“草图设置”对话框,选中“启用栅格(F7)(G)”和“启用捕捉(F9)(S)”复选框。按图 2-19 的内容输入“栅格间距”和“捕捉间距”选项组的数值。

(2)执行“直线”命令后,命令行显示操作如下:

```
命令:L
LINE
指定第一个点:<捕捉 开>
指定下一点或[放弃(U)]:                              //捕捉第一个点(A 轴和 1 轴交点)
指定下一点或[退出(E)/放弃(U)]:                      //捕捉第二个点(A 轴和 4 轴交点)
指定下一点或[关闭(C)/退出(X)/放弃(U)]:              //捕捉第三个点(B 轴和 4 轴交点)
指定下一点或[关闭(C)/退出(X)/放弃(U)]:              //捕捉第四个点(B 轴和 3 轴交点)
指定下一点或[关闭(C)/退出(X)/放弃(U)]:              //捕捉第五个点(D 轴和 3 轴交点)
指定下一点或[关闭(C)/退出(X)/放弃(U)]:              //捕捉第六个点(D 轴和 1 轴交点)
指定下一点或[关闭(C)/退出(X)/放弃(U)]:              //捕捉第一个点(A 轴和 1 轴交点)
指定下一点或[关闭(C)/退出(X)/放弃(U)]:X             //退出绘制
```

说明

(1)如果需要打开栅格模式,那么可选中“启用栅格(F7)(G)”复选框。在“栅格 X 轴间距(N)”数值框中输入栅格点之间的水平距离,单位为 mm。同样,在“栅格 Y 轴间距(I)”数值框中输入栅格点之间的垂直距离。在默认情况下,栅格以图形界限的左下角为起点,沿着与坐标轴平行的方向填充由图形界限所确定的整个区域。

(2)如果需要打开捕捉模式,那么可选中“启用捕捉(F9)(S)”复选框,并设置捕捉参数。其中,“捕捉 X 轴间距(P)”与“捕捉 Y 轴间距(C)”确定捕捉栅格点在水平和垂直方向上的间距。AutoCAD 2020 提供两种捕捉类型,即“栅格捕捉(R)”和“PolarSnap(O)”。“栅格捕捉(R)”是指按正交位置捕捉位置点,“PolarSnap(O)”是指根据设置的任意极轴角捕捉位置点。“栅格捕捉(R)”分为“矩形捕捉(E)”和“等轴测捕捉(M)”两种方式。在“矩形捕捉(E)”方式下,捕捉栅格是标准的矩形。在“等轴测捕捉(M)”方式下,捕捉栅格和十字光标不再互相垂直,而是成绘制等轴测图时的特定角度,这种方式对于绘制等轴测图十分方便。

2.5.2 正交

正交也称正交锁定,是指可以将光标的移动限制在水平(平行于当前坐标系的 *X* 轴)或垂直(平行于当前坐标系的 *Y* 轴)方向上。在绘图和编辑过程中,可以根据具体情况随时打开或关闭正交模式。

打开或关闭正交模式有以下 3 种方式。

(1)状态栏:单击“正交”按钮∟。

(2)快捷键:按“F8”键。

(3)命令行:先输入“ORTHO”,再输入“ON”或“OFF”,按“Enter”键。

2.5.3 极轴追踪

极轴追踪是一项非常重要的功能。使用极轴追踪,可使光标按所设置的角度增量移动,常用来绘制带有一定角度的斜线。在极轴追踪模式下,当光标移动到接近设置的角度或角度倍数时,沿极轴方向会出现一条极轴追踪线及角度与距离提示信息,如图 2-21 所示。

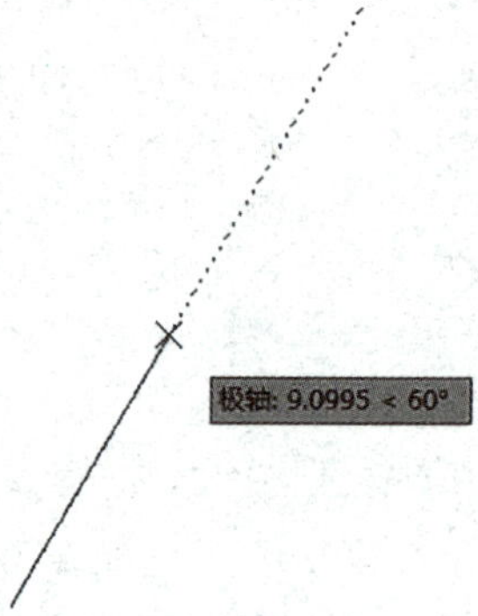

图 2-21 极轴追踪线及角度与距离提示信息

打开或关闭极轴追踪模式有以下 3 种方式。

(1)状态栏:单击“极轴追踪”按钮。

(2)菜单栏:“工具(T)”→“绘图设置(F)...”→“极轴追踪”选项卡→“启用极轴追踪(F10)(P)”复选框。

(3)快捷键:按“F10”键。

用户既可选用系统自带的角度,也可自行定义所需角度进行极轴追踪,极轴追踪角的设置如图 2-22 所示。

右击状态栏的“极轴追踪”按钮,在弹出的快捷菜单中选择所需的极轴追踪角,如图 2-22(a)所示。或者在“草图设置”对话框的“极轴追踪”选项卡中,设置极轴角增量和极轴角测量方式等,如图 2-22(b)所示。

在“极轴角设置”选项组中,可以设置极轴追踪的对齐角度。在“增量角(I)”下拉列表中可以设置用来显示极轴追踪对齐路径的极轴角增量,用户既可以输入任何角度,也可以在下拉列表中选择 90、45、30、22.5、18、15、10、5 等常用角度。

若选中“附加角(D)”复选框,则极轴追踪使用列表框中设定的附加角,单击“新建(N)”按钮,可添加新的附加角(最多可以添加 10 个附加角)。

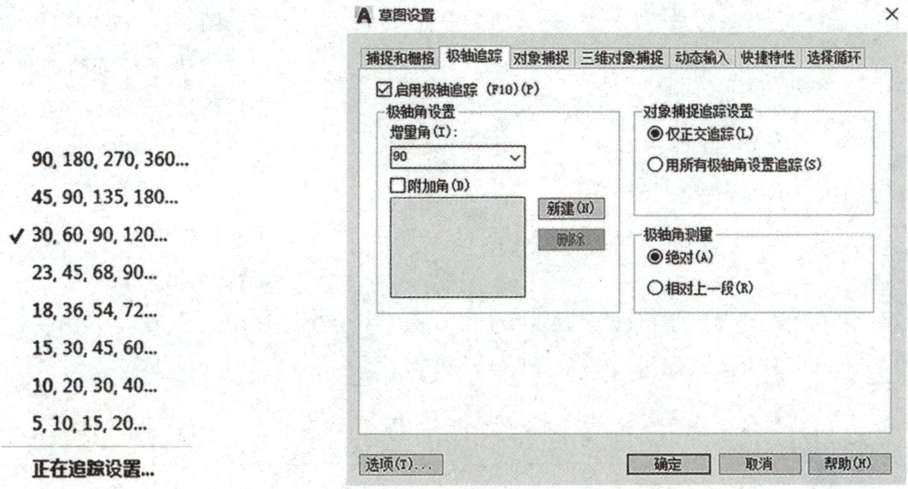

（a）　　　　（b）

图 2-22　极轴追踪角的设置

在“对象捕捉追踪设置”选项组中，可以设置对象捕捉追踪选项。如果选中“仅正交追踪(L)”单选按钮，则当采用极轴追踪模式时，仅在水平和垂直方向上显示极轴追踪线；如果选中“用所有极轴角设置追踪(S)”单选按钮，则当采用极轴追踪模式时，不仅可以在水平和垂直方向上显示极轴追踪线，还可以在设置的极轴追踪角与附加角所确定的一系列方向上显示极轴追踪线。

在“极轴角测量”选项组中，可以设置测量极轴追踪对齐角度的基准。“绝对(A)”是指以当前坐标系 X 轴为测量极轴追踪对齐角度的基准线；“相对上一段(R)”是指以最后创建的线段为测量极轴追踪对齐角度的基准线。

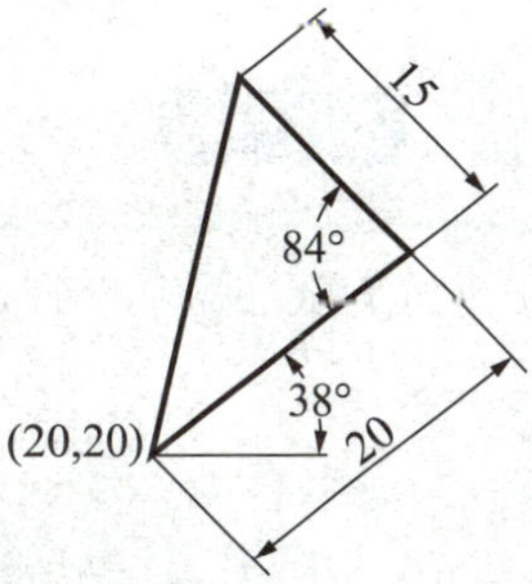

图 2-23　例 2-5 图

【例 2-5】利用极轴追踪模式绘制如图 2-23 所示的图形。

解：打开极轴追踪模式，执行“直线”命令后，命令行显示操作如下：

```
命令：L
LINE
指定第一个点：20,20                          //输入起点坐标
指定下一点或［放弃(U)］：>>选项卡索引 <0>：     //打开图 2-22(b)的“极轴追踪”选项卡，
                                              添加 38°的附加角
正在恢复执行 LINE 命令。
指定下一点或［放弃(U)］：20                    //当光标移动到 38°附近出现极轴追踪线
                                              时，输入 20
```

指定下一点或 [退出(E)/放弃(U)]: >>选项卡索引 <0>: //打开图 2-22(b)的“极轴追踪”选项卡,添加 96°的附加角;选中“极轴角测量”选项组中的“相对上一段(R)”单选按钮

正在恢复执行 LINE 命令。

指定下一点或 [退出(E)/放弃(U)]: 15 //当光标移动到 96°附近出现极轴追踪线时,输入 15

指定下一点或 [关闭(C)/退出(X)/放弃(U)]: c //闭合图形

指定下一点或 [关闭(C)/退出(X)/放弃(U)]: x //退出绘制

说明

(1) 打开极轴追踪模式后,系统将自动关闭正交模式。极轴追踪模式与正交模式只能二选一,不能同时使用。

(2) 由于极轴追踪是按指定的增量角追踪的,因此当增量角改变时,极轴追踪也随之改变。在未选中“附加角(D)”复选框的情况下,当光标移动到角度倍数时(若将增量角设置为 30°,则极轴追踪角为 0°、30°、60°、90°、120°等),将出现极轴追踪线;在选中“附加角(D)”复选框并设置角度的情况下,只有当光标移动到所设置的角度时,才会出现极轴追踪线。

(3) 当绘制线段时,确定第一点后,用户可移动光标,出现极轴追踪线后,即可确定第二点的方向。接下来可直接输入线段长度,完成绘制。

练一练

【练习 2-2】利用极轴追踪模式绘制如图 2-24 所示的图形。

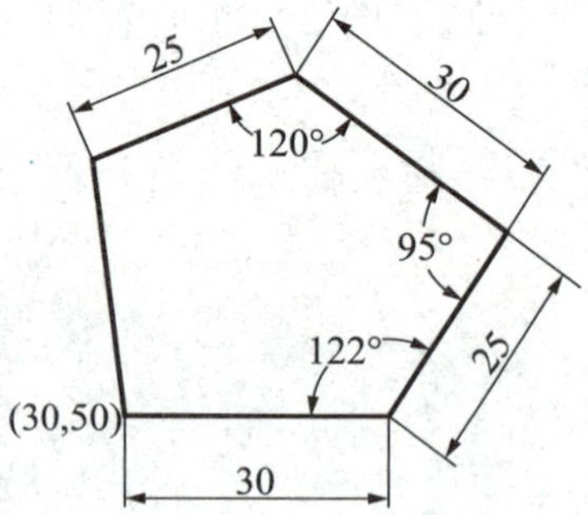

练习2-2

图 2-24 练习 2-2 图

2.5.4 对象捕捉

AutoCAD 2020 给所有的图形对象都定义了特征点,如端点、中点、圆心、交点、象限点、切

点、最近点等。对象捕捉是指在绘图过程中，通过捕捉这些特征点，迅速准确地将新的图形对象定位在现有图形对象的位置上，从而确保绘图的精确性。

对象捕捉模式有两种，即自动捕捉模式和临时捕捉模式。

(1) 自动捕捉模式。自动捕捉模式是预设多个特征点的捕捉模式，在打开对象捕捉模式后，该捕捉模式一直生效，直至取消所有特征点。

设置自动捕捉模式有以下 3 种方式。

①状态栏：右击“对象捕捉”按钮□，在如图 2-25 所示的“对象捕捉”快捷菜单中选择相应的特征点。

②菜单栏：“工具(T)”→“绘图设置(F)...”→“对象捕捉”选项卡。

③命令行：输入“OSNAP”(命令别名“OS”)，按“Enter”键。

执行“OSNAP”命令后，打开如图 2-26 所示的“对象捕捉”选项卡。如果想自动捕捉某个特征点，那么可以选中相应特征点的复选框，单击“确定”按钮。

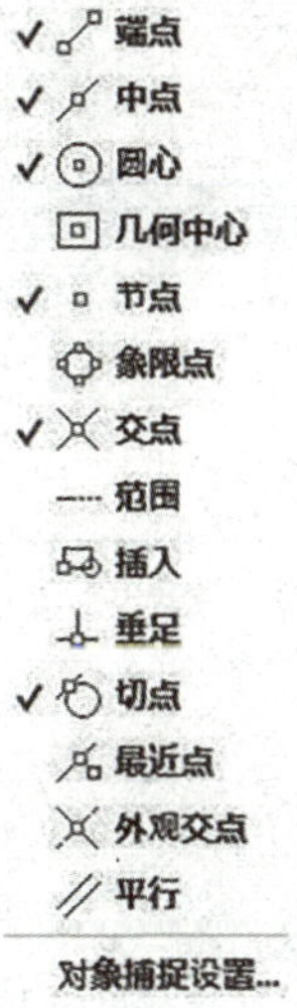

图 2-25 “对象捕捉”快捷菜单

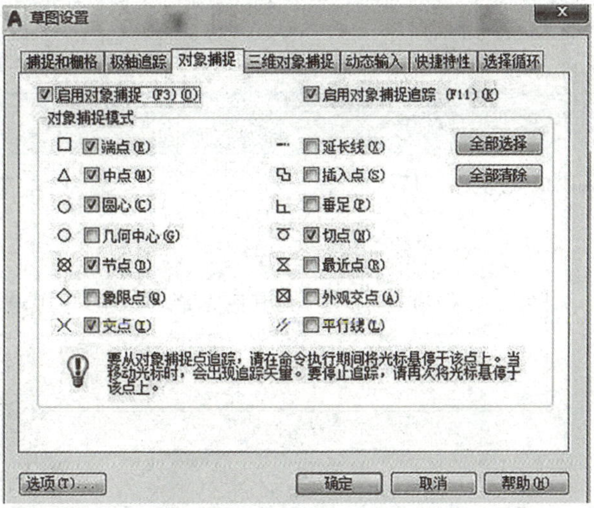

图 2-26 “对象捕捉”选项卡

(2) 临时捕捉模式。临时捕捉模式是在执行绘图命令过程中，调用“对象捕捉”快捷菜单来进行对象捕捉的捕捉模式。该捕捉模式只能选择一个特征点，调用后只能执行一次。临时捕捉模式的优先级比自动捕捉模式高，当打开临时捕捉模式时，自动捕捉模式失效。

打开临时捕捉模式的方法为，按住“Ctrl”键或“Shift”键，在绘图区右击，弹出“临时捕捉”快捷菜单，如图 2-27 所示。从中选择一个特征点，把十字光标移动到图形对象上相应的特征点附近，即可捕捉到这种特征点。

例如，利用临时捕捉模式绘制公切线如图 2-28 所示。当绘制如图 2-28(a) 所示的两个圆的公切线时，在执行“直线”命令后，十字光标总是捕捉到圆心，难以捕捉到切点。此时，应调用“临时捕捉”快捷菜单，选择“切点(G)”选项，从而快速捕捉切点，绘制完成的公切线如图 2-28(b) 所示。在 AutoCAD 2020 中，可供选择的特征点的名称、命令及含义如表 2-4 所示。

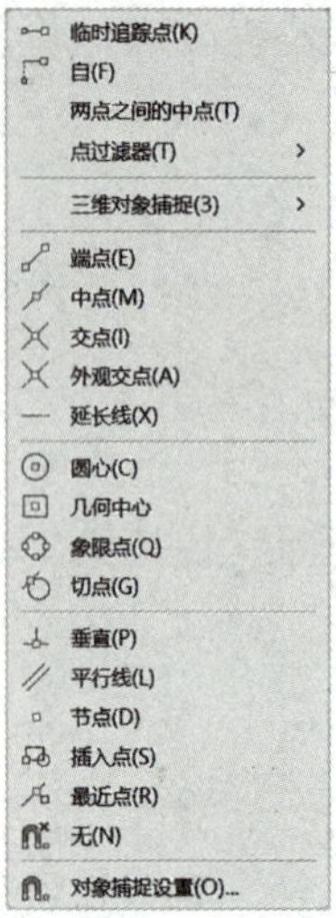

图 2-27 “临时捕捉”快捷菜单

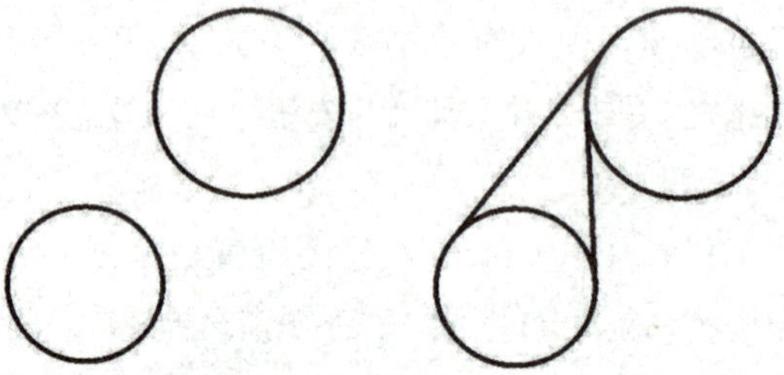

（a）要绘制公切线的两个圆 （b）绘制完成的公切线

图 2-28 利用临时捕捉模式绘制公切线

表 2-4 可供选择的特征点的名称、命令及含义

名称	命令	含义
临时追踪点	TT	建立临时追踪点
两点之间中点	M2P	捕捉两个独立点之间的中点
捕捉自	FRO	与其他捕捉方式配合使用建立一个临时参照点，作为指出后继点的基点
端点	END	线段或圆弧的端点
中点	MID	线段或圆弧的中点
交点	INT	线、圆弧或圆等对象的交点
外观交点	APPINT	图形对象在视图平面上的交点
延长线	EXT	指定对象延伸线上的点
圆心	CEN	圆或圆弧的圆心
象限点	QUA	离十字光标最近的圆或圆弧上可见部分的象限点，即 0°、90°、180°、270° 位置点
切点	TAN	从最后生成的点到选中的圆或圆弧引切线的切点
垂足	PER	在线段、圆、圆弧或其延长线上捕捉一个点，使生成的对象线与源对象线正交
平行线	PAR	与指定对象平行的对象上的点
节点	NOD	捕捉使用“Point”或“DIVIDE”等命令生成的点
插入点	INS	文本对象和块的插入点

续表

名称	命令	含义
最近点	NEA	离拾取点最近的线段、圆、圆弧等对象上的点
无	NON	取消对象捕捉
对象捕捉设置	OSNAP	设置对象捕捉

说明

(1)对象捕捉模式不可单独使用,必须配合绘图命令使用。仅当提示输入点时,对象捕捉模式才生效。如果试图在命令提示下使用对象捕捉模式,那么将显示错误信息。

(2)在自动捕捉模式下,除了常用的特征点(如端点、中点、圆心、交点等),其他特征点一般不选,以免多个特征点之间相互干扰。一些不常用的特征点,可以通过临时捕捉模式进行捕捉。

本章小结

本章主要学习 AutoCAD 2020 绘图环境设置及优化,即设置绘图选项、设置图形界限、设置图形单位、图层设置及管理、辅助绘图工具。熟练运用这些工具和方法,可极大提高绘图效率和准确性。在学习完本章后,应重点掌握以下内容。

(1)根据个人和专业需求设置绘图选项,从而提高绘图效率和准确性。

(2)要熟悉和灵活地新建图层及命名,设置颜色、线型和线宽等。通过图层设置,应用不同的线型和线宽可以区分不同类型的图形对象,增强图形的可读性。例如,用粗实线表示轮廓;用细实线表示尺寸;用虚线表示隐藏部分。

(3)辅助绘图工具主要有栅格模式、捕捉模式、正交模式、极轴追踪模式和对象捕捉模式等,合理使用辅助绘图工具有助于精确绘图和设计。

思考与练习

一、填空题

1.AutoCAD 2020 默认的图形界限是________,默认的图形单位是________。

2.当绘制两个圆的公切线时,在执行“直线”命令的过程中,按住________键或________键,在绘图区右击,弹出“临时捕捉”快捷菜单,选择“切点(G)”选项。

3.在打开________模式后,只能绘制水平或垂直方向的线段。

4.在修改图层线宽后,只有打开状态栏的________开关,才能显示图形线宽效果。

5.当图层处于________状态时,图层上的对象能显示但不能被选取和编辑。

二、选择题

1.以下关于图层的说法不正确的是(   )。

A.每个图形文件都包含名称为“0”的图层,该图层无法删除及重命名

B.当新建多个图层时,有且只有一个图层能置为当前图层

C.在“加载或重载线型”对话框中,选择要加载的线型并返回“选择线型”对话框后,系统直接选中加载的线型

D.图层名称最多可以包含255个字符,并且字符之间可以有空格

2.打开极轴追踪模式的快捷键是(   )。

A.F5　　B.F8　　C F9　　D.F10

3.在“草图设置”对话框的“极轴追踪”选项卡下,“增量角”设置为36°,此时光标移动到(   )附近不出现极轴追踪线。

A.0°　　B.18°　　C.36°　　D.72°

4.“全局比例因子”设置得越小,重复的线型图案数就越__________,且每个线型图案的间距也越__________。横线中应填入的内容为(   )。

A.多、大　　B.多、小　　C.少、大　　D.少、小

三、操作题

1.新建一个图形文件,设置绘图环境:

(1)设置绘图区的背景颜色为白色;

(2)设置图形单位为mm;

(3)设置图形界限为A3(420 mm×297 mm),并利用栅格模式检查图形界限的大小。

2.常用图层如图2-29所示,按该图创建图层。其中,将虚线层的线型比例设置为0.5。

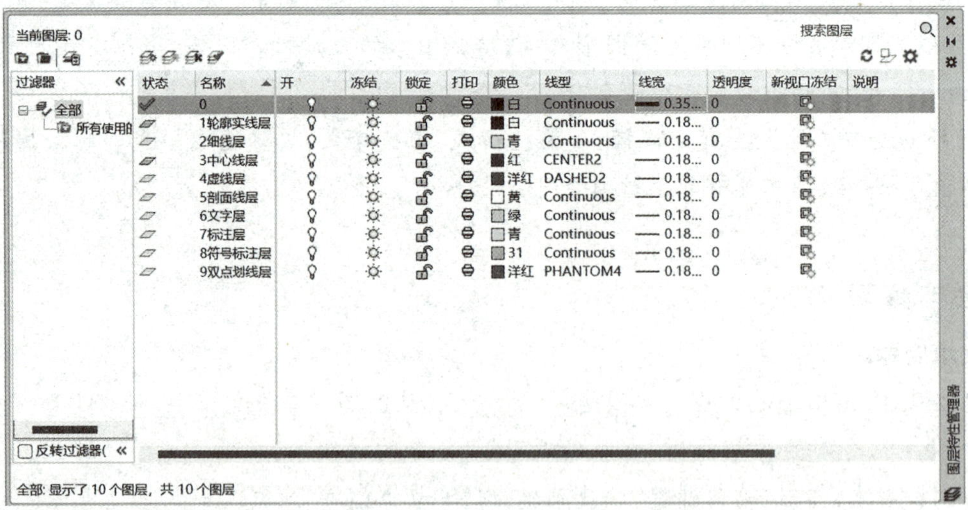

图2-29　常用图层

第3章 绘制平面图形

我国自主研发、具有完全知识产权的新一代高速列车——“复兴号”动车组，以安全、舒适的特点，成为我国铁路交通的一张亮丽名片。另外，我国自主研发高速内置转向架，该产品的发布标志着我国在深度掌控高铁核心技术和关键部件的研制上的新突破，这将助力我国高铁行稳致远。自主创新，彰显我国实力。学生在学习中应明白专业技能与国家基础设施建设紧密相连，培养创新精神、爱国情怀，增强国家荣誉感和社会责任感。

【知识目标】

（1）掌握常用的绘图命令，如直线、圆、圆弧、矩形、正多边形、椭圆、点等。

（2）掌握“构造线”命令的基础知识。

（3）掌握“图案填充”命令的基础知识。

（4）掌握“面域”命令的基础知识。

【技能目标】

（1）能精确绘制各种基本图形元素，如直线、圆、圆弧、矩形、正多边形等，并能准确控制其位置、长度、角度和尺寸。

（2）能运用直线、圆等绘图命令绘制简单的平面图形。

（3）能使用极轴追踪模式、对象捕捉模式等辅助绘图工具，与绘图命令配合，提高绘图效率和准确性。

（4）能绘制复杂的平面图形，如机械零件图、建筑平面图、电气原理图等，保证绘图的准确性和规范性。

【素养目标】

（1）培养学生严谨细致的学习态度，在使用绘图命令时注重每一个细节，确保绘图的准确性和规范性。

（2）激发学生学习软件的兴趣与热情，培养学生的交流意识，变被动式的接受学习为主动式的探究学习。

（3）培养学生解决问题的能力，在绘图过程中遇到命令使用不当或绘图错误的情况时，能迅速分析原因并找到解决方法。

3.1 基本绘图命令

3.1.1 绘制线段

在 AutoCAD 2020 中,线段是最基本的图形元素之一。通过“直线”命令,可以按照给定的一系列起点和终点绘制连续的线段,每条线段都是一个独立的对象。

有以下 3 种方式执行“直线”命令。

(1)菜单栏:“绘图(D)”→“直线(L)”。

(2)功能区:“默认”选项卡→“绘图”面板 →“直线”按钮⁄。

(3)命令行:输入“LINE”(命令别名“L”),按“Enter”键。

【例 3-1】利用“直线”命令绘制如图 3-1 所示的图形。

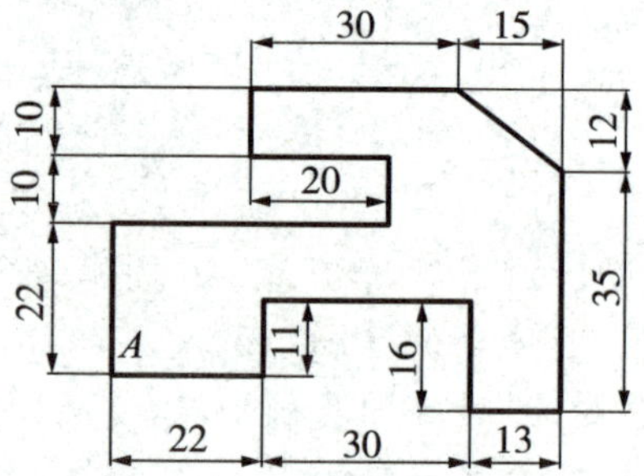

图 3-1　例 3-1 图

解:执行“直线”命令后,命令行显示操作如下:

```
命令: _line
指定第一个点:                                         //在绘图区中指定任意一点作为A点
指定下一点或[放弃(U)]: 22                              //打开极轴追踪模式,鼠标水平向右拖动
指定下一点或[退出(E)/放弃(U)]: 11                      //鼠标竖直向上拖动
指定下一点或[关闭(C)/退出(X)/放弃(U)]: 30              //鼠标水平向右拖动
指定下一点或[关闭(C)/退出(X)/放弃(U)]: 16              //鼠标竖直向下拖动
指定下一点或[关闭(C)/退出(X)/放弃(U)]: 13              //鼠标水平向右拖动
指定下一点或[关闭(C)/退出(X)/放弃(U)]: 35              //鼠标竖直向上拖动
指定下一点或[关闭(C)/退出(X)/放弃(U)]: @ -15,12        //输入相对直角坐标
指定下一点或[关闭(C)/退出(X)/放弃(U)]: 30              //鼠标水平向左拖动
指定下一点或[关闭(C)/退出(X)/放弃(U)]: 10              //鼠标竖直向下拖动
指定下一点或[关闭(C)/退出(X)/放弃(U)]: 20              //鼠标水平向右拖动
指定下一点或[关闭(C)/退出(X)/放弃(U)]: 10              //鼠标竖直向下拖动
```

指定下一点或[关闭(C)/退出(X)/放弃(U)]：　//打开对象捕捉模式，单击经过A点的垂直方向极轴追踪线和鼠标水平向左拖动出现的交点

指定下一点或[关闭(C)/退出(X)/放弃(U)]：C　//图形闭合

说明

(1)当执行“直线”命令时，线段的起点和终点可通过单击、输入坐标值、捕捉对象的特征点等方式来获取。

(2)当绘制连续的线段时，若要撤销上一步绘制的线段，则可按“Ctrl+Z”组合键，或输入“U”并按“Enter”键。多次输入“U”并按“Enter”键，软件会按绘制顺序的逆序依次删除线段。

(3)当绘制封闭的连续线段时，输入“C”并按“Enter”键，软件会将最后一个终点与执行“直线”命令时的起点封闭。

(4)如果需要将最近绘制的线段的终点作为新线段的起点，那么可以再次执行“直线”命令，在出现“指定起点”提示后，按“Enter”键即可快速定位新线段的起点。

练一练

【练习3-1】利用“直线”命令绘制如图3-2所示的图形。

练习3-1

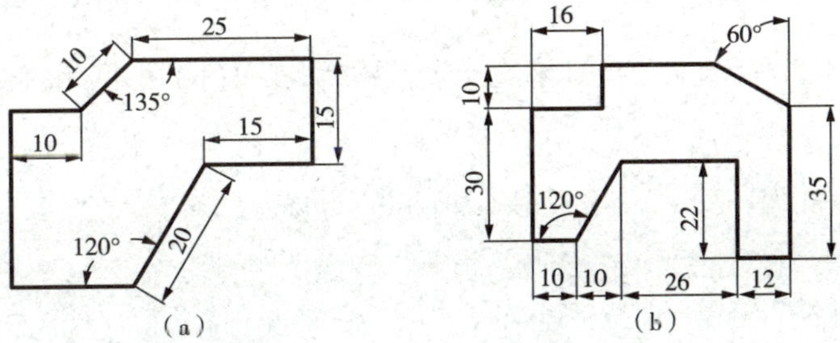

图3-2　练习3-1图

3.1.2　绘制圆

在AutoCAD 2020中，圆是重要的图形元素。圆除了具有圆心、半径、直径等几何元素，还具有与其他图形对象相切的性质，这些几何元素和性质的组合，可以构成不同的绘制圆的方法。

有以下3种方式执行“圆”命令。

(1)菜单栏：“绘图(D)”→“圆(C)”。

(2)功能区：“默认”选项卡→“绘图”面板→“圆”按钮⊘。

(3)命令行：输入“CIRCLE”(命令别名“C”)，按“Enter”键。

打开“绘图”面板中的“圆”下拉列表，如图3-3所示。从中选

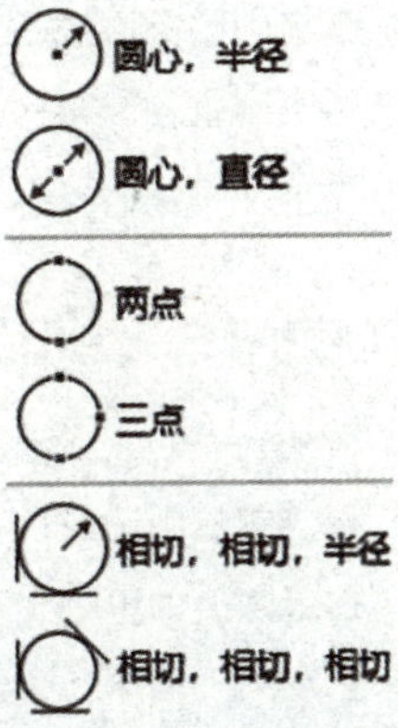

图3-3　“圆”下拉列表

择任意选项，即可绘制圆，圆的绘制结果如图 3-4 所示。

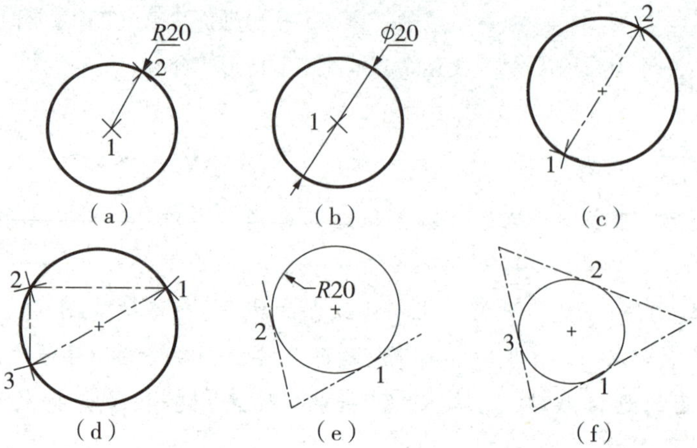

图 3-4　圆的绘制结果

(1)根据“圆心，半径”绘制圆，绘制结果如图 3-4(a)所示，命令行显示操作如下：

```
命令: _circle
指定圆的圆心或 [三点(3P)/两点(2P)/切点、切点、半径(T)]:                //单击任意一点
指定圆的半径或 [直径(D)] <20.0000>: 20                              //确定圆的半径 20
```

(2)根据“圆心，直径”绘制圆，绘制结果如图 3-4(b)所示，命令行显示操作如下：

```
命令: _circle
指定圆的圆心或 [三点(3P)/两点(2P)/切点、切点、半径(T)]:                //单击任意一点
指定圆的半径或 [直径(D)] <20.0000>: d                               //选择直径
指定圆的直径 <40.0000>: 40                                         //确定圆的直径 40
```

(3)根据“两点”绘制圆，绘制结果如图 3-4(c)所示，命令行显示操作如下：

```
命令: _circle
指定圆的圆心或 [三点(3P)/两点(2P)/切点、切点、半径(T)]: 2p
指定圆直径的第一个端点:                                              //单击第一个点
指定圆直径的第二个端点:                                              //单击第二个点
```

(4)根据“三点”绘制圆，绘制结果如图 3-4(d)所示，命令行显示操作如下：

```
命令: _circle
指定圆的圆心或 [三点(3P)/两点(2P)/切点、切点、半径(T)]: 3p
指定圆上的第一个点:                                                  //单击第一个点
指定圆上的第二个点:                                                  //单击第二个点
指定圆上的第三个点:                                                  //单击第三个点
```

(5)根据“相切,相切,半径”绘制圆,绘制结果如图 3-4(e)所示,命令行显示操作如下:

```
命令: _circle
指定圆的圆心或 [三点(3P)/两点(2P)/切点、切点、半径(T)]: t
指定对象与圆的第一个切点:                              //相切第一个点
指定对象与圆的第二个切点:                              //相切第二个点
指定圆的半径 <48.3912>: 20                            //确定圆的半径 20
```

(6)根据“相切,相切,相切”绘制圆,绘制结果如图 3-4(f)所示,命令行显示操作如下:

```
命令: _circle
指定圆的圆心或 [三点(3P)/两点(2P)/切点、切点、半径(T)]: _3p
指定圆上的第一个点: _tan 到                            //相切第一个点
指定圆上的第二个点: _tan 到                            //相切第二个点
指定圆上的第三个点: _tan 到                            //相切第三个点
```

【例 3-2】利用“圆”命令绘制如图 3-5 所示的图形。

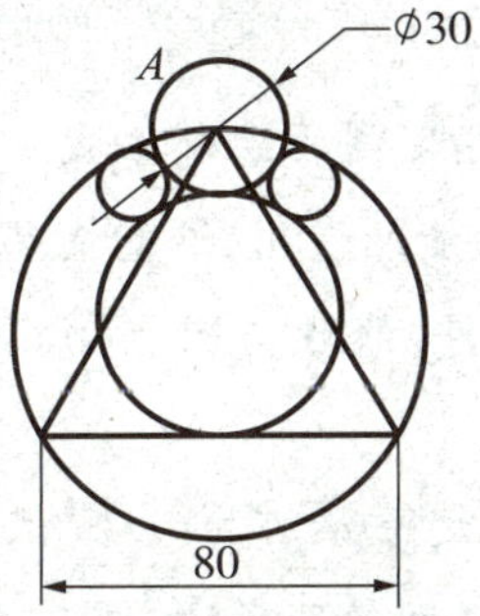

图 3-5　例 3-2 图

解:(1)利用“直线”命令,绘制边长为 80 的正三角形。

(2)执行“圆”命令后,命令行显示操作如下:

```
命令: _circle
指定圆的圆心或 [三点(3P)/两点(2P)/切点、切点、半径(T)]: 3p
指定圆上的第一个点:                                    //单击正三角形的一个端点
指定圆上的第二个点:                                    //单击正三角形的一个端点
指定圆上的第三个点:                                    //单击正三角形的一个端点
命令: _circle
指定圆的圆心或 [三点(3P)/两点(2P)/切点、切点、半径(T)]:
指定圆的半径或 [直径(D)] <46.1880>: 15
```

```
命令: _circle
指定圆的圆心或[三点(3P)/两点(2P)/切点、切点、半径(T)]: 2p
指定圆直径的第一个端点:                                  //单击圆A的下象限点
指定圆直径的第二个端点:                                  //单击正三角形下边线中点
命令: _circle
指定圆的圆心或[三点(3P)/两点(2P)/切点、切点、半径(T)]: _3p
指定圆上的第一个点: _tan 到                              //相切到第一个圆弧
指定圆上的第二个点: _tan 到                              //相切到第二个圆弧
指定圆上的第三个点: _tan 到                              //相切到第三个圆弧
命令: _circle
指定圆的圆心或[三点(3P)/两点(2P)/切点、切点、半径(T)]: _3p
指定圆上的第一个点: _tan 到                              //相切到第一个圆弧
指定圆上的第二个点: _tan 到                              //相切到第二个圆弧
指定圆上的第三个点: _tan 到                              //相切到第三个圆弧
```

说明

(1)在利用“圆”命令时,要明确指定圆的绘制方式。输入的数值要准确,避免因误差导致绘制的图形不符合要求。注意捕捉功能的使用,这能提高绘图效率和准确性。

(2)线段和圆相切存在的隐含条件:线段与圆相切处既是相切点位置又是垂足点位置,如图3-6所示。

(3)两个相切圆的关系:外切时,大径(R_2)加小径(R_1)等于两个圆心之间的距离;内切时,大径(R_2)减小径(R_1)等于两个圆心之间的距离,如图3-7所示。

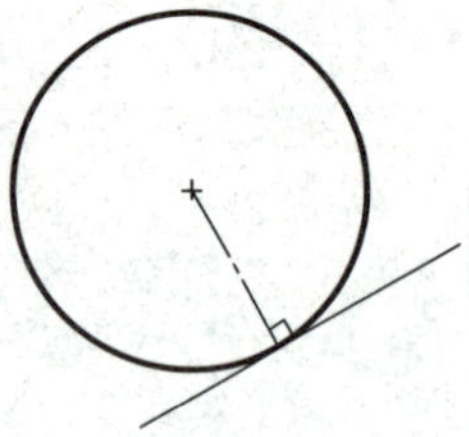

图3-6　线段与圆相切处

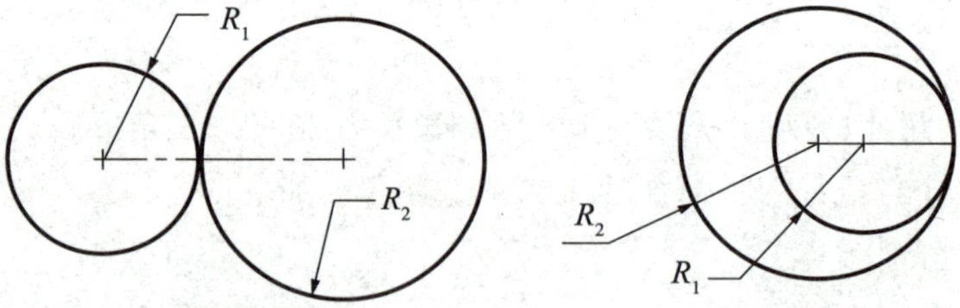

(a)两圆外切　　(b)两圆内切

图3-7　两个相切圆的关系

(4)用“相切”“相切”“半径”的方法可分别绘制出3种相切圆,其相切形式主要取决于两个切点的位置,默认把离拾取点最近的切点作为所需切点,3种相切圆的绘制如图3-8所示。

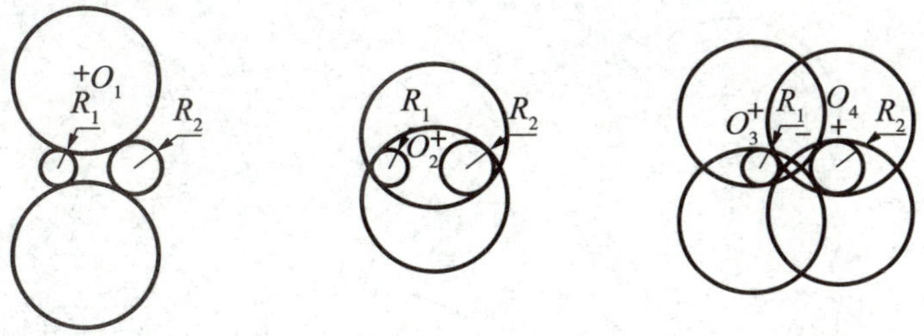

（a）外切　　（b）内切　　（c）交差

图 3-8　3 种相切圆的绘制

练一练

【练习 3-2】利用“圆”命令绘制如图 3-9 所示的图形。

练习3-2

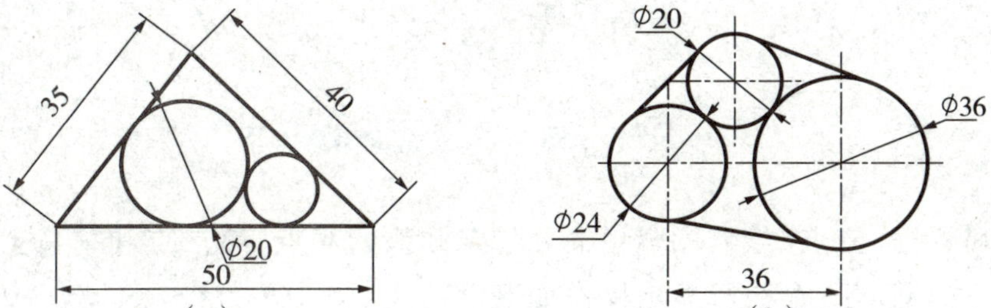

（a）　　（b）

图 3-9　练习 3-2 图

3.1.3　绘制圆弧

在 AutoCAD 2020 中，圆弧是圆的一部分。圆弧是通过指定圆心、半径、起始角和终止角等几何元素来绘制的图形元素。圆弧在绘图中应用广泛，适用于绘制各种具有曲线边界的图形。

有以下 3 种方式执行“圆弧”命令。

（1）菜单栏：“绘图（D）”→“圆弧（A）”。

（2）功能区：“默认”选项卡→“绘图”面板 →“圆弧”按钮 ⌒。

（3）命令行：输入“ARC”（命令别名“A”），按“Enter”键。

打开“绘图”面板中的“圆弧”下拉列表，如图 3-10 所示。从中选择任意选项，即可绘制圆弧，圆弧的绘制结果如图 3-11 所示。

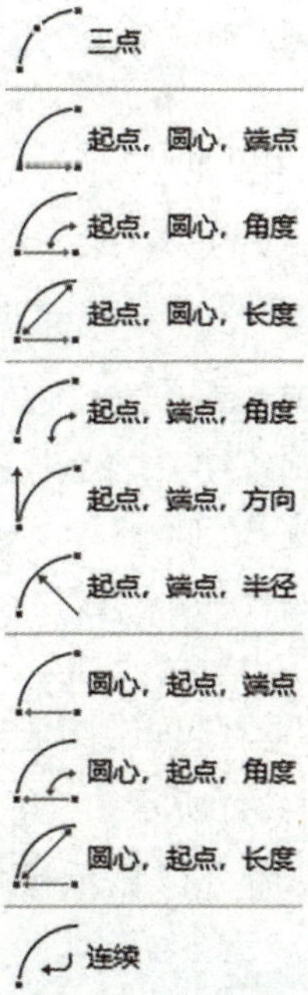

图 3-10　“圆弧”下拉列表

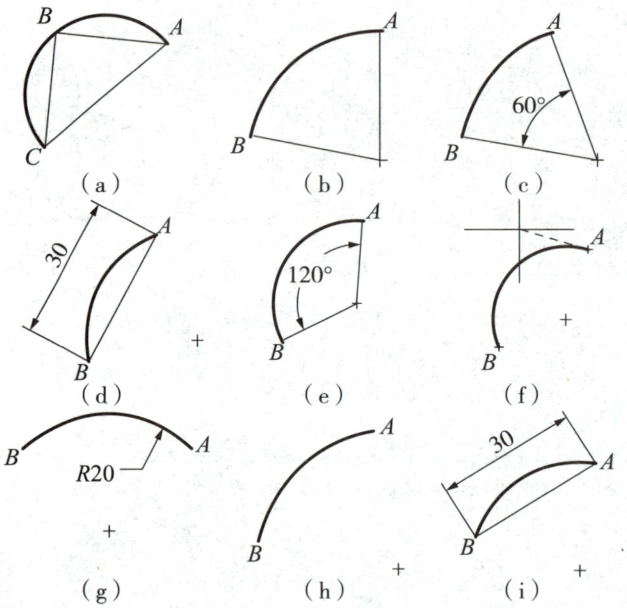

图 3-11　圆弧的绘制结果

(1)根据“三点”绘制圆弧。需要指定圆弧的起点、第二点和第三点位置,绘制结果如图 3-11(a)所示,命令行显示操作如下:

```
命令: _arc
指定圆弧的起点或[圆心(C)]:
指定圆弧的第二个点或[圆心(C)/端点(E)]:
指定圆弧的端点:
```

(2)根据“起点,圆心,端点”绘制圆弧。需要指定圆弧的起点、圆心和端点位置,绘制结果如图 3-11(b)所示,命令行显示操作如下:

```
命令: _arc
指定圆弧的起点或[圆心(C)]:
指定圆弧的第二个点或[圆心(C)/端点(E)]: _c
指定圆弧的圆心:
指定圆弧的端点(按住 Ctrl 键以切换方向)或[角度(A)/弦长(L)]:
```

(3)根据“起点,圆心,角度”绘制圆弧。需要指定圆弧的起点、圆心和角度,绘制结果如图 3-11(c)所示。“角度”指的是圆弧的包含角,即圆弧圆心分别与圆弧起点和端点连线的夹角,命令行显示操作如下:

```
命令: _arc
指定圆弧的起点或[圆心(C)]:
```

```
指定圆弧的第二个点或[圆心(C)/端点(E)]: _c
指定圆弧的圆心:
指定圆弧的端点(按住 Ctrl 键以切换方向)或[角度(A)/弦长(L)]: _a
指定夹角(按住 Ctrl 键以切换方向): 60
```

(4)根据“起点,圆心,长度”绘制圆弧。需要指定圆弧的起点、圆心和长度,绘制结果如图3-11(d)所示。“长度”指的是圆弧的弦长,即圆弧起点与端点之间的直线距离,命令行显示操作如下:

```
命令: _arc
指定圆弧的起点或[圆心(C)]:
指定圆弧的第二个点或[圆心(C)/端点(E)]: _c
指定圆弧的圆心:
指定圆弧的端点(按住 Ctrl 键以切换方向)或[角度(A)/弦长(L)]: _l
指定弦长(按住 Ctrl 键以切换方向): 30
```

(5)根据“起点,端点,角度”绘制圆弧。需要指定圆弧的起点、端点和角度,绘制结果如图3-11(e)所示,命令行显示操作如下:

```
命令: _arc
指定圆弧的起点或[圆心(C)]:
指定圆弧的第二个点或[圆心(C)/端点(E)]: _e
指定圆弧的端点:
指定圆弧的中心点(按住 Ctrl 键以切换方向)或[角度(A)/方向(D)/半径(R)]: _a
指定夹角(按住 Ctrl 键以切换方向): 120
```

(6)根据“起点,端点,方向”绘制圆弧。需要指定圆弧的起点、端点和方向,绘制结果如图3-11(f)所示。“方向”指的是与圆弧起点位置相切的切线角度,命令行显示操作如下:

```
命令: _arc
指定圆弧的起点或[圆心(C)]:
指定圆弧的第二个点或[圆心(C)/端点(E)]: _e
指定圆弧的端点:
指定圆弧的中心点(按住 Ctrl 键以切换方向)或[角度(A)/方向(D)/半径(R)]: _d
指定圆弧起点的相切方向(按住 Ctrl 键以切换方向):
```

(7)根据“起点,端点,半径”绘制圆弧。需要指定圆弧的起点、端点和半径,绘制结果如图3-11(g)所示,命令行显示操作如下:

```
命令: _arc
指定圆弧的起点或[圆心(C)]:
```

```
指定圆弧的第二个点或 [圆心(C)/端点(E)]: _e
指定圆弧的端点:
指定圆弧的中心点(按住 Ctrl 键以切换方向)或 [角度(A)/方向(D)/半径(R)]: _r
指定圆弧的半径(按住 Ctrl 键以切换方向): 20
```

(8)根据“圆心,起点,端点”绘制圆弧。需要指定圆弧的圆心、起点和端点,绘制结果如图 3-11(h)所示,命令行显示操作如下:

```
命令: _arc
指定圆弧的起点或 [圆心(C)]: _c
指定圆弧的圆心:
指定圆弧的起点:
指定圆弧的端点(按住 Ctrl 键以切换方向)或 [角度(A)/弦长(L)]:
```

(9)根据“圆心,起点,长度”绘制圆弧。需要指定圆弧的圆心、起点和长度,绘制结果如图 3-11(i)所示,命令行显示操作如下:

```
命令: _arc
指定圆弧的起点或 [圆心(C)]: _c
指定圆弧的圆心:
指定圆弧的起点:
指定圆弧的端点(按住 Ctrl 键以切换方向)或 [角度(A)/弦长(L)]: _l
指定弦长(按住 Ctrl 键以切换方向): 30
```

【例 3-3】利用“圆弧”命令绘制如图 3-12 所示的图形。

例3-3

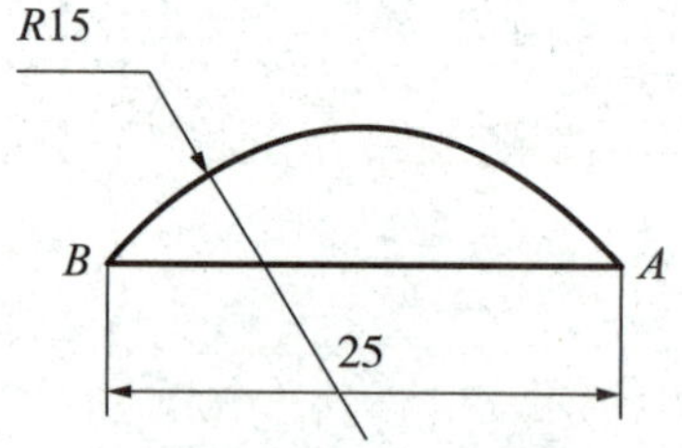

图 3-12 例 3-3 图

解:(1)利用“直线”命令,绘制线段 AB。

(2)执行“起点,端点,半径”命令后,命令行显示操作如下:

```
命令: _arc
指定圆弧的起点或 [圆心(C)]:                          //单击A点
指定圆弧的第二个点或 [圆心(C)/端点(E)]: _e
指定圆弧的端点:                                      //单击B点
```

```
指定圆弧的中心点(按住 Ctrl 键以切换方向)或 [角度(A)/方向(D)/半径(R)]: _r
指定圆弧的半径(按住 Ctrl 键以切换方向): 15                    //确定圆弧半径
```

说明

(1)默认从圆弧的起点到端点沿逆时针方向生成圆弧。角度值的正负决定了绘制圆弧的方向,若角度为正值,则沿逆时针方向绘制圆弧;若角度为负值,则沿顺时针方向绘制圆弧。

(2)当利用“起点,端点,半径”命令绘制圆弧时,圆弧的半径一定要大于圆弧的弦长,否则无法生成圆弧。

(3)圆弧是圆的一部分,多数情况下可以先作整圆,然后通过“修剪”命令修剪圆,从而得到所需圆弧。在菜单栏的“修改(M)”下拉列表中选择“修剪(T)”选项,按“Enter”键,将所有图形对象作为修剪边界,单击需要修剪的圆弧进行删除。“修剪”命令的具体操作步骤将在第 4 章详细介绍。

练一练

【练习 3-3】利用“圆弧”命令绘制如图 3-13 所示的图形。

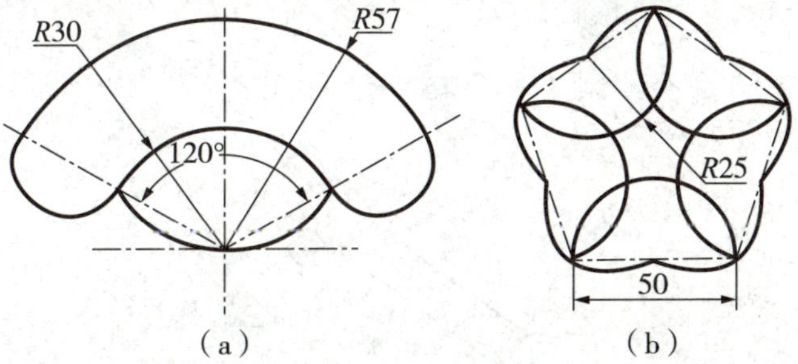

图 3-13　练习 3-3 图

3.2 常见的绘图命令

3.2.1 绘制矩形

矩形是绘制的常见图形元素之一。“矩形”命令通过指定矩形的两个角点绘制矩形。用户既可以通过十字光标直接在屏幕上点选,也可以输入角点的坐标。选择两个角点时没有特定的顺序,可以沿任何方向选择。矩形在 AutoCAD 2020 中作为一个整体对象存在。

有以下 3 种方式执行“矩形”命令。

(1)菜单栏:“绘图(D)”→“矩形(G)”。

(2)功能区:“默认”选项卡→“绘图”面板 →“矩形”按钮▭。

(3)命令行:输入“RECTANG”(命令别名“REC”),按“Enter”键。

执行“矩形”命令后,命令行显示操作如下:

```
指定第一个角点或 [倒角(C)/标高(E)/圆角(F)/厚度(T)/宽度(W)]:
```

在操作过程中,“指定第一个角点”与“指定另一个角点”是指定义矩形的两个角点;“倒角(C)”是指设置倒角距离,绘制有倒角的矩形;“标高(E)”是指设置矩形的高度,绘制有标高的矩形;“圆角(F)”是指设置圆角半径,绘制有圆角的矩形;“厚度(T)”是指设置矩形的厚度,绘制有厚度的矩形;“宽度(W)”是指设置矩形的宽度,绘制有宽度的矩形。各种矩形的绘制结果如图 3-14 所示。

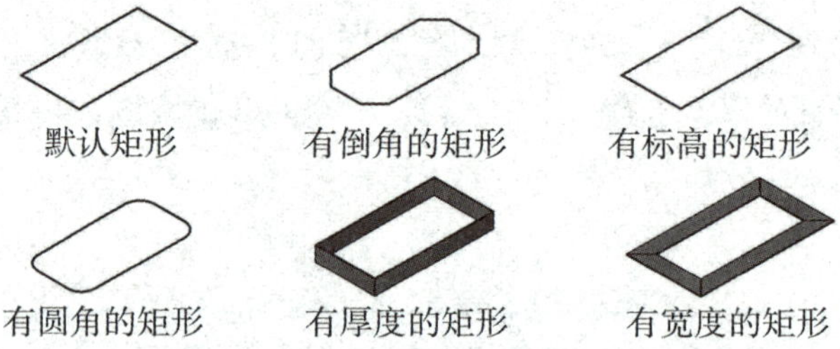

图 3-14　各种矩形的绘制结果

【例 3-4】利用“矩形”命令绘制如图 3-15 所示的图形。

例3-4

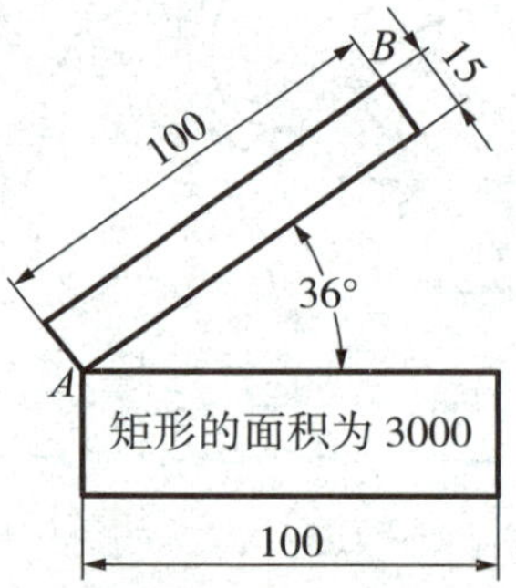

图 3-15　例 3-4 图

解:执行“矩形”命令后,命令行显示操作如下:

```
命令: REC
RECTANG
指定第一个角点或 [倒角(C)/标高(E)/圆角(F)/厚度(T)/宽度(W)]: //单击大矩形的左下角点
指定另一个角点或 [面积(A)/尺寸(D)/旋转(R)]: a
输入以当前单位计算的矩形面积 <4697.0000>: 3000              //输入矩形的面积
计算矩形标注时依据 [长度(L)/宽度(W)] <长度>: l              //设置矩形的长度
输入矩形的长度 <96.0000>: 100
命令: RECTANG
```

```
指定第一个角点或 [倒角(C)/标高(E)/圆角(F)/厚度(T)/宽度(W)]: //单击A点
指定另一个角点或 [面积(A)/尺寸(D)/旋转(R)]: r              //设置矩形的旋转角
指定旋转角度或 [拾取点(P)] <0>: 36
指定另一个角点或 [面积(A)/尺寸(D)/旋转(R)]: d              //设置矩形的长度和宽度
指定矩形的长度 <100.0000>: 100
指定矩形的宽度 <50.0000>: 15
指定另一个角点或 [面积(A)/尺寸(D)/旋转(R)]:                //单击B点,以A、B两个角
                                                          点确定矩形的生成方向
```

说明

(1)如果矩形的宽度、倒角、圆角、旋转角等参数已经设置好,那么这些设置将自动保存(当退出 AutoCAD 2020 时,这些设置将自动清除)。如果要返回默认状态,就要重新将所有参数设置为默认参数。

(2)用户既可以通过指定矩形的两个角点来绘制矩形,也可以使用其他参数绘制矩形。

(3)"标高(E)"用于指定矩形的 z 坐标值,将矩形放置在特定高度的平面上;"厚度(T)"用于指定矩形的厚度,在三维视图中可见。这两项参数通常在三维建模中使用较多。

(4)可以先指定矩形的面积,再指定矩形的长度或宽度来绘制矩形。先输入矩形的面积,按"Enter"键后再输入"L"或"W",输入矩形的长度或宽度,即可绘制指定面积的矩形。

练一练

【练习 3-4】利用"矩形"命令绘制如图 3-16 所示的图形,其中 150×125 矩形的线宽为 5。

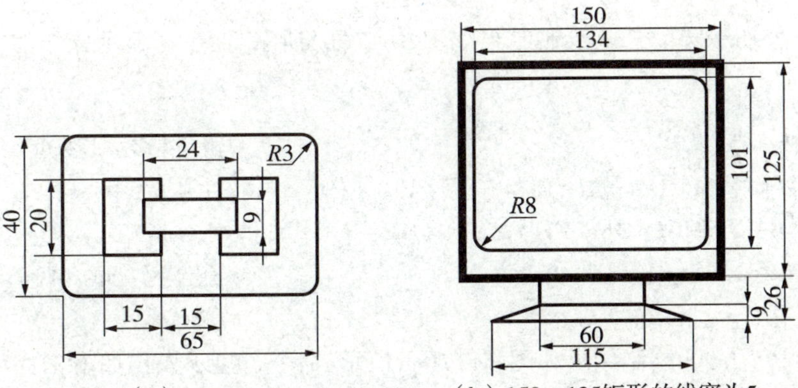

(a)　　(b)150×125矩形的线宽为5

图 3-16　练习 3-4 图

3.2.2 绘制正多边形

正多边形是指各边相等、各内角也相等的多边形。AutoCAD 2020 可以绘制边数为 3~1 024 的正多边形。正多边形的初始线宽为 0，可以利用“多段线”命令修改线宽。正多边形在 AutoCAD 2020 中作为一个整体对象存在。

有以下 3 种方式执行“正多边形”命令。

(1)菜单栏：“绘图(D)”→“多边形(Y)”。

(2)功能区：“默认”选项卡→“绘图”面板 →“多边形”按钮⬠。

(3)命令行：输入“POLYGON”(命令别名“POL”)，按“Enter”键。

一般通过以下 3 种方式绘制正多边形，正多边形的绘制结果如图 3-17 所示。

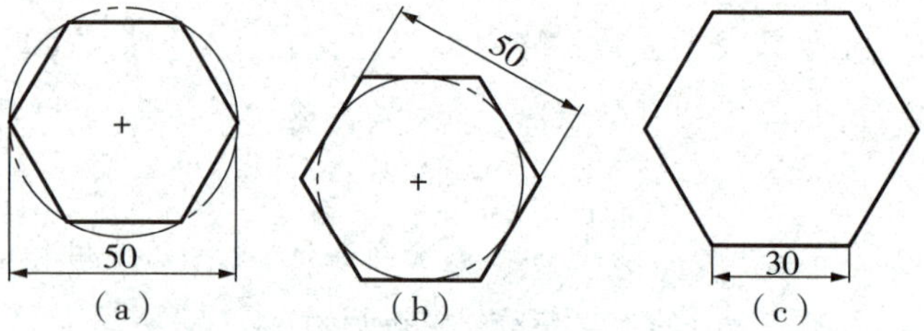

图 3-17 正多边形的绘制结果

(1)通过“内接于圆”方式，绘制结果如图 3-17(a)所示，命令行显示操作如下：

```
命令：POLYGON
输入侧面数 <4>: 6                                    //输入正多边形的边数
指定正多边形的中心点或 [边(E)]:                       //以圆心为中心点
输入选项 [内接于圆(I)/外切于圆(C)] <I>: i             //内接于圆
指定圆的半径: 25                                     //确定内接圆的半径
```

(2)通过“外切于圆”方式，绘制结果如图 3-17(b)所示，命令行显示操作如下：

```
命令：POLYGON
输入侧面数 <6>: 6                                    //输入正多边形的边数
指定正多边形的中心点或 [边(E)]:                       //以圆心为中心点
输入选项 [内接于圆(I)/外切于圆(C)] <I>: c             //外切于圆
指定圆的半径: 25                                     //确定外切圆的半径
```

(3)通过“边”方式，绘制结果如图 3-17(c)所示，命令行显示操作如下：

```
命令：POLYGON
输入侧面数 <6>:                                      //输入正多边形边数
指定正多边形的中心点或 [边(E)]: e                     //选择边
```

```
指定边的第一个端点:                                //指定第一个端点
指定边的第二个端点: 30                             //指定第二个端点 30
```

【例 3-5】利用“正多边形”命令绘制如图 3-18 所示的图形。

例3-5

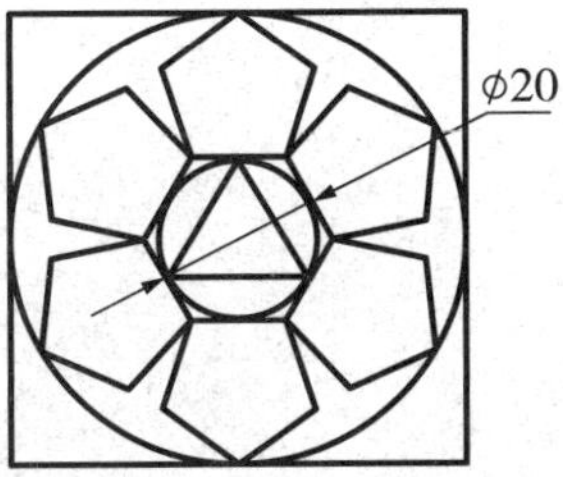

图 3-18　例 3-5 图

解:(1)利用“圆”命令,绘制直径为 20 的圆。

(2)执行“正多边形”命令后,命令行显示操作如下:

```
命令: POLYGON
输入侧面数 <4>: 6
指定正多边形的中心点或 [边(E)]:                    //以圆心为中心点
输入选项 [内接于圆(I)/外切于圆(C)] <I>: c
指定圆的半径: 10                                   //确定外切圆的半径
命令: POLYGON
输入侧面数 <6>: 3
指定正多边形的中心点或 [边(E)]:                    //以圆心为中心点
输入选项 [内接于圆(I)/外切于圆(C)] <C>: i
指定圆的半径:                                      //单击直径为 20 的圆的象限点
命令: POLYGON
输入侧面数 <3>: 5
指定正多边形的中心点或 [边(E)]: e                  //沿顺时针方向依次选取
指定边的第一个端点:                                //以正六边形角点为端点
指定边的第二个端点:                                //以正六边形角点为端点
命令: POLYGON
输入侧面数 <5>:
指定正多边形的中心点或 [边(E)]: e                  //沿顺时针方向依次选取
指定边的第一个端点:                                //以正六边形角点为端点
指定边的第二个端点:                                //以正六边形角点为端点
命令: POLYGON
输入侧面数 <5>:
指定正多边形的中心点或 [边(E)]: e                  //沿顺时针方向依次选取
指定边的第一个端点:                                //以正六边形角点为端点
指定边的第二个端点:                                //以正六边形角点为端点
```

```
命令：POLYGON
输入侧面数 <5>:
指定正多边形的中心点或［边(E)］：e                    //沿顺时针方向依次选取
指定边的第一个端点：                                  //以正六边形角点为端点
指定边的第二个端点：                                  //以正六边形角点为端点
命令：POLYGON
输入侧面数 <5>:
指定正多边形的中心点或［边(E)］：e                    //沿顺时针方向依次选取
指定边的第一个端点：                                  //以正六边形角点为端点
指定边的第二个端点：                                  //以正六边形角点为端点
命令：POLYGON
输入侧面数 <5>:
指定正多边形的中心点或［边(E)］：e                    //沿顺时针方向依次选取
指定边的第一个端点：                                  //以正六边形角点为端点
指定边的第二个端点：                                  //以正六边形角点为端点
```

(3)根据“三点”绘制外面的大圆。

(4)执行“正多边形”命令后,命令行显示操作如下:

```
命令：POLYGON
输入侧面数 <5>：4
指定正多边形的中心点或［边(E)］：                      //以圆心为中心点
输入选项［内接于圆(I)/外切于圆(C)］<I>：c
指定圆的半径：                                        //以大圆的象限点为外切圆半径
```

说明

(1)绘制正多边形是用“内接于圆”方式还是用“外切于圆”方式,要根据具体图形的条件而定。若选择“内接于圆”方式,则绘制的正多边形内接于假想圆,假想圆中心到正多边形各顶点的距离为假想圆的半径;若选择“外切于圆”方式,则绘制的正多边形外切于假想圆,假想圆中心到正多边形各边的垂直距离为假想圆的半径。掌握此方法,绘图时就可以快速判断出正多边形是内接正多边形还是外切正多边形。

(2)当使用“内接于圆”和“外切于圆”方式绘制正多边形时,在“指定圆的半径:”提示下,若使用键盘输入半径数值,则正多边形至少有一条边是水平放置的。若使用光标拾取,则可动态改变正多边形的大小和旋转角。

(3)当使用“边”方式绘制正多边形时,将从指定边的第一个端点到第二个端点沿逆时针方向生成正多边形。

练一练

【**练习 3-5**】利用“正多边形”命令绘制如图 3-19 所示的图形。

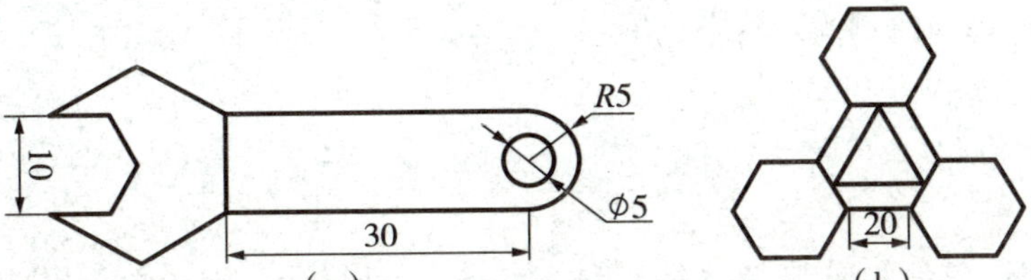

图 3-19 练习 3-5 图

3.2.3 绘制椭圆

在 AutoCAD 2020 中绘制椭圆或椭圆弧时，必须确定椭圆的特点（如椭圆中心、长轴两个端点、短轴两个端点），才能绘制椭圆或椭圆弧。

有以下 3 种方式执行“椭圆”命令。

（1）菜单栏：“绘图”→“椭圆(E)”。

（2）功能区：“默认”选项卡→“绘图”面板→“椭圆”按钮。

（3）命令行：输入“ELLIPSE”（命令别名“EL”），按“Enter”键。

打开“绘图”面板中的“椭圆”下拉列表，如图 3-20 所示。从中选择任意选项，即可绘制椭圆和椭圆弧，椭圆和椭圆弧的绘制结果如图 3-21 所示。

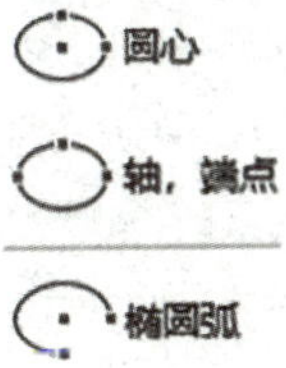

图 3-20 “椭圆”下拉列表

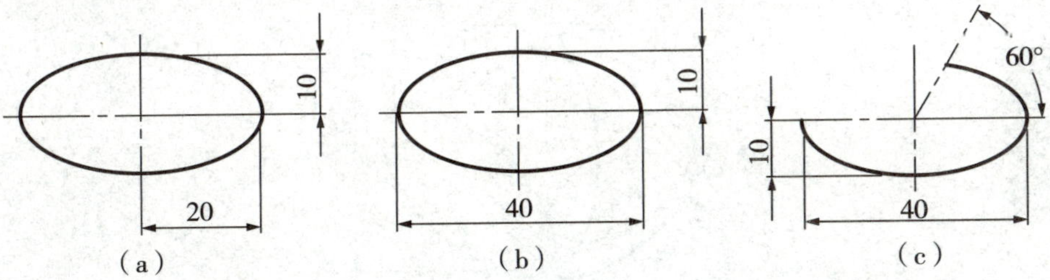

图 3-21 椭圆和椭圆弧的绘制结果

（1）通过“圆心”方式绘制椭圆。需要指定椭圆圆心、长半轴和短半轴的长度，绘制结果如图 3-21(a) 所示，命令行显示操作如下：

```
命令: _ellipse
指定椭圆的轴端点或 [圆弧(A)/中心点(C)]: _c
指定椭圆的中心点:                                  //椭圆圆心
指定轴的端点: 20                                   //确定长半轴的长度为 20
指定另一条半轴长度或 [旋转(R)]: 10                  //确定短半轴的长度为 10
```

(2)通过“轴，端点”方式绘制椭圆。需要指定椭圆长轴和短半轴的长度，绘制结果如图 3-21(b)所示，命令行显示操作如下：

```
命令：_ellipse
指定椭圆的轴端点或[圆弧(A)/中心点(C)]:                    //确定第一条轴的起点
指定轴的另一个端点：40                                    //确定长轴的长度为 40
指定另一条半轴长度或[旋转(R)]：10                          //确定短半轴的长度为 10
```

若输入“R”按“Enter”键，则通过绕长轴旋转来绘制椭圆。旋转角范围为 0°~89.4°，数值越大，椭圆的离心率就越大。当旋转角为 0°时，生成圆；当旋转角为 60°时，生成长轴、短轴之比为 2∶1 的椭圆。

(3)通过“圆弧”方式绘制椭圆弧。需要先指定椭圆长轴和短半轴的长度，再按要求输入椭圆弧的起始角和终止角，绘制结果如图 3-21(c)所示，命令行显示操作如下：

```
命令：_ellipse
指定椭圆的轴端点或[圆弧(A)/中心点(C)]：_a
指定椭圆弧的轴端点或[中心点(C)]:
指定轴的另一个端点：40                                    //确定长轴的长度为 40
指定另一条半轴长度或[旋转(R)]：10                          //确定短半轴的长度为 10
指定起点角度或[参数(P)]:
指定端点角度或[参数(P)/夹角(I)]：240                       //确定角度为 240°
```

【例 3-6】利用“椭圆”命令绘制如图 3-22 所示的图形。

例3-6

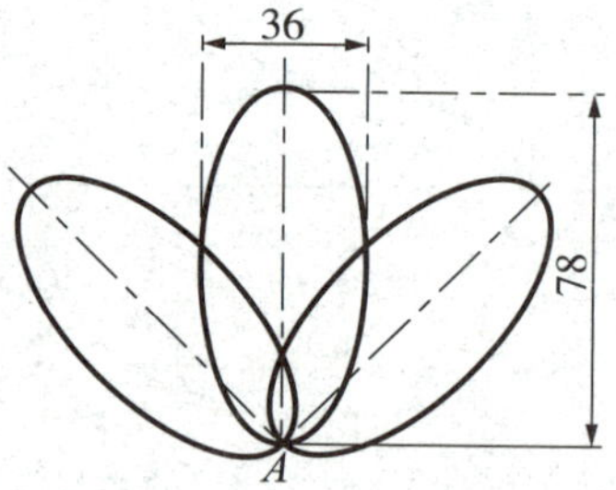

图 3-22　例 3-6 图

解：(1)打开极轴追踪模式、对象捕捉模式、捕捉模式。

(2)通过“轴，端点”方式，执行“椭圆”命令后，命令行显示操作如下：

```
命令：_ellipse
指定椭圆的轴端点或[圆弧(A)/中心点(C)]:                    //单击 A 点
指定轴的另一个端点：78                                    //确定长轴的另一个端点
```

```
指定另一条半轴长度或 [旋转(R)]: 18                    //确定短半轴的长度
命令: _ellipse
指定椭圆的轴端点或 [圆弧(A)/中心点(C)]:                //单击A点
指定轴的另一个端点: @ 78<45                            //确定长轴的另一个端点
指定另一条半轴长度或 [旋转(R)]: 18                    //确定短半轴的长度
命令: _ellipse
指定椭圆的轴端点或 [圆弧(A)/中心点(C)]:                //单击A点
指定轴的另一个端点: @ 78<135                           //确定长轴的另一个端点
指定另一条半轴长度或 [旋转(R)]: 18                    //确定短半轴的长度
```

说明

(1)在绘制椭圆的过程中,两条轴的长度决定了椭圆的大小和扁圆程度。第一条轴的角度确定了椭圆的角度,第一条轴既可定义为长轴,也可定义为短轴。

(2)无论通过菜单栏的"绘图(D)"下拉列表绘制椭圆弧,还是通过"默认"选项卡的"绘图"面板绘制椭圆弧,结果都是一样的,可自行选择绘制方式。

(3)与圆弧一样,椭圆弧也可在绘制椭圆后,利用"修剪"命令进行修剪后得到。

练一练

【**练习 3-6**】利用"椭圆"命令绘制如图 3-23 所示的图形。

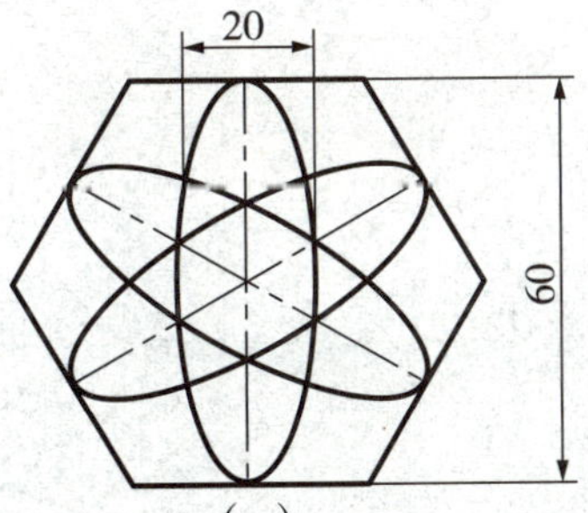

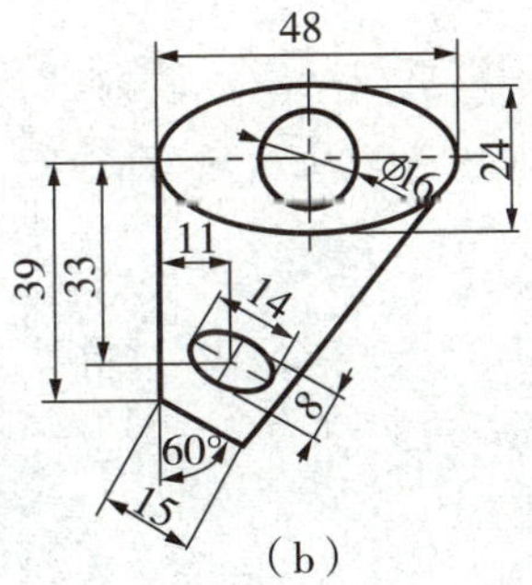

图 3-23 练习 3-6 图

3.3 特殊绘制命令

3.3.1 绘制构造线

构造线是一种线性对象,通过两个点并向两个方向无限延伸,在绘制多个视图时一般作为辅助线。

有以下3种方式执行“构造线”命令。

(1)菜单栏:“绘图(D)”→“构造线(T)”。

(2)功能区:“默认”选项卡→“绘图”面板→“构造线”按钮⤢。

(3)命令行:输入“XLINE”(命令别名“XL”),按“Enter”键。

执行“构造线”命令后,命令行显示操作如下:

```
指定点或[水平(H)/垂直(V)/角度(A)/二等分(B)/偏移(O)]:
```

其中,“水平(H)”用于绘制水平构造线;“垂直(V)”用于绘制垂直构造线;“角度(A)”用于绘制倾斜构造线;“二等分(B)”用于绘制平分指定角度的构造线;“偏移(O)”用于绘制与指定线段平行的构造线。

【例3-7】利用“构造线”命令绘制如图3-24所示的图形。

例3-7

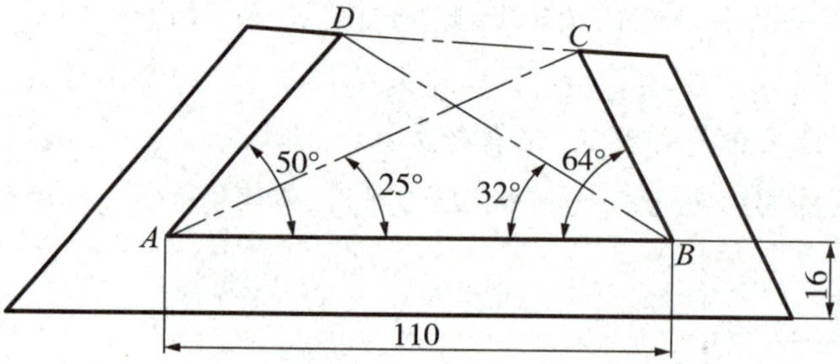

图3-24 例3-7图

解:(1)利用“直线”命令,绘制线段 AB。

(2)执行“构造线”命令后,命令行显示操作如下:

```
命令: _xline
指定点或[水平(H)/垂直(V)/角度(A)/二等分(B)/偏移(O)]: a    //选择“角度(A)”选项
输入构造线的角度 (0) 或 [参照(R)]: 50                    //输入构造线的角度数值
指定通过点:                                               //拾取A点
指定通过点:                                               //按“Enter”键结束命令
```

(3)执行“构造线”命令后,命令行显示操作如下:

```
命令: _xline
指定点或[水平(H)/垂直(V)/角度(A)/二等分(B)/偏移(O)]: a    //选择“角度(A)”选项
输入构造线的角度 (0) 或 [参照(R)]: 116                   //输入构造线的角度数值
指定通过点:                                               //拾取B点
指定通过点:                                               //按“Enter”键结束命令
```

(4)执行“构造线”命令后,命令行显示操作如下:

```
命令: _xline
指定点或[水平(H)/垂直(V)/角度(A)/二等分(B)/偏移(O)]: b
                                          //选择“二等分(B)”选项
指定角的顶点:                              //拾取A点
指定角的起点:                              //捕捉步骤(2)和(3)的构造线交点
指定角的端点:                              //捕捉步骤(1)和(3)的构造线交点
指定角的端点:                              //按“Enter”键结束命令
```

(5)执行“构造线”命令后,命令行显示操作如下:

```
命令: _xline
指定点或[水平(H)/垂直(V)/角度(A)/二等分(B)/偏移(O)]: b
                                          //选择“二等分(B)”选项
指定角的顶点:                              //拾取B点
指定角的起点:                              //捕捉步骤(2)和(3)的构造线交点
指定角的端点:                              //捕捉步骤(1)和(2)的构造线交点
指定角的端点:                              //按“Enter”键结束命令
```

(6)执行“构造线”命令后,命令行显示操作如下:

```
命令: _xline
指定点或[水平(H)/垂直(V)/角度(A)/二等分(B)/偏移(O)]: o
                                          //选择“偏移(O)”选项
指定偏移距离或[通过(T)] <33.0000>: 16      //输入偏移的距离
选择直线对象:                              //拾取步骤(1)的线段
指定向哪侧偏移:                            //指定步骤(1)的线段的下侧任意位置
选择直线对象:                              //拾取步骤(2)的构造线
指定向哪侧偏移:                            //指定步骤(2)的线段的左侧任意位置
选择直线对象:                              //拾取步骤(3)的线段
指定向哪侧偏移:                            //指定步骤(3)的线段的右侧任意位置
选择直线对象:                              //按“Enter”键结束命令
```

(7)利用“直线”命令,按图3-24的轮廓绘制。

(8)利用“删除”命令,将构造线删除。

说明

(1)构造线具有图形对象的各种属性,如图层、颜色、线型等。

(2)“角度(A)”可以绘制指定方向的构造线。其中,“参照(R)”可以绘制与某个直线图形成指定角度的倾斜构造线,这对于标注夹角尺寸的直线图形非常有用。当输入的角度数值为正值时，该构造线绕指定点沿逆时针方向旋转一定的角度。

(3)描线法：先利用“构造线”命令绘制辅助线，再利用“直线”命令进行描线。利用描线法绘制完图形后，辅助线不会被删除。

练一练

【练习 3-7】利用“构造线”命令绘制如图 3-25 所示的图形。

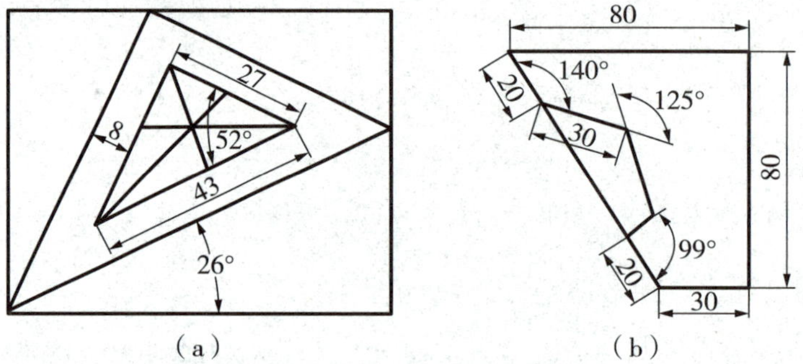

图 3-25 练习 3-7 图

3.3.2 绘制多段线

在 AutoCAD 2020 中，多段线是由线段和圆弧相互连接组成的单一对象。多段线常用于绘制复杂的图形轮廓，如不规则的边界、道路标线等。

有以下 3 种方式执行“多段线”命令。

(1)菜单栏：“绘图(D)”→“多段线(P)”。

(2)功能区：“默认”选项卡→“绘图”面板→“多段线”按钮。

(3)命令行：输入“PLINE”(命令别名“PL”)，按“Enter”键。

执行“多段线”命令后，在绘图区单击一点作为起点，此时命令行显示操作如下：

```
指定下一个点或[圆弧(A)/半宽(H)/长度(L)/放弃(U)/宽度(W)]:
```

其中，各选项的含义如下。

(1)“指定下一个点”：指定多段线的下一点，生成一条线段。

(2)“圆弧(A)”：用于绘制圆弧并添加到多段线中，所绘制的圆弧与上一条线段相切。

(3)“半宽(H)”：用于指定多段线的半宽，分别修改起点、端点的半宽，即可绘制有宽度的多段线。宽线多段线的起点和端点位于宽线的中心。

(4)“长度(L)”：沿上一条线段的方向绘制一条指定长度的线段。

(5)“放弃(U)”：删除上一步添加到多段线上的圆弧或线段。

(6)“宽度(W)”：用法与半宽(H)的设置相同，指定下一条线段或圆弧的宽度。

指定多段线的第一点，在命令行中输入“A”后按“Enter”键，此时命令行显示操作如下：

```
指定圆弧的端点或[角度(A)/圆心(CE)/闭合(CL)/方向(D)/半宽(H)/直线(L)/半径(R)/第二个点(S)/放弃(U)/宽度(W)]:
```

其中，主要选项的含义如下。

(1)“角度(A)”：指定圆弧圆心分别与圆弧起点和端点连线的夹角，即圆弧的包含角。

(2)“方向(D)”：指定圆弧起点的切线方向。

(3)“直线(L)”：用于绘制线段。

(4)“半径(R)”：通过圆弧半径的方式绘制圆弧。

(5)“第二个点(S)”：通过“三点”方式绘制圆弧。

【例3-8】利用“多段线”命令绘制如图3-26所示的图形。

例3-8

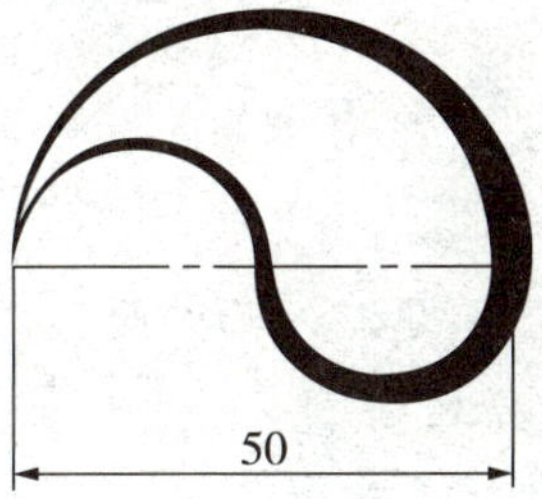

图3-26　例3-8图

解：执行“多段线”命令后，命令行显示操作如下：

```
命令: _pline
指定起点:                                                        //定义多段线的起点
当前线宽为 0.0000
指定下一个点或 [圆弧(A)/半宽(H)/长度(L)/放弃(U)/宽度(W)]: w      //设置“宽度”参数
指定起点宽度 <0.0000>:0
指定端点宽度 <0.0000>: 2
指定下一个点或 [圆弧(A)/半宽(H)/长度(L)/放弃(U)/宽度(W)]: a      //设置“圆弧”参数
指定圆弧的端点(按住 Ctrl 键以切换方向)或
[角度(A)/圆心(CE)/方向(D)/半宽(H)/直线(L)/半径(R)/第二个点(S)/放弃(U)/宽度(W)]: d
指定圆弧的起点切向:                                              //打开极轴追踪模式，鼠
                                                                  标竖直向上拖动
指定圆弧的端点(按住 Ctrl 键以切换方向): 25                        //输入圆弧的直径
指定圆弧的端点(按住 Ctrl 键以切换方向)或
[角度(A)/圆心(CE)/闭合(CL)/方向(D)/半宽(H)/直线(L)/半径(R)/第二个点(S)/放弃(U)/
宽度(W)]: w                                                       //设置“宽度”参数
指定起点宽度 <2.0000>:
指定端点宽度 <2.0000>: 4
指定圆弧的端点(按住 Ctrl 键以切换方向)或
```

[角度(A)/圆心(CE)/闭合(CL)/方向(D)/半宽(H)/直线(L)/半径(R)/第二个点(S)/放弃(U)/宽度(W)]: 25　　//鼠标水平向右拖动,输入圆弧的直径

指定圆弧的端点(按住 Ctrl 键以切换方向)或

[角度(A)/圆心(CE)/闭合(CL)/方向(D)/半宽(H)/直线(L)/半径(R)/第二个点(S)/放弃(U)/宽度(W)]: w　　//设置"宽度"参数

指定起点宽度 <4.0000>: 4

指定端点宽度 <4.0000>: 0

指定圆弧的端点(按住 Ctrl 键以切换方向)或

[角度(A)/圆心(CE)/闭合(CL)/方向(D)/半宽(H)/直线(L)/半径(R)/第二个点(S)/放弃(U)/宽度(W)]:50　　//鼠标水平向左拖动,输入圆弧的直径

说明

(1)当绘制多段线时,多段线的宽度可以不等。如果需要绘制不同宽度的多段线,就要正确设置起始宽度和结束宽度。

(2)"方向(D)"指定圆弧起点的切线方向,用户既可以直接输入具体角度作为圆弧起点的切线方向与水平方向的夹角,也可以输入一个点的坐标。AutoCAD 2020 自动将圆弧起点与该点连线作为圆弧起点的切线方向。

练一练

【练习 3-8】利用"多段线"命令绘制如图 3-27 所示的图形。

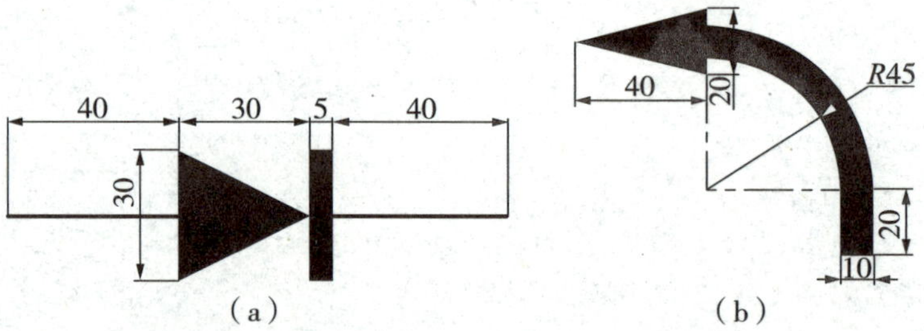

图 3-27　练习 3-8 图

3.3.3　绘制多线

在 AutoCAD 2020 中,多线是由多条平行线组成的复合对象,适用于绘制市政道路和管线、建筑墙体等。用户可以自定义多线的数量、间距和偏移量,以满足不同的绘图需求。在使用多线前,要设置多线样式,控制多线的外观,包含线条的数量、颜色、线型等。多线平行线数量可设置为 2~16。

有以下两种方式执行“多线”命令。

(1)菜单栏:“绘图”→“多线(U)”。

(2)命令行:输入“MLINE”(命令别名“ML”),按“Enter”键。

执行“多线”命令后,命令行显示操作如下:

```
命令: MLINE
当前设置: 对正=上,比例=20.00,样式=STANDARD
指定起点或 [对正(J)/比例(S)/样式(ST)]:
```

其中,各选项的含义如下。

(1)“对正(J)”:多线对正方式有 3 种,即上(T)、无(Z)、下(B)。上(T)是指当从左到右绘制多线时,多线顶端的线段将随十字光标移动,其对正点位于多线顶端线段的端点;无(Z)是指当从左到右绘制多线时,多线中间的线段将随十字光标移动,其对正点位于多线的中间;下(B)是指当从左到右绘制多线时,多线底端的线段将随十字光标移动,其对正点位于多线底端线段的端点。

(2)“比例(S)”:控制多线的全局宽度,该比例不会对线型外观造成影响。

(3)“样式(ST)”:用于选择和定义多线样式,系统默认的多线样式为 STANDARD。

【例 3-9】利用“多线”命令绘制如图 3-28 所示的图形。

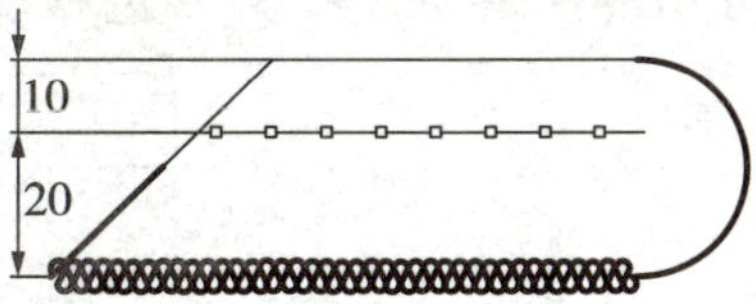

图 3-28　例 3-9 图

解:(1)多线样式设置。选择“格式(O)”→“多线样式(M)...”选项,或者在命令行中输入“MLSTYLE”,按“Enter”键,打开“多线样式”对话框,如图 3-29 所示。

(2)单击“新建(N)...”按钮,打开“创建新的多线样式”对话框,如图 3-30 所示。在“新样式名(N)”文本框中输入“ML”(样式名用户自拟),单击“继续”按钮,打开“新建多线样式:ML”对话框,如图 3-31 所示。

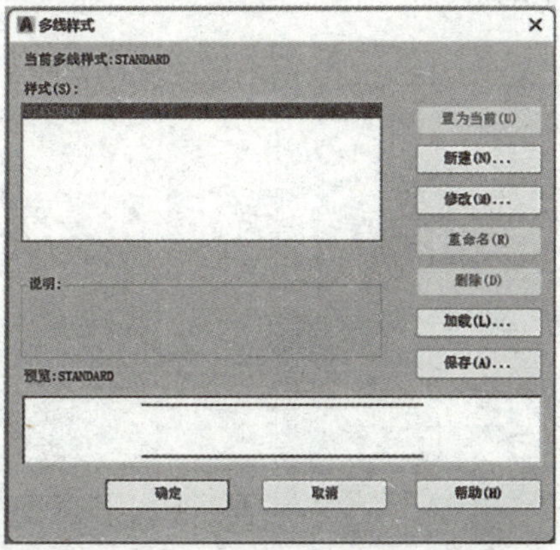

图 3-29　“多线样式”对话框

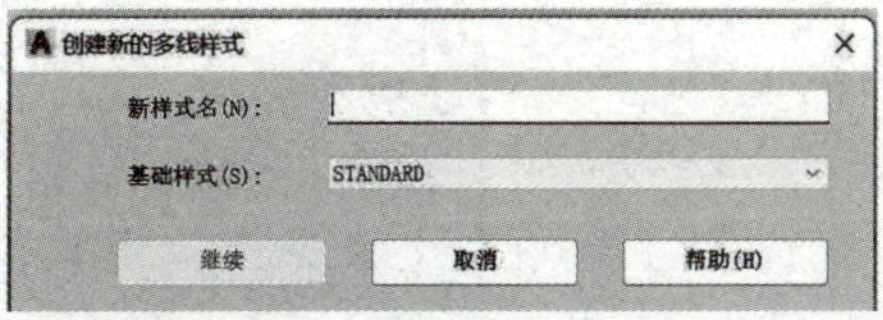

图 3-30　“创建新的多线样式”对话框

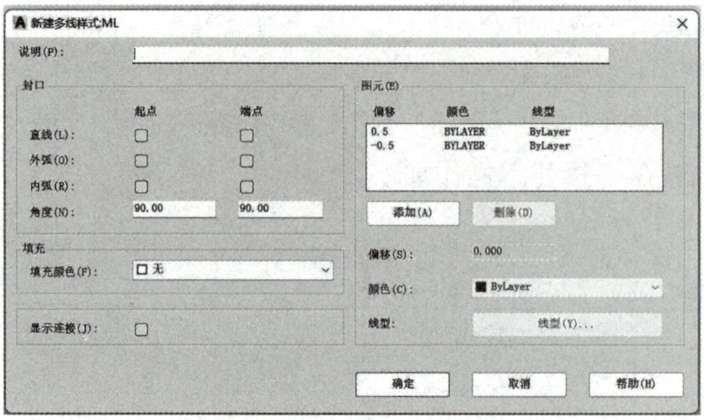

图 3-31 “新建多线样式:ML”对话框

(3)要设置 3 条或者 3 条以上的多线,可单击“图元(E)”选项组中的“添加(A)”按钮,此时在列表框中增加一个偏移量为 0 的新线条元素。

(4)单击“线型(Y)...”按钮,打开“选择线型”对话框,如图 3-32 所示。

(5)单击“选择线型”对话框中的“加载(L)...”按钮,打开“加载或重载线型” 对话框,如图 3-33 所示。按住“Ctrl”键一次选取多个所需要的线型,单击“确定”按钮,即可加载线型。在“图元(E)”选项组中可分别设置线条的偏移、颜色和线型。

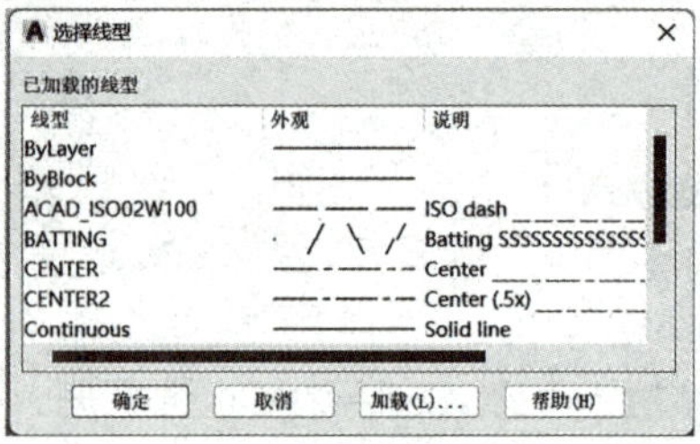

图 3-32 “选择线型”对话框

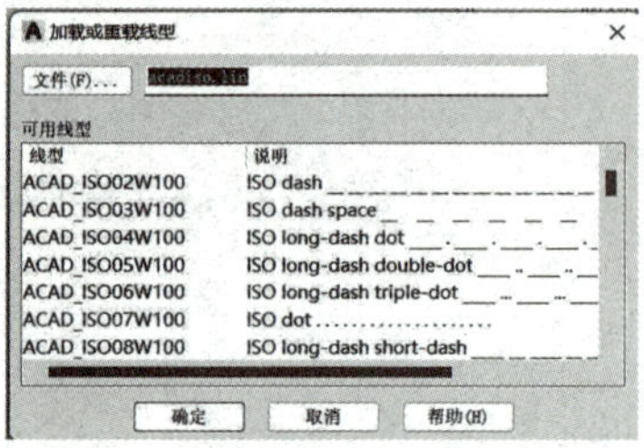

图 3-33 “加载或重载线型”对话框

(6)继续设置上下线条的偏移、颜色和线型。在“封口”选项组中,起点选中“直线(L)”复选框,“角度(N)”默认为“45”;端点选中“外弧(O)”复选框,“角度(N)”默认为“90.00”。线条的设置结果如图 3-34 所示。

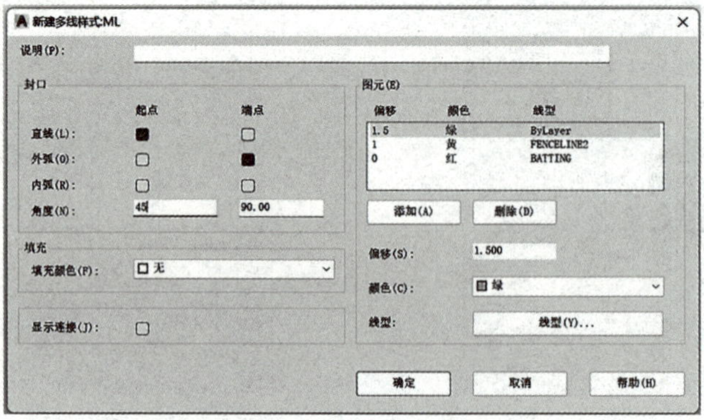

图 3-34 线条的设置结果

(7)单击“确定”按钮,完成多线样式设置,对该样式进行“置为当前”操作。

(8)执行“多线”命令后,命令行显示操作如下:

```
命令:ML
MLINE
当前设置:对正=上,比例=20.00,样式=2
指定起点或[对正(J)/比例(S)/样式(ST)]:           //定义多线的起点
指定下一点:                                      //鼠标水平向左拖动,定义多线的端点
指定下一点或[放弃(U)]:                           //按“Enter”键结束命令
```

说明

(1)一个图形可以使用多个多线样式,所有的多线样式组成多线样式表,与图形文件一起保存。如果自定义常用的多线样式,那么应保存起来,以便在其他绘图中重复使用。

(2)要注意选择合适的对正方式,以免对多线与其他图形对象的相对位置造成不利影响。在多线与其他线条、图形相交的位置,要注意衔接的准确性和合理性。

(3)“比例(S)”选项:系统默认的比例因子是20。该值与“偏移(S)”的偏移量乘积即为当前绘制多线的宽度。

(4)“封口”选项组:可以设置多线起点和端点的封口形式。多线的封口形式如图3-35所示。如图3-35(a)、图3-35(b)、图3-35(c)所示分别为多线起点和端点使用直线、外弧、内弧3种封口形式;如图3-35(d)所示为多线起点和端点使用“直线”封口形式,且起点和端点的角度均为45°。

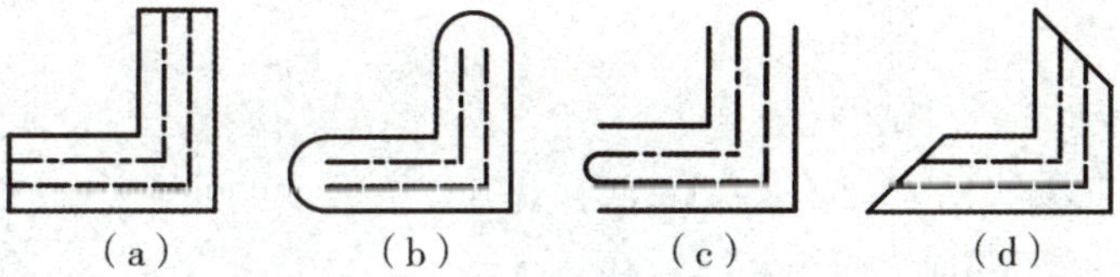

图3-35　多线的封口形式

练一练

【练习3-9】利用“多线”命令绘制如图3-36所示的图形。

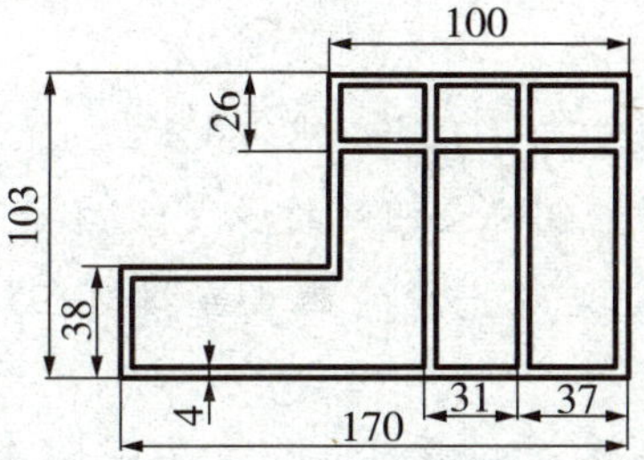

图3-36　练习3-9图

3.3.4 绘制样条曲线

样条曲线是使用拟合点或控制点定义的光滑曲线,适用于绘制不规则曲线,如局部剖视图的剖切边界线、地形外轮廓线等。

有以下 3 种方式执行"样条曲线"命令。

(1)菜单栏:"绘图(D)"→"样条曲线(S)"。

(2)功能区:"默认"选项卡→"绘图"面板 →"样条曲线"按钮。

(3)命令行:输入"SPLINE"(命令别名"SPL"),按"Enter"键。

【例 3-10】利用"样条曲线"命令绘制如图 3-37 所示的图形。

例3-10

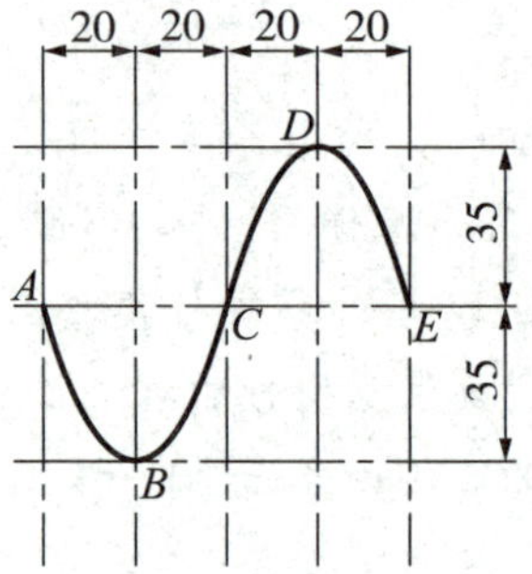

图 3-37 例 3-10 图

解:(1)利用"构造线"命令绘制辅助线,确定 A、B、C、D、E 点的位置。

(2)执行"样条曲线"命令后,命令行显示操作如下:

```
命令: _spline
当前设置: 方式=拟合    节点=弦
指定第一个点或 [方式(M)/节点(K)/对象(O)]:
输入下一个点或 [起点切向(T)/公差(L)]:                          //单击A点
输入下一个点或 [端点相切(T)/公差(L)/放弃(U)]:                  //单击B点
输入下一个点或 [端点相切(T)/公差(L)/放弃(U)/闭合(C)]:          //单击C点
输入下一个点或 [端点相切(T)/公差(L)/放弃(U)/闭合(C)]:          //单击D点
输入下一个点或 [端点相切(T)/公差(L)/放弃(U)/闭合(C)]:          //单击E点
```

说明

(1)AutoCAD 2020 中有两种绘制样条曲线的方法,即拟合点和控制点。

拟合点是指将选取的各拟合点以光滑的曲线连接。在默认情况下,拟合点与样条曲线重合。

控制点是指通过移动控制点来绘制样条曲线。使用此方法可绘制 1 阶(线性)、2 阶(二次)、3 阶(三次)直到最高为 10 阶的样条曲线。通过移动控制点调整样条曲线的形状,通常比拟合点有更好的效果。

(2)当利用样条曲线绘制局部剖视图的剖切边界线时，可使绘制的样条曲线超出视图轮廓线，利用“修剪”命令进行修剪，绘制剖切边界线。

练一练

【**练习 3-10**】利用“样条曲线”命令绘制如图 3-38 所示的图形。

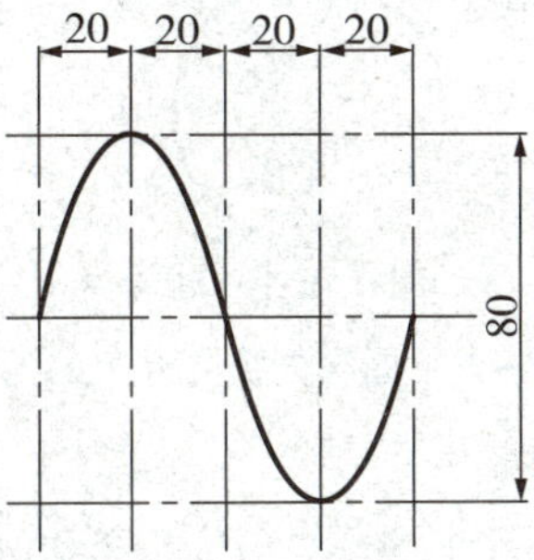

图 3-38　练习 3-10 图

3.3.5　绘制圆环

“圆环”命令用于绘制实心圆或比较宽的环。执行“圆环”命令后，命令行会依次提示指定圆环的内径、外径和中心点，用户按照提示进行相应操作，即可绘制圆环。

通常有以下 3 种方式执行“圆环”命令。

(1)菜单栏：“绘图(D)”→“圆环(D)”。

(2)功能区：“默认”选项卡→“绘图”面板 →“圆环”按钮◎。

(3)命令行：输入“DONUT”(命令别名“DO”)，按“Enter”键。

【**例 3-11**】利用“圆环”命令绘制内径为 20、外径为 10 的圆环，如图 3-39 所示。

图 3-39　例 3-11 图

解：执行“圆环”命令后，命令行显示操作如下：

```
命令: _donut
指定圆环的内径 <10.0000>: 10                    //输入外径 10
指定圆环的外径 <20.0000>: 20                    //输入内径 20
指定圆环的中心点或 <退出>:                      //指定圆环的中心点
```

说明

(1)通过指定不同的圆环中心点,可以连续绘制直径相同的多个圆环,直至按"Enter"键结束命令。

(2)圆环内径与外径的关系如图 3-40 所示。当圆环内径为零时,圆环将成为实心圆,如图 3-40(a)所示;当圆环内径与外径相等时,圆环将成为一个圆,如图 3-40(b)所示;当圆环内径大于外径时,系统会默认较大的值为外径,如图 3-40(c)所示。

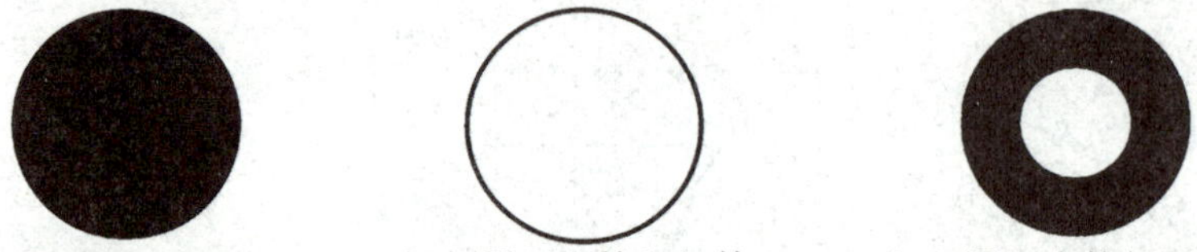
(a)圆环内径为零　(b)圆环内外径相等　(c)圆环内外径不相等

图 3-40　圆环内径与外径的关系

(3)如果在绘制圆环前,在命令行中输入"FILL"命令,就可以控制圆环的填充可见性,如图 3-41 所示。选择"开(ON)"选项,表示绘制的圆环要填充,如图 3-41(a)所示;选择"关(OFF)"选项,表示绘制的圆环不填充,如图 3-41(b)所示。

(a)圆环要填充　(b)圆环不填充

3-41　圆环的填充可见性

练一练

【练习 3-11】利用"圆环"命令绘制如图 3-42 所示的图形。

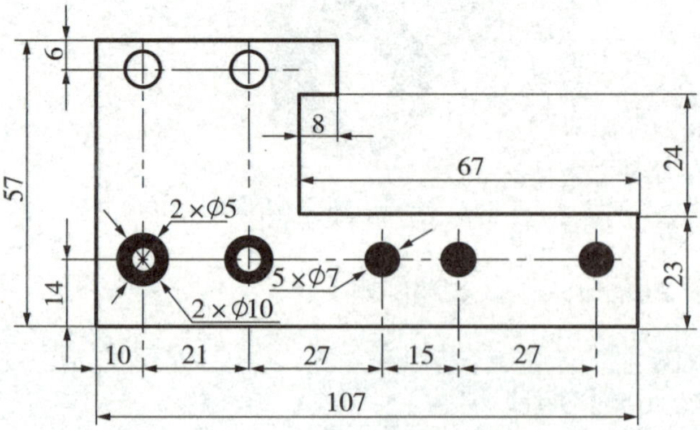

图 3-42　练习 3-11 图

3.4 绘制点的方法

点是所有图形中最基本的图形对象，可以用来作为捕捉和偏移对象的参考点。在AutoCAD 2020 中，可以通过单点、多点、定数等分和定距等分 4 种方法绘制点。

3.4.1 单点和多点

使用“单点”命令一次只能绘制一个点，使用“多点”命令一次能连续绘制多个点。点的绘制通常使用“多点”命令来完成，“单点”命令使用较少。

有以下 3 种方式执行“多点”命令。

(1)菜单栏：“绘图(D)”→“点(O)”。

(2)功能区：“默认”选项卡→“绘图”面板 →“多点”按钮∴。

(3)命令行：输入“POINT”(命令别名“PO”)，按“Enter”键。

在执行“多点”命令前，一般需要设置点样式和点大小(默认点样式为圆点 ·)。

在 AutoCAD 2020 操作界面选择“格式”→“点样式(P)...”选项，或者在命令行中输入“PTYPE”，按“Enter”键，打开“点样式”对话框，如图 3-43 所示。根据需要设置点样式和点大小，单击“确定”按钮，完成点样式设置，效果如图 3-44 所示。

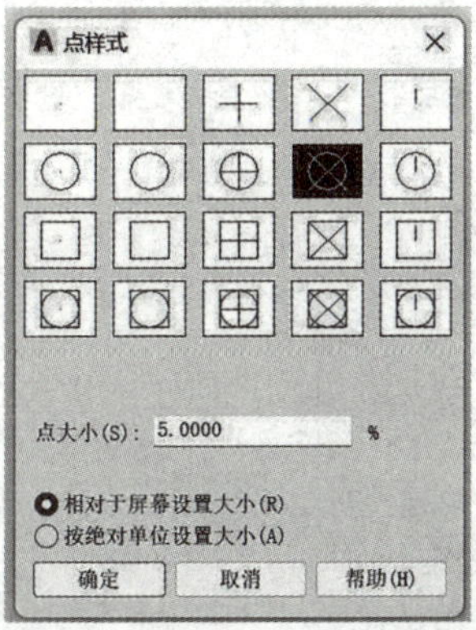

图 3-43 “点样式”对话框

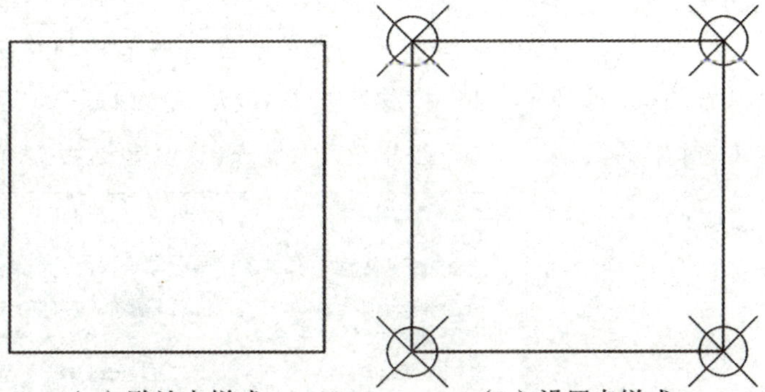

(a) 默认点样式 (b) 设置点样式

图 3-44 点样式设置效果

3.4.2 定数等分

定数等分是指将对象按指定的数量分为等长的多段，并在各等分位置生成等分点。利用“定数等分”命令生成的等分点可作为绘图的参考点。

有以下 3 种方式执行“定数等分”命令。

(1)菜单栏：“绘图(D)”→“点(O)”→“定数等分(D)”。

(2)功能区：“默认”选项卡→“绘图”面板 →“定数等分”按钮。

(3)命令行：输入“DIVIDE”（命令别名“DIV”），按“Enter”键。

【例 3-12】利用“定数等分”命令绘制如图 3-45 所示的图形。

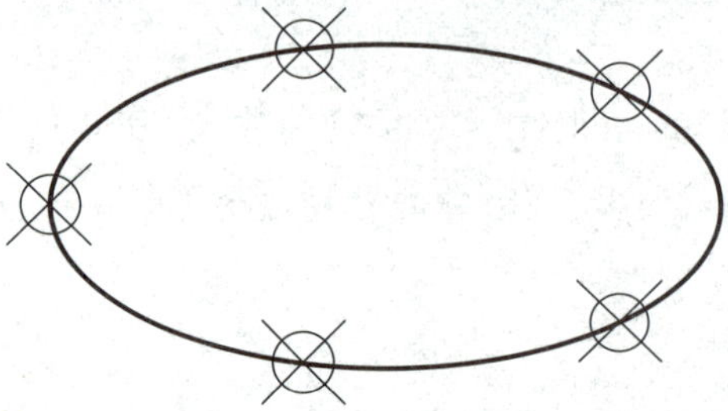

图 3-45　例 3-12 图

解：利用“椭圆”命令绘制一个椭圆，执行“定数等分”命令后，命令行显示操作如下：

```
命令: _divide
选择要定数等分的对象:                                    //选择要定数等分的椭圆
输入线段数目或 [块(B)]: 5                                //输入等分数目
```

说明

(1)定数等分选取的对象必须是可等分的，如线段、圆弧、圆等封闭或非封闭的线。一些特殊图形，如块参照（未分解的情况下）、文本对象、三维实体对象等，无法直接进行定数等分。

(2)利用“多点”命令绘制的点称为节点。当节点捕捉不到时，可打开“草图设置”对话框，在“对象捕捉”选项卡中选中“启用对象捕捉(F3)(O)”和“启用对象捕捉追踪(F11)(K)”复选框，在“对象捕捉模式”选项组中选中“节点(D)”复选框，“节点”捕捉设置如图 3-46 所示。

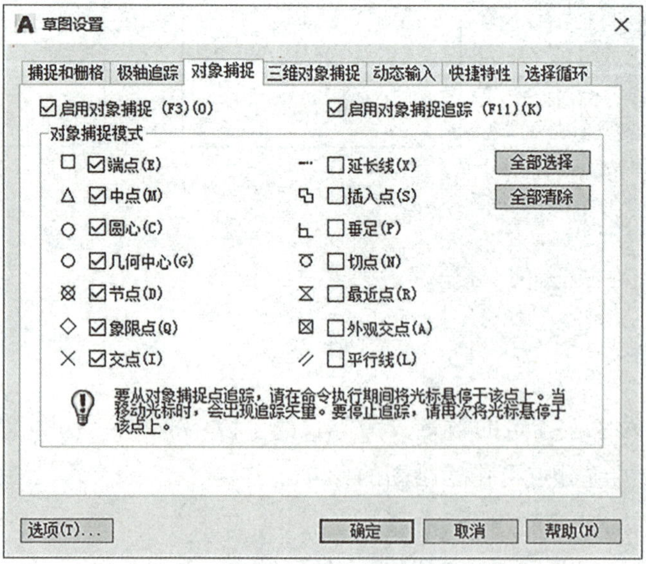

图 3-46　“节点”捕捉设置

练一练

【练习 3-12】利用“定数等分”命令绘制如图 3-47 所示的图形。

练习3-12

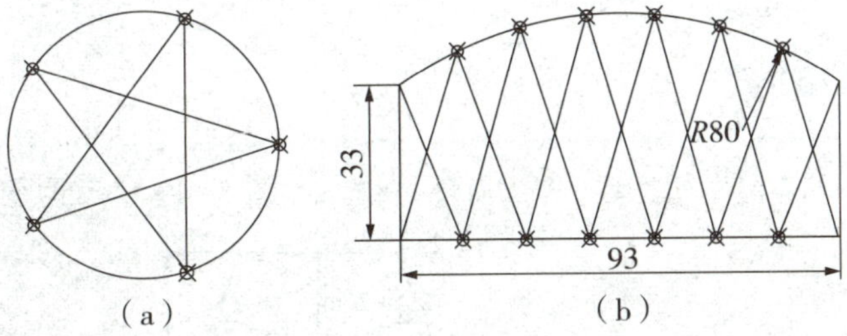

图 3-47 练习 3-12 图

3.4.3 定距等分

定距等分是指对某个对象按指定间距进行等分,并在各等分位置生成等分点。定距等分一般也可作为辅助绘图工具。

有以下 3 种方式执行“定距等分”命令。

(1)菜单栏:“绘图”→“点(O)”→“定距等分(M)”。

(2)功能区:“默认”选项卡→“绘图”面板 →“定距等分”按钮。

(3)命令行:输入“MEASURE”(命令别名“ME”),按“Enter”键。

【例 3-13】利用“定距等分”命令绘制如图 3-48 所示的图形。

例3-13

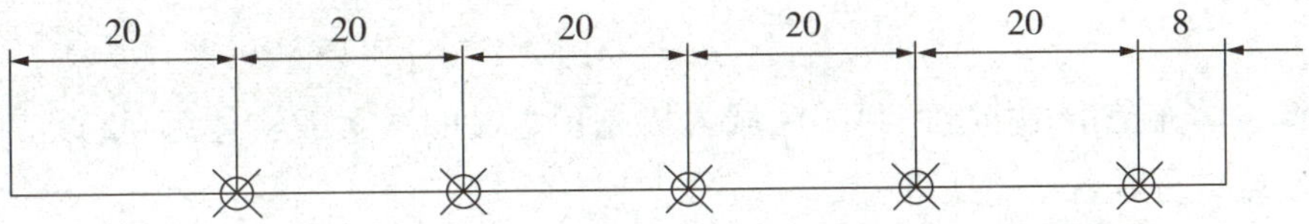

图 3-48 例 3-13 图

解:利用“直线”命令绘制一条线段,执行“定距等分”命令后,命令行显示操作如下:

```
命令: _measure
选择要定距等分的对象:                      //选择要定距等分的线段
指定线段长度或 [块(B)]: 20                  //输入等分长度
```

说明

(1)如果定距等分对象的总长不能被指定间距整除,就会剩下一段距离。定距等分所剩下的距离是在最左边还是在最右边,与起始位置有关。根据命令行提示“选择要定距等分的对象”,默认选择离对象较近的端点作为起始位置。

(2)定距等分适用的对象与定数等分基本相同，即线段、圆弧、多段线等。需要注意的是，对于闭合的对象，如圆和闭合的多段线，定距等分可能产生与预期不完全一致的结果。在实际应用中，应根据具体的绘图需求和对象特点，选择合适的等分方式。

练一练

【练习 3-13】利用“定距等分”命令绘制如图 3-49 所示的图形。

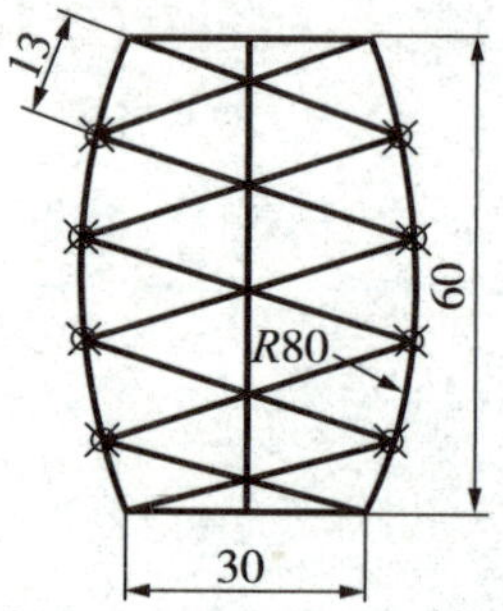

图 3-49　练习 3-13 图

3.5 图案填充命令

3.5.1 图案填充

图案填充是指在指定的封闭区域内填充预定义的图案或实体颜色，以表示构成这类物体的材料或区分其各个组成部分。

图案填充常用于以下 3 个方面。

(1)表示不同的材质或纹理，如混凝土、木材、砖石等。

(2)区分不同的功能区域，如在建筑平面图中区分房间、走廊等。

(3)增强图形的表现力和可读性，使图纸更加清晰和规范。

有以下 3 种方式执行“图案填充”命令。

(1)菜单栏：“绘图(D)”→“图案填充(H)...”。

(2)功能区：“默认”选项卡→“绘图”面板 →“图案填充”按钮。

(3)命令行：输入“HATCH”(命令别名“H”)，按“Enter”键。

“图案填充”命令的两种显示方式如图 3-50 所示。执行“图案填充”命令后，打开“图案填充创建”选项卡，如图 3-50(a)所示。单击“选项”面板右下角的按钮，打开“图案填充和渐变色”对话框，如图 3-50(b)所示，该对话框中各选项组的说明如下。

(a) “图案填充创建”选项卡

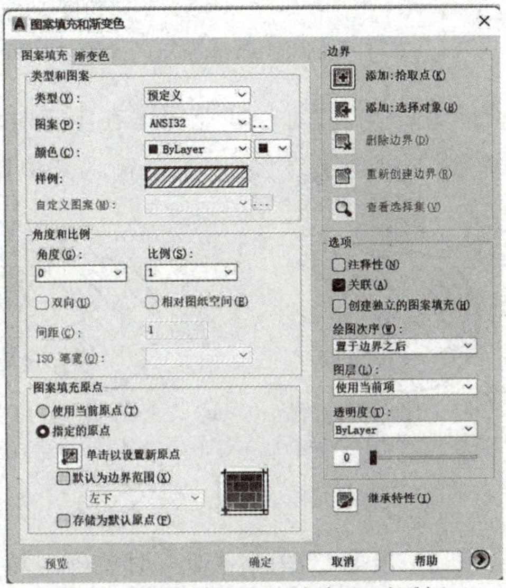

(b) “图案填充和渐变色”对话框

图 3-50　“图案填充”命令的两种显示方式

(1)类型和图案。

①“类型(Y)”:指定所创建的填充图案的类型,即预定义、用户定义和自定义 3 种类型。

②“图案(P)”:显示选择的 ANSI、ISO 和其他行业标准图案,选择“实体”可创建实体填充。只有将“类型(Y)”指定为“预定义”,“图案(P)”选项才可用。

③“预定义”:填充图案已经定义好,此时“图案(P)”选项可用,单击其右侧的...按钮,打开“填充图案选项板”对话框,如图 3-51 所示。其中,“ANSI”选项卡用于显示系统附带的所有 ANSI 标准图案;“ISO”选项卡用于显示系统附带的所有 ISO 标准图案;“其他预定义”选项卡用于显示所有其他预定义图案;“自定义”选项卡用于显示所有已添加的自定义图案。

④“颜色(C)”:使用填充图案和实体填充的指定颜色替代当前颜色。

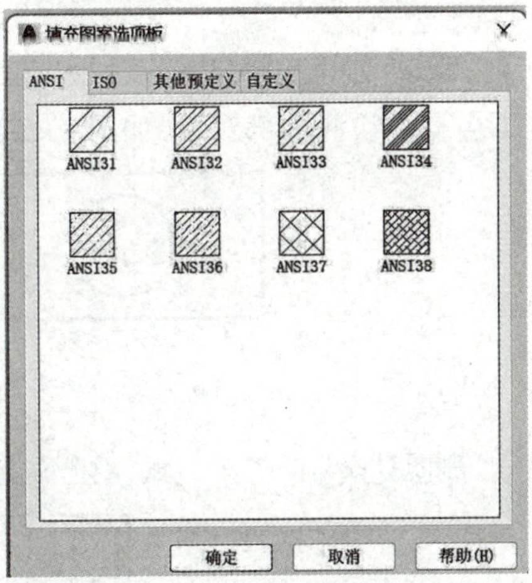

图 3-51　“填充图案选项板”对话框

(2)角度和比例。

①“角度(G)”:指定填充图案的旋转角度,每种填充图案默认的旋转角度都为 0°。用户既可以在“角度(G)”下拉列表中选择预定义角度,也可以输入其他角度。填充图案在不同旋转角度下的填充效果如图 3-52 所示。

（a）旋转角度为0°　　（b）旋转角度为60°

图 3-52　填充图案在不同旋转角度下的填充效果

②“比例(S)”:指定填充图案的比例,每种填充图案在定义时的初始比例都为 1。用户既可以在“比例(S)”下拉列表中选择预定义比例,也可以输入其他比例。填充图案在不同比例下的填充效果如图 3-53 所示。

（a）比例为1　　（b）比例为2

图 3-53　填充图案在不同比例下的填充效果

(3)边界。

①“添加:拾取点(K)”按钮:根据绘图区中现有对象确定填充区域的边界,对象必须是闭合区域。若对象不闭合,则会出现错误提示信息。在闭合区域内单击,系统会自动以亮线形式显示用户选中的边界,完成图案填充,如图 3-54 所示。

（a）　　（b）

图 3-54　利用“添加:拾取点(K)”按钮填充图案

②“添加:选择对象(B)”按钮:选中图案填充的边界对象,选中的边界对象将填充图案,系统不会自动检测内部对象,如图 3-55 所示。

（a）　　（b）

图 3-55　利用“添加:选择对象(B)”按钮填充图案

③“删除边界(D)”按钮:用于从定义中删除所添加的边界对象,如图 3-56 所示。

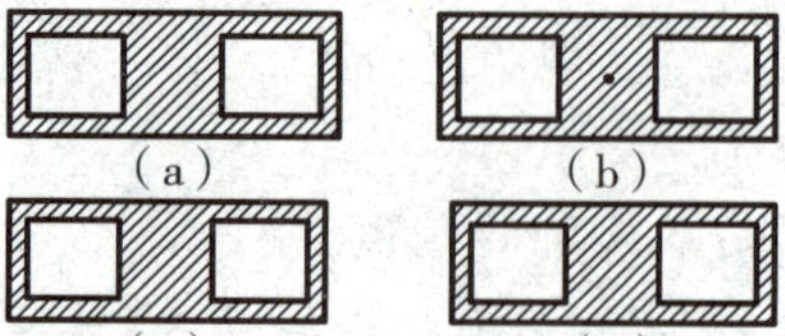
（a）　　（b）　　（c）　　（d）

图 3-56　利用“删除边界(D)”按钮删除添加的边界对象

(4)选项。

①“注释性(N)”:指定图案填充为注释性,即可自动完成缩放注释的过程,从而使注释能够以正确的大小在图纸上显示或打印。

②“关联(A)”:指定所填充的图案是否与边界建立关联。选择关联,在用户修改其边界对象时,填充的图案将自动更新与边界相适应。图案填充关联与不关联的区别如图 3-57 所示。

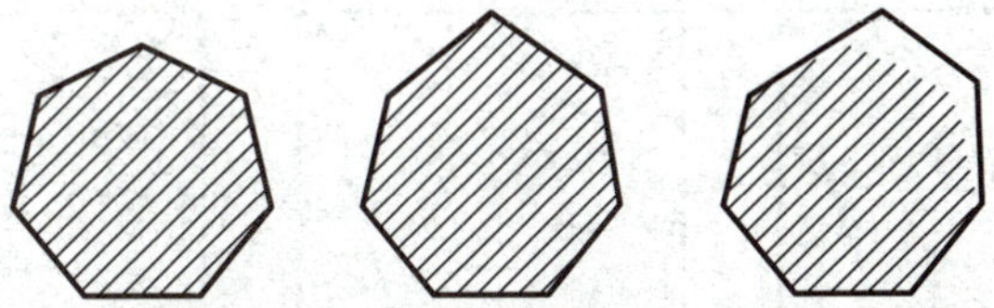

(a)原图　(b)关联　(c)不关联

图 3-57 图案填充关联与不关联的区别

③“创建独立的图案填充(H)”:当指定几个单独的闭合边界时,此选项决定是创建单个图案填充对象,还是创建多个图案填充对象。

④“绘图次序(W)”:指定填充图案的绘图次序。填充图案可以放在所有其他对象之后、其他对象之前、图案填充边界之后或图案填充边界之前。

⑤“图层(L)”:在图层中指定新图案填充对象,替代当前图层。在“图层(L)”下拉列表中选择“使用当前项”选项,使用当前图层。

⑥“透明度(T)”:指定新图案填充对象或填充的透明度,替代当前对象的透明度。在“透明度(T)”下拉列表中选择“ByLayer”选项,使用当前对象的透明度设置。

⑦“继承特性(I)”:使用绘图区中已有的填充图案作为当前填充图案,对指定的边界进行图案填充,相当于复制填充样式。

(5)孤岛。

在“图案填充和渐变色”对话框中,单击“更多选项”按钮⊙,展开高级选项,如图 3-58 所示。

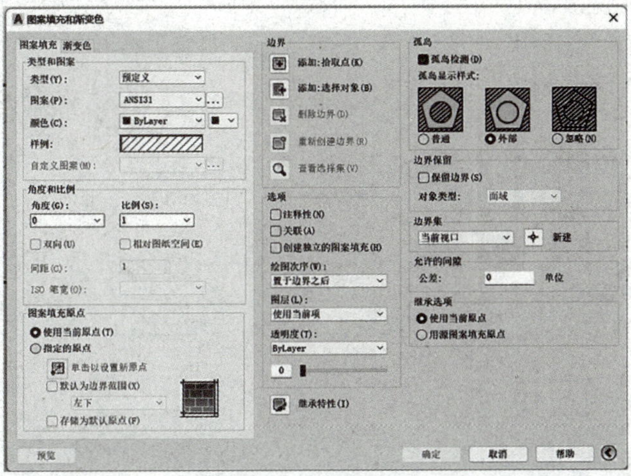

图 3-58 “图案填充和渐变色”对话框中的高级选项

①“孤岛检测(D)”:控制是否检测内部闭合边界(孤岛)。

②孤岛显示样式:孤岛显示样式如图 3-59 所示。其中,“普通”是指从外部边界向内填充,如果遇到内部孤岛,那么填充将关闭,直到遇到孤岛中的另一个孤岛,如图 3-59(a)所示;“外部”是指从外部边界向内填充,此选项仅填充指定区域,不涉及内部孤岛,如图 3-59(b)所示;“忽略(N)”是指忽略所有内部对象,填充图案时将通过这些对象,如图 3-59(c)所示。

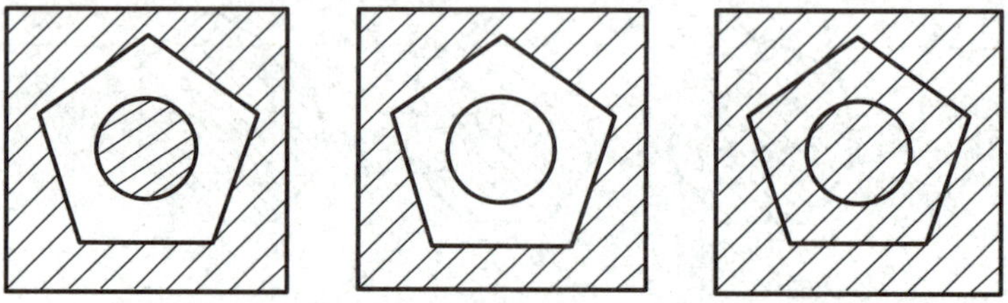

(a)普通　　(b)外部　　(c)忽略(N)

图 3-59　孤岛显示样式

(6)边界保留。

“保留边界(S)”:控制新边界对象的类型。边界对象既可以是多段线,也可以是面域。只有选中“保留边界(S)”复选框,“对象类型”下拉列表才可用。

(7)边界集。

“边界集”:从指定点定义边界时所要分析的对象集。当利用“添加:选择对象(B)”按钮定义边界时,选定的边界集无效。

(8)允许的间隙。

“公差”:指定将对象用作图案填充边界时可以忽略的最大间隙。默认值为 0,有效值为 0~5 000(不可输入空格),任何小于输入值的间隙将被忽略,此时系统将图案填充边界视为封闭边界。

在“图案填充和渐变色”对话框中,选择“渐变色”选项卡,如图 3-60 所示。

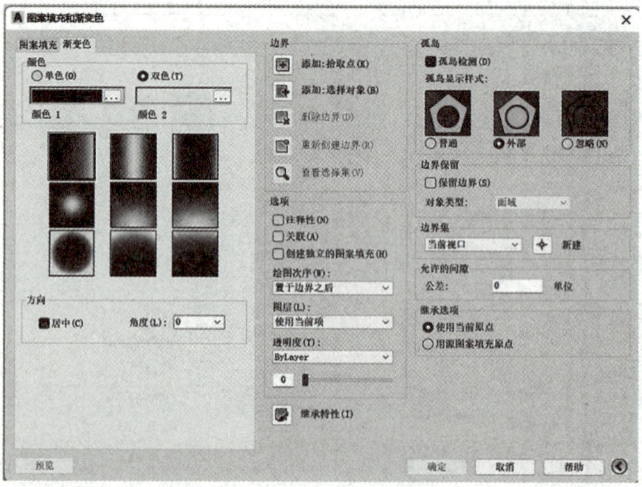

图 3-60　“渐变色”选项卡

①颜色。

系统默认的颜色为蓝色，单击…按钮，打开如图 3-61 所示的“选择颜色”对话框。

a.“单色(O)”：指定填充是使用一种颜色与指定染色(颜色与白色混合)之间的平滑过渡，还是使用一种颜色与指定着色(颜色与黑色混合)之间的平滑过渡。

b.“双色(T)”：指定在两种颜色之间平滑过渡的双色渐变填充。

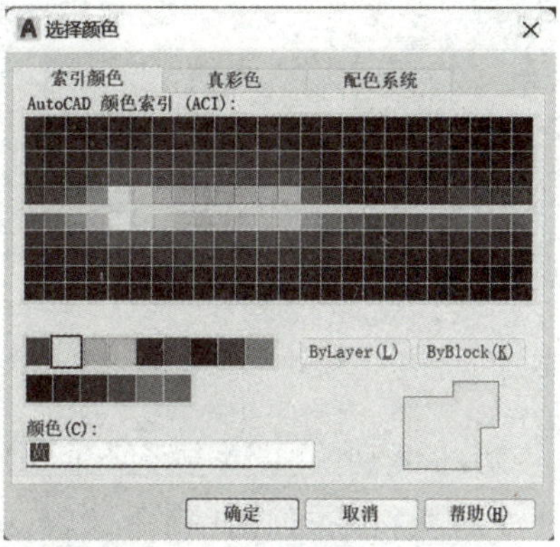

图 3-61　“选择颜色”对话框

②方向。

a.“居中(C)”：指定对称渐变色配置。如果没有选中“居中(C)”复选框，那么渐变填充将朝左上方变化，创建光源在对象左边的图案。

b.“角度(L)”：指定渐变填充的角度，相对当前 UCS 指定角度。此选项与指定图案填充的角度没有关系。

说明

(1)在进行图案填充时，填充区域的边界必须是完全封闭的，否则将无法填充或者出现错误的填充结果。因此在绘制图形边界时，要仔细检查线条的连接是否完整，确保没有间隙或重叠。

(2)在进行图案填充时，“比例(S)”的值越小，图案就越密，反之则越疏。注意设置合适的比例和角度，以达到预期的填充效果。

(3)在进行图案填充时，可以一次对多个封闭区域同时进行图案填充。此时所填充的图案可看成一个整体。

(4)根据相关行业需求和标准，选择合适的填充图案。例如，在机械制图中，当绘制金属材质零件的剖视图时，应采用名为“ANSI31”的标准图案。

(5)当对图形进行缩放操作时，填充图案可能出现失真或其他不符合预期的情况，需要重新检查、调整填充图案。选中要调整的图案，在“图案填充编辑器”选项卡中更改图案、颜色、角度和比例等。“图案填充编辑器”与“图案填充创建”选项卡的内容基本相同，操作步骤也相同。

(6)在对封闭区域进行图案填充后，可以通过“查询面积”命令查询封闭区域的面积和周长。有以下 3 种方式执行“查询面积”命令。

①菜单栏：“工具(T)”→“查询(Q)”→“面积(A)”。

②功能区：“默认”选项卡→“实用工具”面板 →“面积”按钮。

③命令行：输入“AREA”，按“Enter”键。

【例 3-14】利用“查询面积”命令查询如图 3-62(a)所示图形的面积和周长(图形自行绘制，相似即可)。

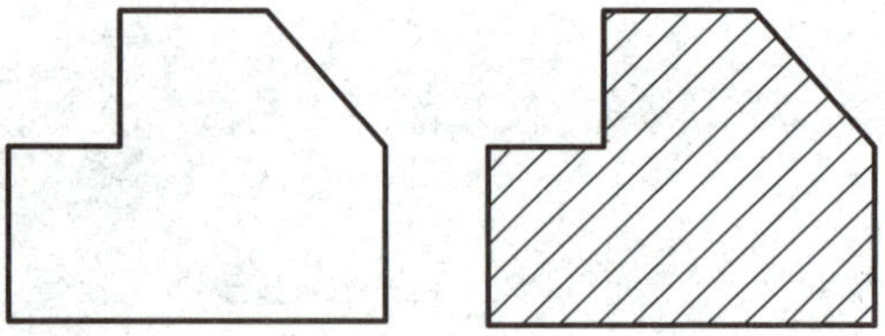

（a） （b）

图 3-62　例 3-14 图

解：（1）利用“图案填充”命令，对外轮廓进行图案填充。

（2）执行“查询面积”命令后，命令行显示操作如下：

```
命令：AREA
指定第一个角点或［对象(O)/增加面积(A)/减少面积(S)］<对象(O)>：o　//输入“O”，按“Enter”键
选择对象：　　　　　　　　　　　　　　　　　　　　　　　　　　//选择所填充的图案
区域=697.2345，周长=112.2149　　　　　　　　　　　　　　　　//显示面积和周长
```

练一练

【练习 3-14】利用“图案填充”命令绘制如图 3-63 所示的图形，并利用“查询面积”命令查询图案填充区域的面积和周长。

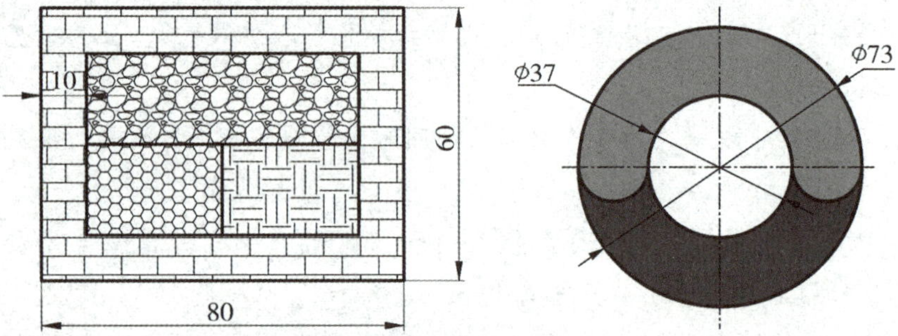

（a） （b）

练习3-14

图 3-63　练习 3-14 图

3.5.2　面域

面域既指具有边界的平面对象，也指使用闭合的形状或环创建的二维封闭对象。这些对象可以是线段、多段线、圆、圆弧、椭圆等。

有以下 3 种方式执行“面域”命令。

（1）菜单栏：“绘图（D）”→“面域（N）”。

（2）功能区：“默认”选项卡→“绘图”面板 →“面域”按钮。

（3）命令行：输入“REGION”（命令别名“REG”），按“Enter”键。

【例 3-15】利用“面域”命令将五角星轮廓创建成“面域”对象，如图 3-64 所示。

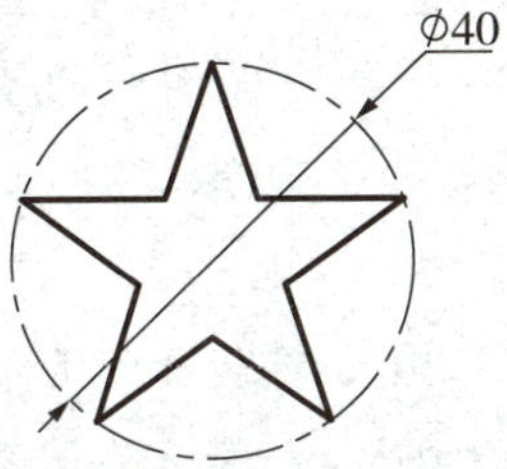

图 3-64 例 3-15 图

解：(1)利用“图案填充”命令，对五角星轮廓进行图案填充。

(2)执行“面域”命令后，命令行显示操作如下：

```
命令：REG
REGION
选择对象：指定对角点：找到 10 个                //利用“窗交”选择对象
选择对象：                                    //按“Enter”键结束选择
已提取 1 个环。
已创建 1 个面域。
```

说明

(1)创建面域的图形边界必须是封闭的，不能有重叠、间隙或错误的线段，否则可能导致运算结果不准确。

(2)在 AutoCAD 2020 中创建面域时，若系统变量 DELOBJ=0，则创建面域后原始对象被保留；若系统变量 DELOBJ=1，则创建面域后原始对象被删除。

练一练

【练习 3-15】利用“面域”命令将轮廓图形创建成“面域”对象，如图 3-65 所示。

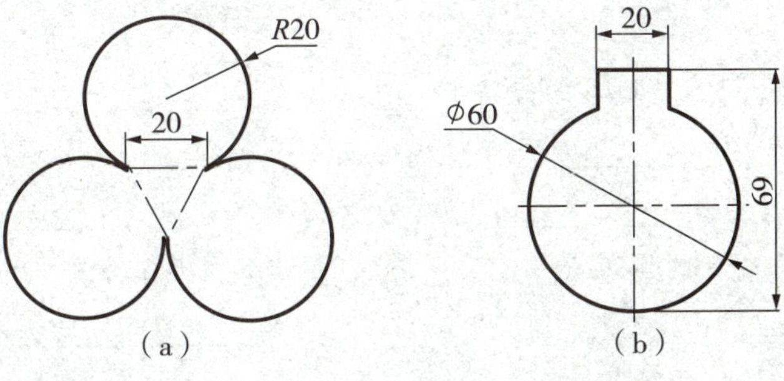

图 3-65 练习 3-15 图

本章小结

本章主要学习利用 AutoCAD 2020 绘制平面图形的基础知识，即线段、圆、圆弧、椭圆、圆环、样条曲线、构造线、多线、多段线、点、定数等分、定距等分、图案填充、面域、点样式、多线样式等。学习完本章后，应重点掌握以下内容。

(1)分析图形是绘制平面图形的基础。要想利用 AutoCAD 2020 快速精确地绘图平面图形，一定要分析所绘平面图形的结构和特点，先理清绘图思路，再进行绘制。要将这种分析思路贯穿整个 AutoCAD 2020 的学习过程。

(2)在绘制平面图形时，用户要结合软件的熟练程度和绘图习惯决定先绘制哪一部分图形对象。同时，一定要灵活使用“构造线”命令，确定重要图形的位置或整个图形框架的位置。

(3)任何复杂的平面图形，都是由线段、圆、圆弧和样条曲线等基本图形对象组成的。用户在绘图时要选取合适的命令。例如，当绘制圆弧时，在知道圆弧半径的情况下，使用“圆”命令比“圆弧”命令更加方便。

(4)当执行“图案填充”命令时，一定要确保填充区域的边界是封闭的，否则将无法填充。

(5)面域具有面积、周长、形心等几何特征。将封闭的图形创建为面域后，可以方便地查询图形的面积、周长等。在三维建模中，可利用“面域”命令创建实体特征。

思考与练习

一、填空题

1.AutoCAD 2020 绘制圆的方法包括__________、__________、__________等。

2.多线对正方式有__________、__________、__________等。

3.在绘制圆环的步骤中，先输入圆环__________与__________，后确定圆环__________。

4.“相切，相切，半径”方法是指____________________。

5.__________命令用于等分一个选定的实体，并在等分位置生成等分点。用户输入的数值是等分段数，而不是等分点的个数。

6.__________是一条没有端点、无限延伸的直线，经常用于建筑设计和机械设计的绘图辅助工具。

7.AutoCAD 2020 绘制正多边形的方法有__________、__________、__________3 种。

8.“多线”对象最多由__________条平行线构成。

9.“直线”命令的别名是__________；“圆”命令的别名是__________；“圆弧”命令的别名是__________；“矩形”命令的别名是__________；“正多边形”命令的别名是__________；“椭圆”命令的别名是__________；“图案填充”命令的别名是__________。

二、选择题

1.AutoCAD 2020 中用于绘制圆弧和线段结合体的命令是(　　)。

A.圆弧　　B.构造线　　C.多段线　　D.样条曲线

2.“多段线”命令的别名是(　　)。

A. L　　B. PL　　C. ML　　D. A

3.当使用“两点”绘制圆时,两点位置决定了圆的(　　)。

A.半径　　B.直径　　C.弦长　　D.角度

4.要从键盘上输入命令,须在命令行中输入(　　)形式的命令别名。

A.小写字母　　B.大写字母

C.大写或小写字母,或大、小写字母混用　　D.非以上任意一种

5.下列方法中,不能绘制圆弧的是(　　)。

A.起点,圆心,端点　　B.起点,圆心,方向

C.圆心,起点,长度　　D.起点,端点,半径

6.当用命令等分一条线段时,该线段上不显示等分点,可能的原因是(　　)。

A.线段太长无法等分　　B.线段太短无法等分

C.由于点样式设置不当看不到等分点　　D.线段存在弧度无法等分

7.可以使用(　　)命令来设置多线样式和绘制多线。

A. MLSTYLE,MLINE　　B. MLSTYLE, MLEDIT

C. MLEDIT,MLSTYLE　　D. MLEDIT,MLINE

8.绘制一个4个倒角距离均为10的矩形,首先要(　　)。

A.指定第一个角点　　B.绘制距离为10的倒角

C.选择“倒角(C)”选项,设定倒角距离为10　　D.选择“圆角(F)”选项,设定圆角半径为10

9.绘制一个4个角均为*R*5圆角的矩形,首先要(　　)。

A.指定第一个角点　　B.绘制*R*5圆角

C.选择“倒角(C)”选项,设定倒角距离为5　　D.选择“圆角(F)”选项,设定圆角半径为5

三、操作题

利用本章所学知识,绘制如图3-66所示的平面图形。

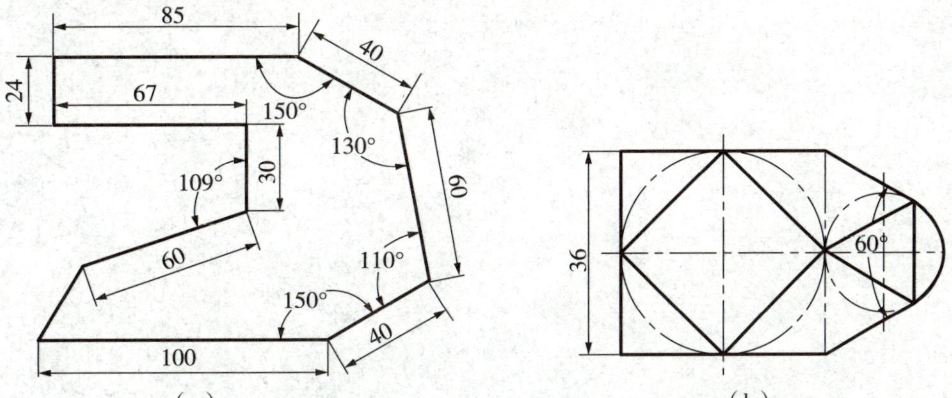

图3-66　平面图形

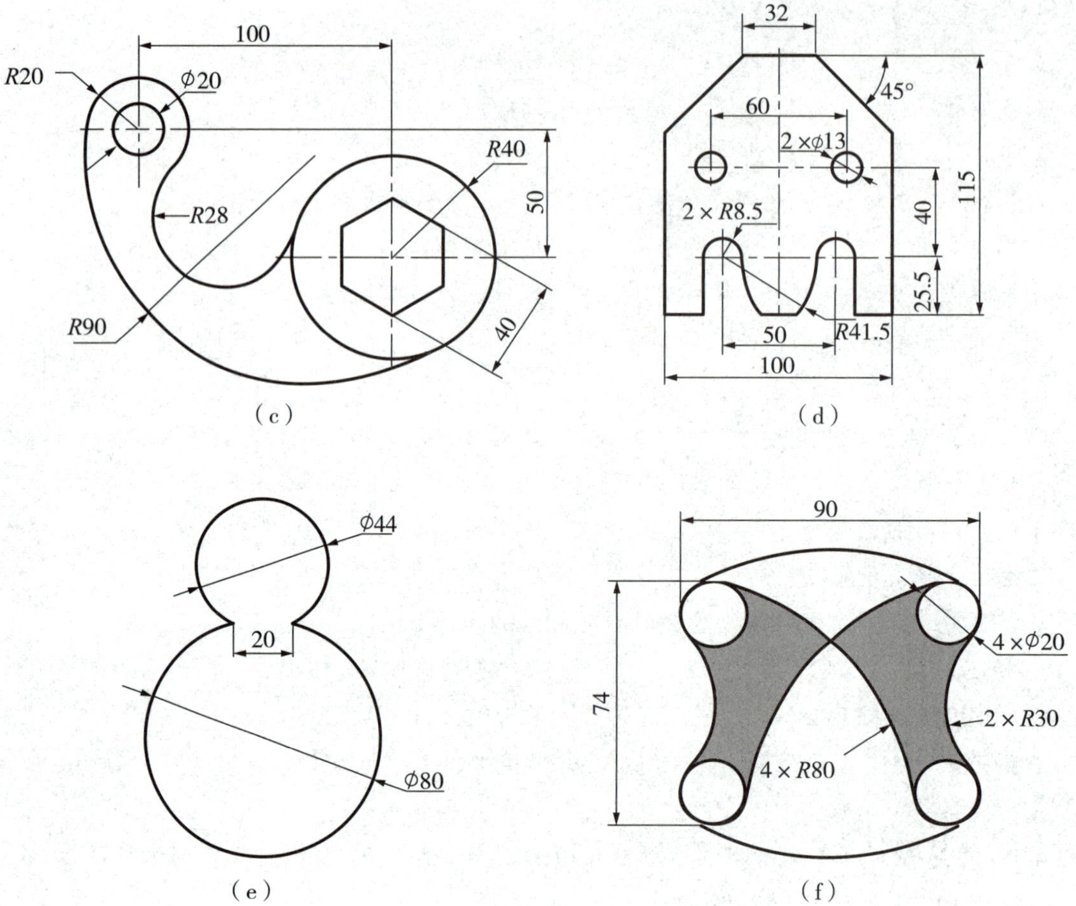
100
R20
Φ20
R40
50
R28
R90
40
（c）
32
45°
60
2×Φ13
115
40
2×R8.5
25.5
50
R41.5
100
（d）
Φ44
20
Φ80
（e）
90
4×Φ20
74
2×R30
4×R80
（f）

续图 3-66　平面图形

第4章 平面图形编辑

习近平总书记指出:“学习是文明传承之途、人生成长之梯、政党巩固之基、国家兴盛之要。”专业知识的学习是一个系统的过程,需要长时间的积累。AutoCAD 2020 的编辑功能很多,每一个编辑功能都是构建知识大厦的一块砖,学生要脚踏实地、勤奋学习,逐步构建完整的专业知识体系,在未来的工作中更好地实现自己的人生价值。

【知识目标】

(1)掌握常见的编辑命令,如复制、偏移、阵列、镜像、圆角等。

(2)掌握利用夹点编辑图形的操作方法。

(3)掌握“特性”选项板的操作方法。

【技能目标】

(1)能分析图形对象的组成并选择合适的编辑命令。

(2)能使用“特性”选项板修改图形对象的特性。

(3)能应用各种编辑命令快速地绘制复杂图形,提高绘图效率和准确性。

【素养目标】

(1)鼓励学生发挥想象力,探索不同的方法来完成任务,培养学生的创新思维。

(2)引导学生熟练运用所学知识和技能,分析问题产生的原因,培养学生在面对复杂任务时保持耐心专注的品质。

4.1 删除与恢复对象

“删除”和“恢复”命令主要用于删除对象的某部分和恢复对象已经被删除的部分，包含删除、恢复、重做、清除等命令。

4.1.1 删除对象

“删除”命令用于删除绘图区不需要的对象。

有以下 5 种方式执行“删除”命令。

(1)菜单栏：“修改(M)”→“删除(E)”。

(2)功能区：“默认”选项卡→“修改”面板→“删除”按钮。

(3)命令行：输入“ERASE”(命令别名“E”)，按“Enter”键。

(4)快捷菜单：选中要删除的对象，在绘图区右击，在弹出的快捷菜单中选择“删除”选项。

(5)快捷键：选中要删除的对象，按“Delete”键。

【例 4-1】利用“删除”命令对如图 4-1(a)所示的图形中部分对象进行删除，删除后的结果如图 4-1(c)所示。

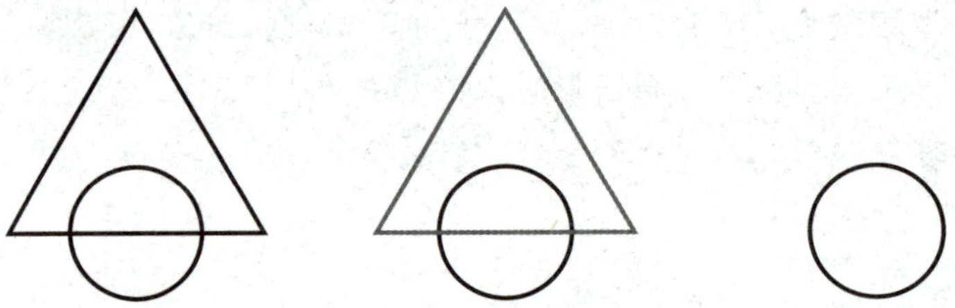

(a) 原图　(b) 删除过程　(c) 删除后的结果

图 4-1　例 4-1 图

解：执行“删除”命令后，命令行显示操作如下：

```
命令: ERASE
选择对象: 找到 1 个                        //在屏幕上选择三角形
选择对象:                                  //按“Enter”键结束命令,删除三角形
```

4.1.2 恢复对象

如果误删除了对象，那么可以使用“OOPS”命令将其恢复。该命令可将最近一次删除的对象恢复到图形中。若想恢复前几次删除的对象，则可以使用“UNDO”命令。

有以下 3 种方式执行“恢复”命令。

(1)命令行：输入“OOPS”，按“Enter”键。

(2)快速访问工具栏:“放弃”按钮⇦。

(3)组合键:Ctrl+Z。

说明

(1)当执行“删除”命令时,可以先选中对象,再调用命令。也可以先调用命令,再选中对象。当选中多个对象或某个对象组时,被选中的对象或对象组都会被删除。

(2)当绘图过程中需要重复删除和恢复对象时,可单击快速访问工具栏中的“放弃”按钮⇦和“重做”按钮⇨。

4.2 对象方位处理

4.2.1 移动对象

“移动”命令能使源对象沿指定的角度、方向产生位移,同时源对象的大小和形态不发生改变。

有以下 4 种方式执行“移动”命令。

(1)菜单栏:“修改(M)”→“移动(V)”。

(2)功能区:“默认”选项卡→“修改”面板→“移动”按钮✥。

(3)命令行:输入“MOVE”(命令别名“M”),按“Enter”键。

(4)快捷菜单:选中要移动的对象,在绘图区右击,在弹出的快捷菜单中选择“移动”选项。

【例 4-2】利用“移动”命令把圆从线段的左端点移动到右端点,移动后的结果如图 4-2(b)所示。

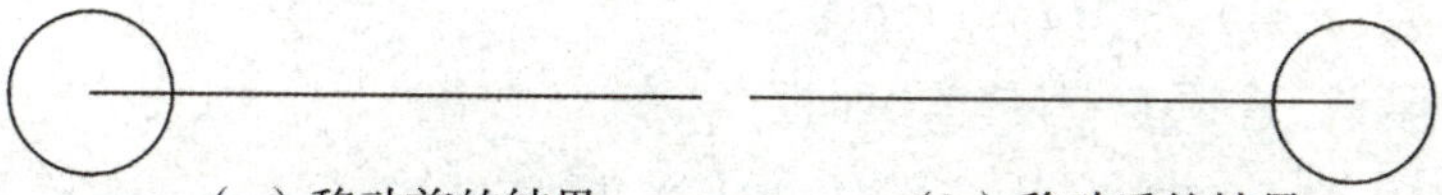

(a)移动前的结果　　(b)移动后的结果

图 4-2　例 4-2 图

解:执行“移动”命令后,命令行显示操作如下:

```
命令: MOVE
选择对象: 找到 1 个                                 //选中圆
选择对象:                                           //按“Enter”键结束对象选择
指定基点或 [位移(D)] <位移>:                         //选择圆心作为移动的基点
指定第二个点或 <使用第一个点作为位移>:                 //选择线段右端点,完成移动
```

说明

(1)在 AutoCAD 2020 中，移动对象有两种方法，即基点法和相对位移法。

①基点法：通过“两点”方式移动对象。先选中要移动的对象，并按“Enter”键确认，再指定移动基点和第二个点。适用于能够同时捕捉对象初始位置和目标位置的场合。

②相对位移法：通过“位移”方式移动对象。先选中要移动的对象，并按“Enter”键确认，再输入“D”，以坐标值的形式输入位移，对象会移动到相应的位置。适用于只知道对象要移动的相对距离的场合。

(2)若需要移动多个对象，则须一次性选中多个对象，再进行移动操作。

练一练

【练习 4-1】绘制如图 4-3(a)所示的图形，利用“移动”命令移动圆，移动后的结果如图 4-3(b)所示。

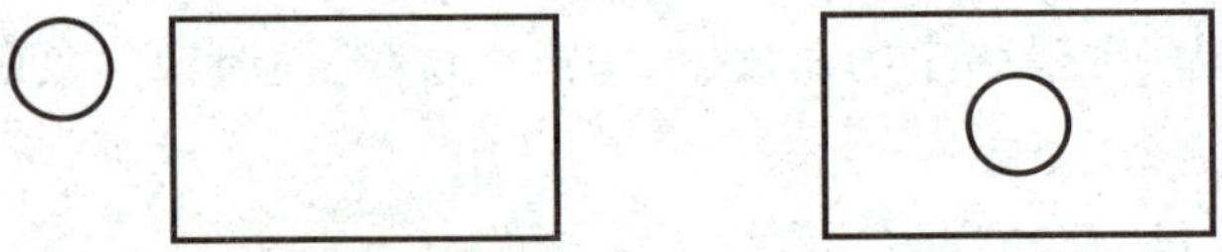

(a)移动前的结果　　(b)移动后的结果

图 4-3　练习 4-1 图

4.2.2　旋转对象

旋转是指使所选对象围绕指定旋转基点进行旋转，有以下 4 种方式执行“旋转”命令。

(1)菜单栏：“修改(M)”→“旋转(R)”。

(2)功能区：“默认”选项卡→“修改”面板→“旋转”按钮。

(3)命令行：输入“ROTATE”(命令别名“RO”)，按“Enter”键。

(4)快捷菜单：选中要旋转的对象，在绘图区右击，在弹出的快捷菜单中选择“旋转”选项。

【例 4-3】绘制如图 4-4(a)所示的图形，利用“旋转”命令旋转小圆，旋转后的结果如图 4-4(b)所示。

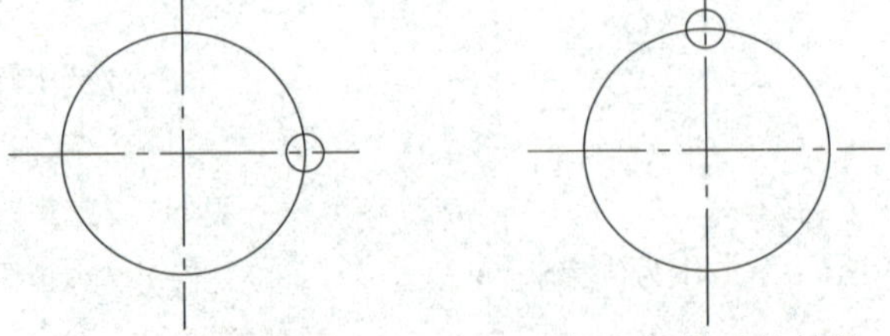

(a)旋转前的结果　　(b)旋转后的结果

图 4-4　例 4-3 图

解：执行"旋转"命令后，命令行显示操作如下：

```
命令：ROTATE
UCS 当前的正角方向：ANGDIR=逆时针　ANGBASE=0
选择对象：找到 1 个                                //选中要旋转的小圆
选择对象：                                         //按"Enter"键结束对象选择
指定基点：                                         //捕捉大圆的圆心作为旋转基点
                                                   //方法一
指定旋转角度，或［复制(C)/参照(R)］<0>：           //选择垂直线段上方端点，完成旋转
                                                   //方法二
指定旋转角度，或［复制(C)/参照(R)］<0>：90         //输入"90"，完成旋转
                                                   //方法三
指定旋转角度，或［复制(C)/参照(R)］<0>：R          //通过"参照"方式旋转小圆
指定参照角 <90>：指定第二点：                      //捕捉大圆的圆心作为第一点，捕捉小圆的圆心
                                                     作为第二点
指定新角度或［点(P)］<180>：90                     //输入"90"，完成旋转
```

【例 4-4】绘制如图 4-5(a)所示的图形，利用"旋转"命令旋转小圆，旋转后的结果如图 4-5(b)所示。

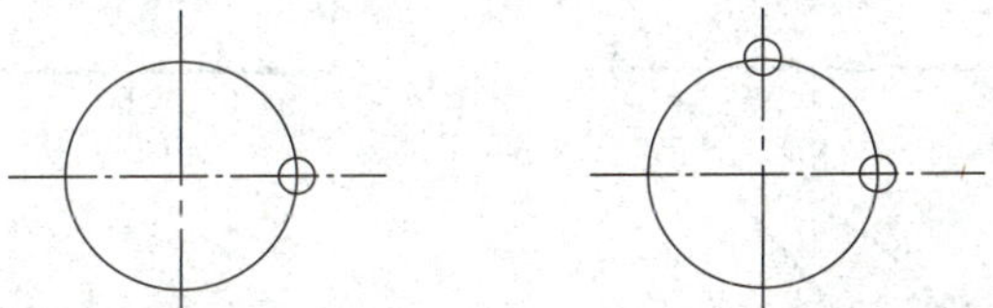

(a) 旋转前的结果　　(b) 旋转后的结果

图 4-5　例 4-4 图

解：执行"旋转"命令后，命令行显示操作如下：

```
命令：ROTATE
UCS 当前的正角方向：ANGDIR=逆时针　ANGBASE=0
选择对象：找到 1 个                                //选中要旋转的小圆
选择对象：                                         //按"Enter"键结束对象选择
指定基点：                                         //捕捉大圆的圆心作为旋转基点
指定旋转角度，或［复制(C)/参照(R)］<0>：C          //选中要旋转的小圆并复制
旋转一组选定对象。
指定旋转角度，或［复制(C)/参照(R)］<0>：：90       //输入"90"，完成旋转
```

说明

(1) 旋转角度为正值表示沿逆时针方向旋转还是顺时针方向旋转，由图形单位中的基本角度方

向决定。在默认情况下，当输入的旋转角度为正值时，对象以旋转基点为中心沿逆时针方向旋转。

(2)“复制(C)”：使对象旋转的同时，保持其位置不变。

(3)“参照(R)”：把对象从指定的参照角度旋转到新的绝对角度。适用于想要旋转的角度未知，而对象在初始位置和目标位置的绝对角度已知的场合。

(4)在选择对象并指定旋转基点后，拖动鼠标，旋转基点和当前十字光标之间会出现一条黄色虚线，可以动态表示旋转角度的变化，指定角度、复制或参照可以继续完成旋转。

练一练

【练习 4-2】(1)绘制如图 4-6(a)所示的图形，利用“旋转”命令旋转螺栓(小圆和正六边形)，结果如图 4-6(b)所示。

(2)绘制如图 4-6(c)所示的图形，利用“旋转”命令将图中的箱盖(展开的角度自拟)与箱子合上，结果如图 4-6(d)所示。

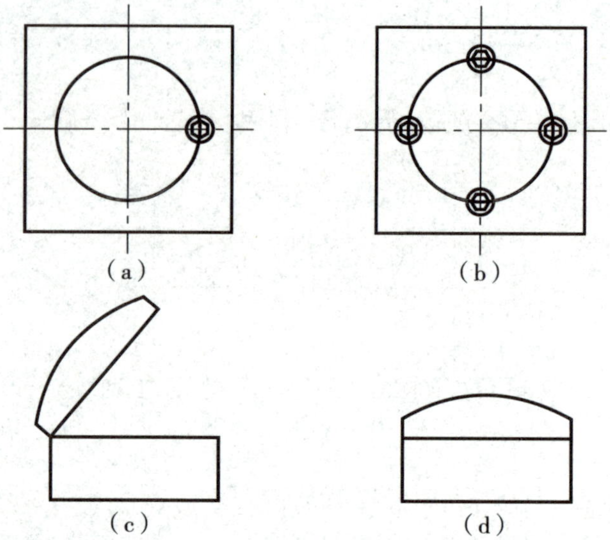

图 4-6　练习 4-2 图

4.2.3　缩放对象

“缩放”命令可以使对象放大或缩小，同时保持其比例不变。

有以下 4 种方式执行“缩放”命令。

(1)菜单栏：“修改(M)”→“缩放(L)”。

(2)功能区：“默认”选项卡→“修改”面板→“缩放”按钮。

(3)命令行：输入“SCALE”(命令别名“SC”)，按“Enter”键。

(4)快捷菜单：选中要缩放的对象，在绘图区右击，在弹出的快捷菜单中选择“缩放”选项。

【例 4-5】绘制如图 4-7(a)所示的图形,利用“缩放”命令对圆进行放大,结果如图 4-7(b)所示。

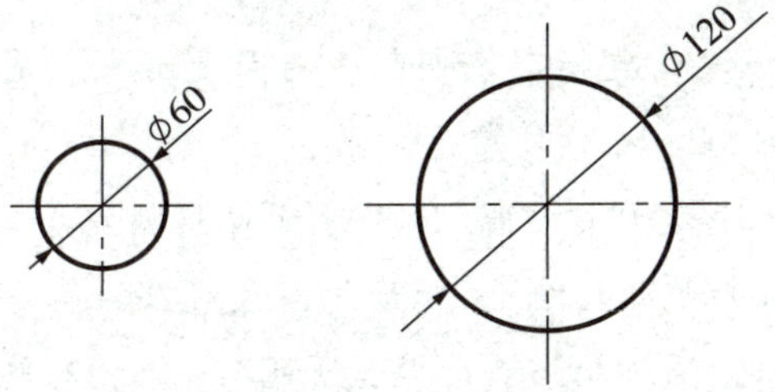

(a)　　　　(b)

图 4-7　例 4-5 图

解:执行“缩放”命令后,命令行显示操作如下:

```
命令: _scale
选择对象: 找到 3 个                              //选中圆及其中心线
选择对象:                                        //按“Enter”键结束对象选择
指定基点:                                        //捕捉圆心
指定比例因子或 [复制(C)/参照(R)]: 2              //输入“2”,完成缩放
```

【例 4-6】绘制如图 4-8(a)所示的图形,利用“缩放”命令对圆进行缩小,结果如图 4-8(b)所示。

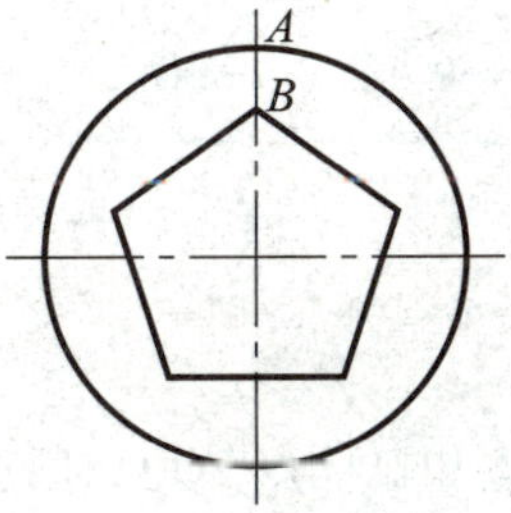

(a)　　　　(b)

图 4-8　例 4-6 图

解:执行“缩放”命令后,命令行显示操作如下:

```
命令: _scale
选择对象: 找到 1 个                              //选中圆及其中心线
选择对象:                                        //按“Enter”键结束对象选择
指定基点:                                        //捕捉圆心
指定比例因子或 [复制(C)/参照(R)]: r              //执行“参照(R)”选项
指定参照长度 <1.0000>: 指定第二点:               //捕捉中心线与圆的上端交点(A 点)
指定新的长度或 [点(P)] <1.0000>:                 //捕捉正五边形的顶点(B 点)
```

说明

(1)当执行“缩放”命令时,需要指定基点和比例因子。基点是缩放的中心,比例因子大于1时放大对象,比例因子在0到1之间时缩小对象。

(2)当执行“缩放”命令时,通过“参照(R)”选项可以指定参照长度和新长度对对象进行缩放。参照长度是缩放对象的起始尺寸,新长度是缩放对象的最终尺寸。

(3)当执行“缩放”命令时,通过“复制(C)”选项可以在缩放对象的同时,保留源对象。

练一练

【练习 4-3】绘制如图 4-9(a)所示的图形(尺寸自拟),利用“缩放”命令对图形进行放大,结果如图 4-9(b)所示。

练习4-3

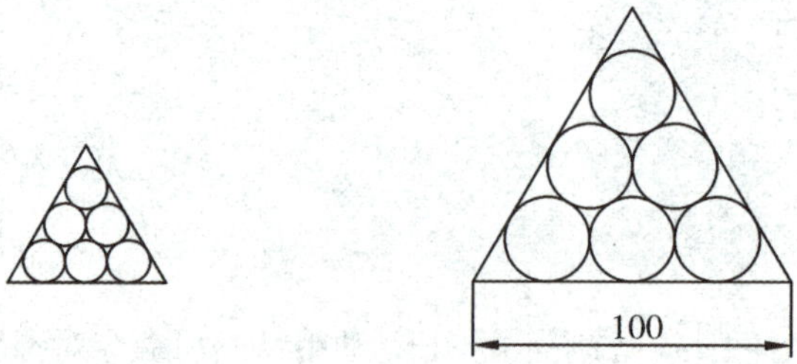

(a)　　(b)

图 4-9　练习 4-3 图

4.2.4　对齐对象

“对齐”命令可以指定1对、两对或3对源点和目标点,使源对象与目标对象上的点对齐。

有以下3种方式执行“对齐”命令。

(1)菜单栏:“修改(M)”→“三维操作”→“对齐(L)”。

(2)功能区:“默认”选项卡→“修改”面板→“对齐”按钮。

(3)命令行:输入“ALIGN”(命令别名“AL”),按“Enter”键。

【例 4-7】绘制如图 4-10(a)所示的图形,利用“对齐”命令将图中的矩形对象(源对象)与三角形对象(目标对象)上的点对齐,结果如图 4-10(b)和图 4-10(c)所示。

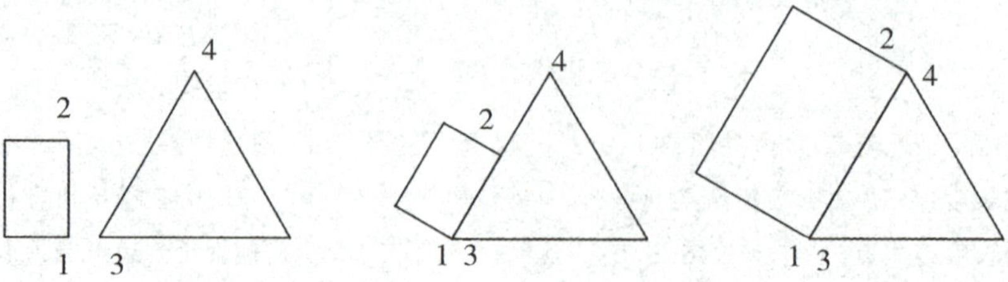

(a)　　(b)　　(c)

图 4-10　例 4-7 图

解：执行“对齐”命令后，命令行显示操作如下：

```
命令：ALIGN
选择对象：找到 1 个                                              //选中左侧矩形
选择对象：                                                       //按“Enter”键结束对象选择
指定第一个源点：                                                 //选择 1 号点
指定第一个目标点：                                               //选择 3 号点
指定第二个源点：                                                 //选择 2 号点
指定第二个目标点：                                               //选择 4 号点
指定第三个源点或 <继续>：                                        //按“Enter”键确认
是否基于对齐点缩放对象？[是(Y)/否(N)] <否>：                     //按“Enter”键结束命令
是否基于对齐点缩放对象？[是(Y)/否(N)] <否>：y                    //输入“y”缩放源对象，按“Enter”
                                                                   键结束命令
```

说明

(1)“对齐”命令在二维图形、三维图形中均可使用。

(2)执行“对齐”命令后，需要按照要求指定源点和目标点。一般情况下，二维图形需要指定两对源点和目标点，三维图形需要指定 3 对源点和目标点。

练一练

【练习 4-4】绘制如图 4-11(a)所示的图形，利用“对齐”命令将图中的三角形对象（源对象）与六边形对象（目标对象）上的点对齐，结果如图 4-11(b)所示。

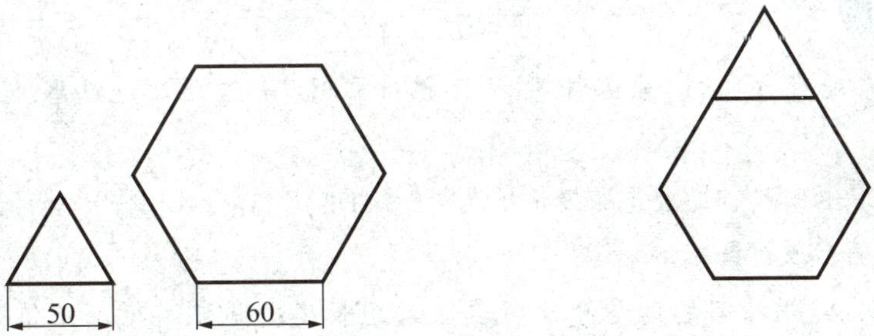

(a)　　　　(b)

图 4-11　练习 4-4 图

4.2.5　拉长对象

拉长对象是指改变所选对象的长度或圆弧角度。当拉长对象时，可以将所要更改的参数指定为百分比、增量等。

有以下 3 种方式执行“拉长”命令。

(1)菜单栏:“修改(M)”→“拉长(G)”。

(2)功能区:“默认”选项卡→“修改”面板→“拉长”按钮⁄。

(3)命令行:输入“LENGTHEN”(命令别名“LEN”),按“Enter”键。

【例 4-8】利用“拉长”命令,将线段的长度从 60 拉长至 120,如图 4-12 所示。

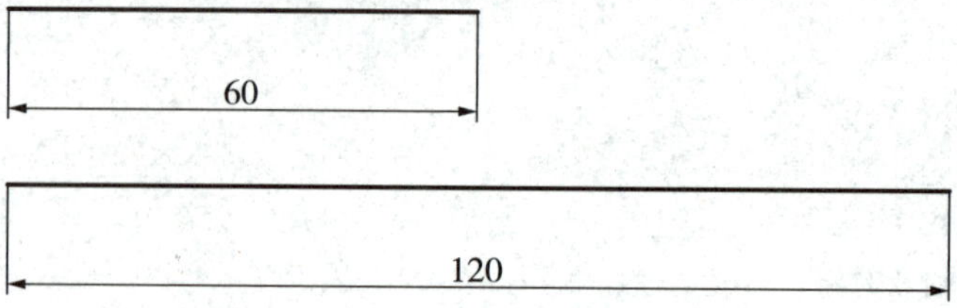

图 4-12　例 4-8 图

解:执行“拉长”命令后,命令行显示操作如下:

```
命令: LENGTHEN
选择要测量的对象或 [增量(DE)/百分比(P)/总计(T)/动态(DY)] <总计(T)>:
                                                    //选中长度为 60 的线段
当前长度: 60.0000                                   //测出当前长度
选择要测量的对象或 [增量(DE)/百分比(P)/总计(T)/动态(DY)] <总计(T)>: p
                                                    //输入“P”
输入长度百分数 <100.0000>: 200                      //输入百分比数值
选择要修改的对象或 [放弃(U)]:                        //按“Enter”键结束命令
```

说明

(1)拉长对象具有方向性,当选中要拉长的对象时,默认在靠近选取点的一侧进行拉长操作。

(2)当执行“拉长”命令时,要先从提示信息“增量(DE)”“百分比(P)”“总计(T)”“动态(DY)”中选择一个选项,再拉长对象。

①“增量(DE)”:用指定的增量修改所选对象的长度或圆弧角度。正值为扩展对象,负值为修剪对象。

②“百分比(P)”:输入所选对象的百分比,改变对象的长度或圆弧角度。

③“总计(T)”:输入新的对象的总长度或圆弧总角度。

④“动态(DY)”:拖动鼠标,动态地改变对象的长度或圆弧角度。

练一练

【练习 4-5】(1)绘制如图 4-13(a)所示的图形,利用“拉长”命令使图中的点画线超出小圆外轮廓,结果如图 4-13(b)所示。

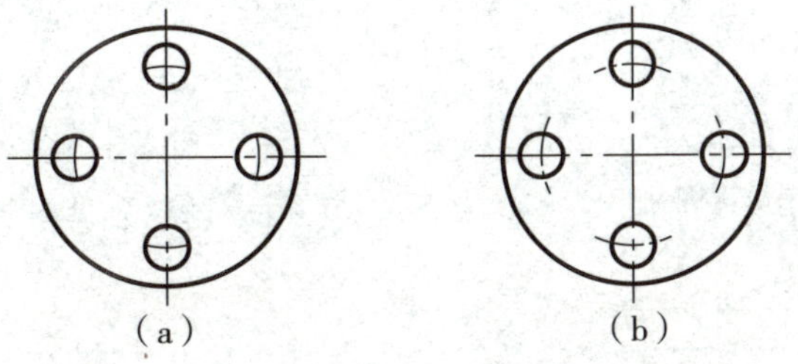

图 4-13　练习 4-5 图(1)

(2)绘制如图 4-14(a)所示的图形,利用“拉长”命令对图形进行拉长,结果如图 4-14(b)所示。

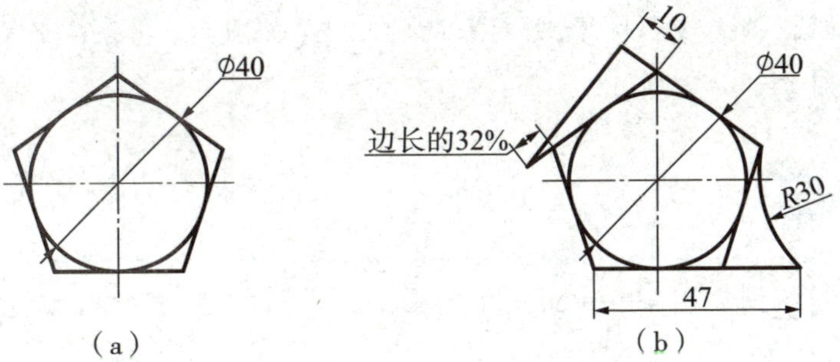

图 4-14　练习 4-5 图(2)

4.2.6　拉伸对象

拉伸对象可以改变对象的形状。当拉伸对象时,需要指定拉伸的基点和移至点。

有以下 3 种方式执行“拉伸”命令。

(1)菜单栏:“修改(M)”→“拉伸(H)”。

(2)功能区:“默认”选项卡→“修改”面板→“拉伸”按钮。

(3)命令行:输入“STRETCH”(命令别名“S”),按“Enter”键。

【例 4-9】绘制如图 4-15(a)所示的图形,利用“拉伸”命令对图形进行拉伸,结果如图 4-15(b)所示。

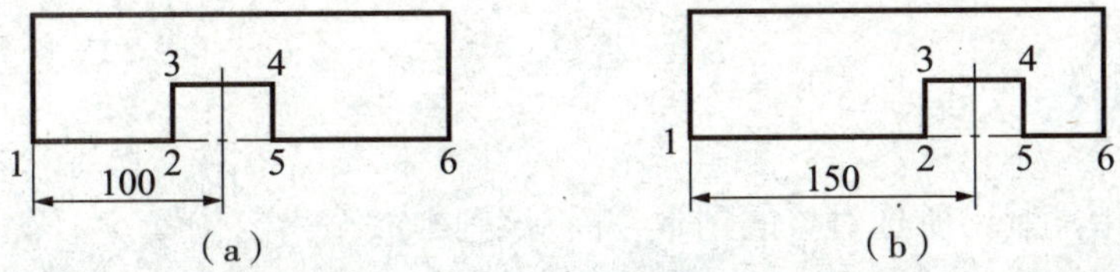

图 4-15　例 4-9 图

解:执行“拉伸”命令后,命令行显示操作如下:

```
命令: STRETCH
以交叉窗口或交叉多边形选择要拉伸的对象...    //选中需要拉伸的 5 条线段 1-2,2-3,3-4,4-5,
                                              5-6,但不要包含 1 号点和 6 号点
选择对象: 指定对角点: 找到 5 个              //选中 5 条线段
选择对象:                                    //按“Enter”键结束对象选择
指定基点或 [位移(D)] <位移>:                 //选择 1 号点作为基点
指定第二个点或 <使用第一个点作为位移>: 50    //输入“50”,按“Enter”键结束命令
```

说明

(1)当拉伸对象时,必须使用交叉窗口或交叉多边形来选中要拉伸的对象。完全包含在交叉窗口内的对象将被移动,与交叉窗口相交的对象将被拉伸。

(2)“拉伸”命令只能拉伸带有端点的对象,如线段、圆弧、椭圆弧、多段线等。对于没有端点的对象,如圆、椭圆、剖面线和块等,若对象的特征点(如圆心)包含在交叉窗口内,则移动对象,反之则不移动对象。

练一练

【练习 4-6】绘制如图 4-16(a)所示的图形,利用“拉伸”命令对图形进行拉伸,结果如图 4-16(b)所示。

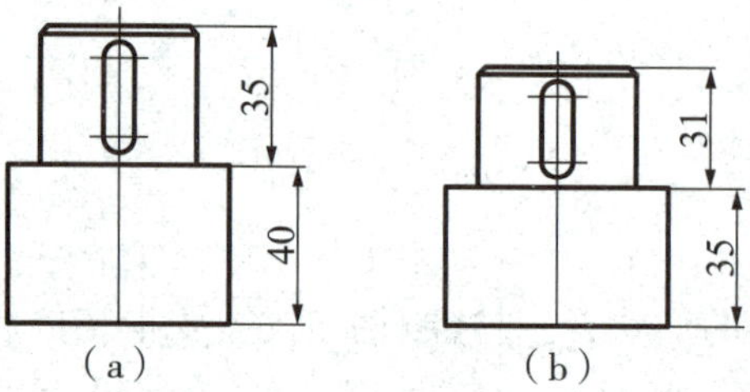

图 4-16　练习 4-6 图

4.3 复制图形对象

4.3.1 复制对象

复制对象是指复制出所选对象的副本,并将该副本放至指定位置。

有以下 4 种方式执行“复制”命令。

(1)菜单栏:“修改(M)”→“复制(Y)”。

(2)功能区:“默认”选项卡→“修改”面板→“复制”按钮。

(3)命令行:输入“COPY”(命令别名“CO”或“CP”),按“Enter”键。

(4)快捷菜单:选中要复制的对象,在绘图区右击,在弹出的快捷菜单中选择“复制”选项。

【例 4-10】绘制如图 4-17(a)所示的图形,利用“复制”命令对图形进行复制,结果如图 4-17(b)所示。

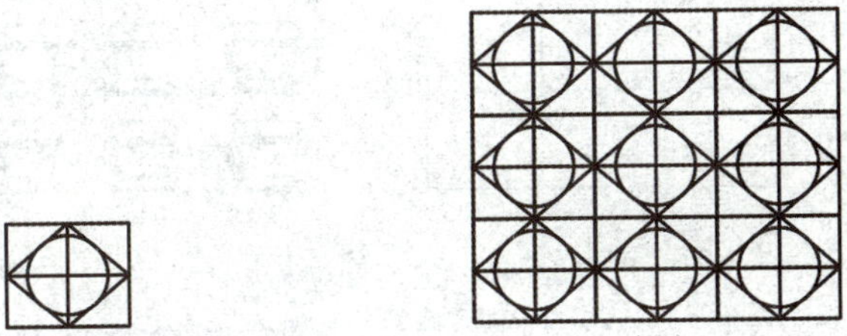

(a)　　(b)

图 4-17　例 4-10 图

解:执行“复制”命令后,命令行显示操作如下:

```
命令: COPY
选择对象: 指定对角点: 找到 8 个                              //选中要复制的对象
选择对象:                                                    //按“Enter”键结束对象选择
当前设置: 复制模式=多个
指定基点或[位移(D)/模式(O)] <位移>:                          //选择源对象左下角端点作为基点
指定第二个点或[阵列(A)] <使用第一个点作为位移>:
指定第二个点或[阵列(A)/退出(E)/放弃(U)] <退出>:
指定第二个点或[阵列(A)/退出(E)/放弃(U)] <退出>:
指定第二个点或[阵列(A)/退出(E)/放弃(U)] <退出>:
指定第二个点或[阵列(A)/退出(E)/放弃(U)] <退出>:
指定第二个点或[阵列(A)/退出(E)/放弃(U)] <退出>:
指定第二个点或[阵列(A)/退出(E)/放弃(U)] <退出>:  //依次选择每个目标对象左下角端点
指定第二个点或[阵列(A)/退出(E)/放弃(U)] <退出>:  //选择最后一个目标对象左下角端点,按
                                                  “Enter”键结束命令
```

说明

(1)当执行“复制”命令时,选中对象后,需要先指定第一个基点,再指定第二个基点。

(2)“位移(D)”:直接输入数值,代表以选中对象时的拾取点作为基点,可以使用坐标指定相对距离和方向。通过指定的两个基点定义一个矢量,即可完成复制。

(3)“模式(O)”:选择是否重复执行“复制”命令,可以选择单个或多个。

练一练

【练习 4-7】绘制如图 4-18(a)所示的图形，利用“复制”命令对图形进行复制，结果如图 4-18(b)所示。

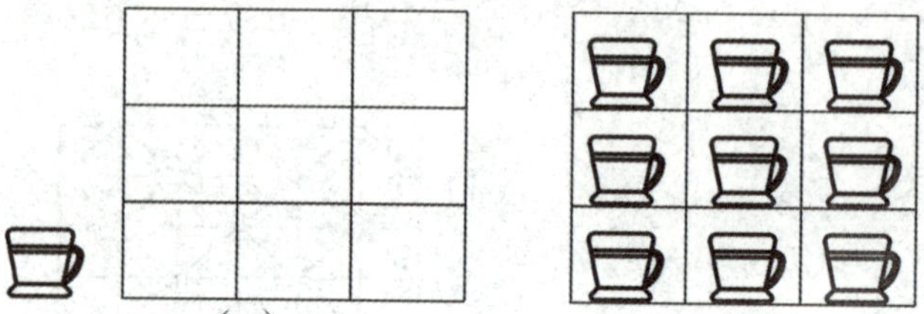

(a)　　　　(b)

图 4-18　练习 4-7 图

4.3.2　镜像对象

镜像对象是指以一条线为对称轴，对称生成所选对象的副本。

有以下 3 种方式执行“镜像”命令。

(1)菜单栏：“修改(M)”→“镜像(I)”。

(2)功能区：“默认”选项卡→“修改”面板→“镜像”按钮。

(3)命令行：输入“MIRROR”(命令别名“MI”)，按“Enter”键。

【例 4-11】绘制如图 4-19(a)所示的图形，利用“镜像”命令对图形进行镜像，结果如图 4-19(b)所示。

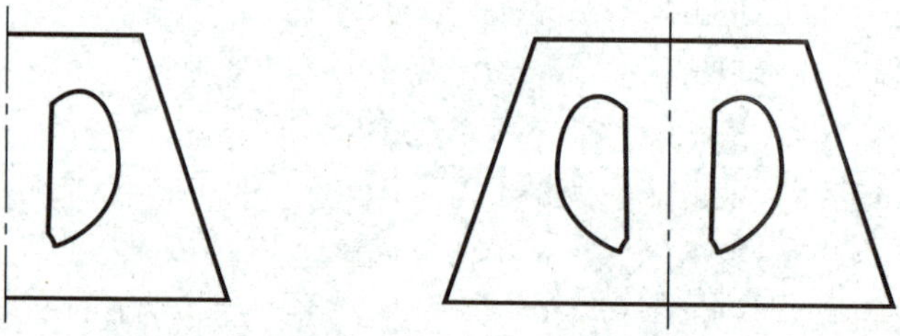

(a)　　　　(b)

图 4-19　例 4-11 图

解：执行“镜像”命令后，命令行显示操作如下：

```
命令：MIRROR
选择对象：指定对角点：找到 4 个              //选中除对称轴外的对象
选择对象：                                   //按“Enter”键结束对象选择
指定镜像线的第一点：                         //选择垂直中心线的上顶点
指定镜像线的第二点：                         //选择垂直中心线的下顶点
要删除源对象吗？[是(Y)/否(N)] <否>：N        //输入“N”，复制源对象，按“Enter”键结束命令
```

说明

(1)当镜像对象时,既可以选择复制源对象,也可以选择删除源对象(相当于沿中心线翻转)。

(2)当镜像文字时,默认不改变文字方向。如果需要反转文字,就要把 MIRRTEXT 系统变量设置为 1。

练一练

【练习 4-8】绘制如图 4-20(a)所示的图形,利用"镜像"命令对图形进行镜像,结果如图 4-20(b)所示。

练习4-8

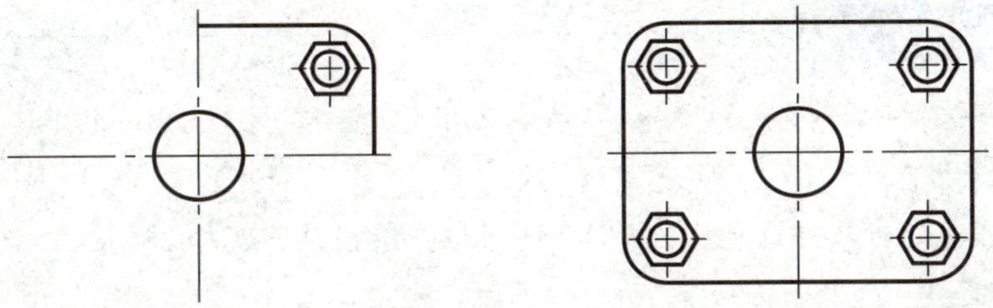

(a)　　(b)

图 4-20　练习 4-8 图

4.3.3　偏移对象

偏移对象是指将对象沿法线方向偏移一定距离,创建与所选对象类似的新对象。"偏移"命令可以用来创建平行线、同心圆和平行曲线等。

有以下 3 种方式执行"偏移"命令。

(1)菜单栏:"修改(M)"→"偏移(S)"。

(2)功能区:"默认"选项卡→"修改"面板→"偏移"按钮⊆。

(3)命令行:输入"OFFSET"(命令别名"O"),按"Enter"键。

【例 4-12】绘制如图 4-21(a)所示的图形,利用"偏移"命令对图形进行偏移,结果如图 4-21(b)所示。

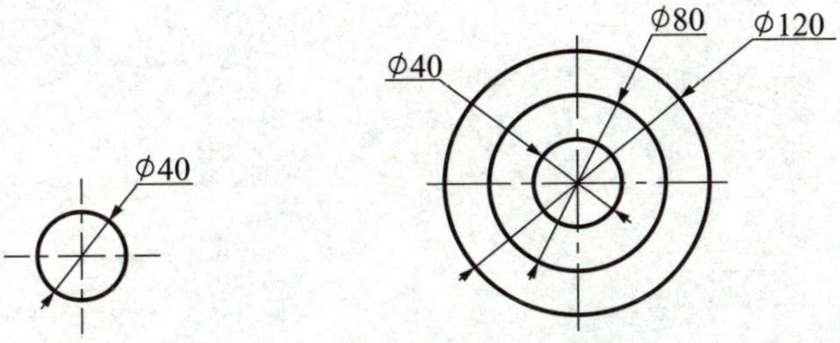

(a)　　(b)

图 4-21　例 4-12 图

解：执行“偏移”命令后，命令行显示操作如下：

```
命令：OFFSET
当前设置：删除源=否  图层=源  OFFSETGAPTYPE=0
指定偏移距离或[通过(T)/删除(E)/图层(L)]<20.0000>：20          //输入偏移距离
选择要偏移的对象，或[退出(E)/放弃(U)]<退出>：                    //选中中心小圆
指定要偏移的那一侧上的点，或[退出(E)/多个(M)/放弃(U)]<退出>：    //单击中心小圆的外侧
选择要偏移的对象，或[退出(E)/放弃(U)]<退出>：                    //依次选中最外侧圆
指定要偏移的那一侧上的点，或[退出(E)/多个(M)/放弃(U)]<退出>：    //依次单击最外侧圆的外侧，
                                                                   按“Enter”键结束命令
```

说明

（1）当执行“偏移”命令时，一次只能选中一个对象进行偏移，但在结束命令前，这个过程可以重复进行。

（2）偏移的对象可以是线段、多段线、构造线、射线、圆弧、圆、椭圆、椭圆弧和样条曲线等，不可以是点、块、文本和面域等。

（3）当偏移的对象是圆或椭圆时，偏移后的对象是变大还是变小，取决于十字光标指定对象的外侧还是内侧。

（4）“偏移”命令中，部分选项的含义如下。

①“通过（T）”：在不知道偏移距离的情况下，通过某个点进行偏移。

②“删除（E）”：偏移后将源对象删除。

③“图层（L）”：将偏移对象放在当前图层或放在与源对象相同的图层中。

练一练

【练习 4-9】绘制如图 4-22（a）所示的图形，利用“偏移”命令对图形进行偏移，结果如图 4-22（b）所示。

练习4-13

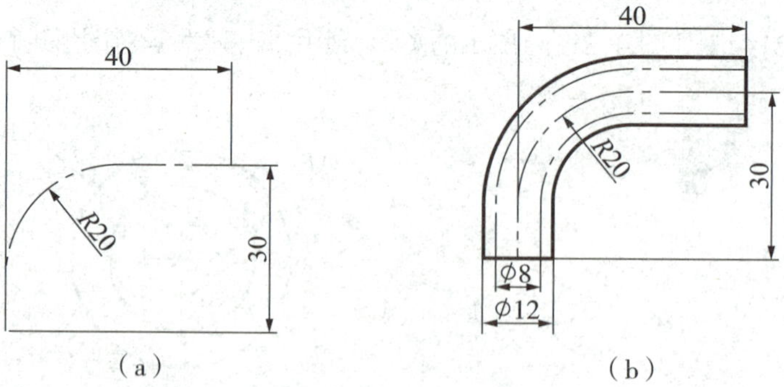

图 4-22 练习 4-9 图

4.3.4 阵列对象

阵列对象是指将对象按照一定的排列方式(如矩形、路径、环形)进行复制,生成多个所选对象的副本。阵列是一种特殊格式的复制,可以极大提高绘图效率。

有以下 3 种方式执行“阵列”命令。

(1)菜单栏:“修改(M)”→“阵列”→“矩形阵列”“路径阵列”或“环形阵列”。

(2)功能区:“默认”选项卡→“修改”面板→“矩形阵列”按钮、“路径阵列”按钮或“环形阵列”按钮。

(3)命令行:输入“ARRAY”(命令别名“AR”),按“Enter”键。

【例 4-13】绘制如图 4-23(a)所示的图形,利用“阵列”命令对图形进行阵列,结果如图 4-23(b)所示。

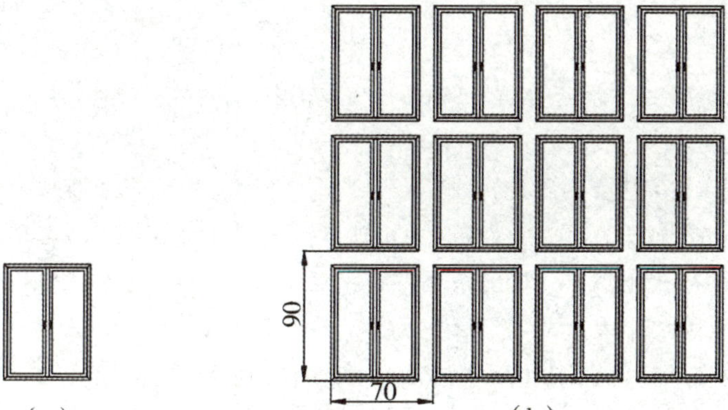

(a)　　(b)

图 4-23　例 4-13 图

解:执行“阵列”命令后,命令行显示操作如下:

```
命令: ARRAY
选择对象: 指定对角点: 找到 44 个                                   //栏选要阵列的所有对象
选择对象:                                                          //按“Enter”键结束对象选择
输入阵列类型 [矩形(R)/路径(PA)/极轴(PO)] <矩形>: r                 //输入“r”,选择矩形阵列
类型=矩形  关联=是
选择夹点以编辑阵列或 [关联(AS)/基点(B)/计数(COU)/间距(S)/列数(COL)/行数(R)/层数(L)/退出(X)] <退出>: s      //输入“s”,设置间距
指定列之间的距离或 [单位单元(U)] <90>: 70                          //输入“70”,设置列间距
指定行之间的距离 <120>:90                                          //输入“90”,设置行间距
选择夹点以编辑阵列或 [关联(AS)/基点(B)/计数(COU)/间距(S)/列数(COL)/行数(R)/层数(L)/退出(X)] <退出>:          //按“Enter”键结束命令
```

【例 4-14】绘制如图 4-24(a)所示的图形,利用“环形阵列”命令对图形进行环形阵列,结果如图 4-24(b)所示。

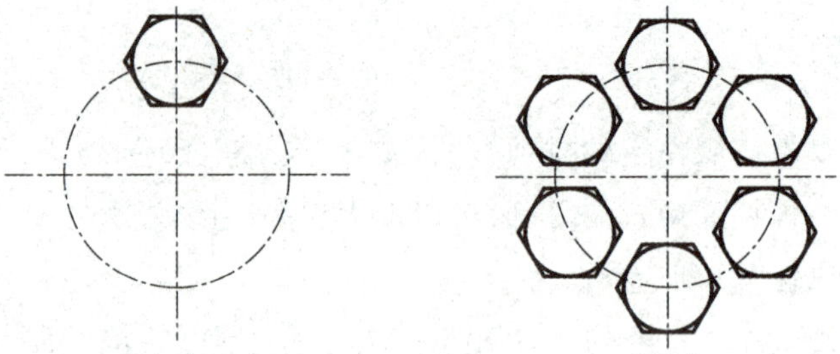

（a）　　　　　　　　　　　　（b）

图 4-24　例 4-14 图

解：执行"环形阵列"命令后，命令行显示操作如下：

```
命令：ARRAY
选择对象：找到 1 个                                          //栏选要阵列的对象
选择对象：                                                  //按"Enter"键结束对象选择
输入阵列类型 [矩形(R)/路径(PA)/极轴(PO)] <矩形>: po          //输入"po",选择环形阵列
类型=极轴  关联=是
指定阵列的中心点或 [基点(B)/旋转轴(A)]:                       //捕捉选中大圆圆心
选择夹点以编辑阵列或 [关联(AS)/基点(B)/项目(I)/项目间角度(A)/填充角度(F)/行(ROW)/
层(L)/旋转项目(ROT)/退出(X)] <退出>: i                        //输入"i",设置项目
输入阵列中的项目数或 [表达式(E)] <6>: 6                        //输入"6",设置项目数量
选择夹点以编辑阵列或 [关联(AS)/基点(B)/项目(I)/项目间角度(A)/填充角度(F)/行(ROW)/
层(L)/旋转项目(ROT)/退出(X)] <退出>: f                        //输入"f",设置填充角度
指定填充角度(+=逆时针、-=顺时针)或 [表达式(EX)] <360>: 360     //输入"360",设置填充角度数值
选择夹点以编辑阵列或 [关联(AS)/基点(B)/计数(COU)/间距(S)/列数(COL)/行数(R)/层数
(L)/退出(X)] <退出>:                                         //按"Enter"键结束命令
```

说明

（1）"矩形阵列"是指通过指定列数、行数、间距来复制对象。用户选择矩形阵列方式后，除按照命令行提示进行操作外，还可以通过"阵列创建"选项卡设置相关参数，如图 4-25（a）所示。

①介于：输入两个相邻对象之间的行间距或列间距。若输入的行间距数值为正，则向上阵列，反之则向下阵列；若输入的列间距数值为正值，则向右阵列，反之则向左阵列。

②关联：选中该按钮，阵列后的所有对象将成为一个整体。当修改阵列的相关参数，如列数、行数、间距等，或修改阵列的源对象时，阵列后的对象也随之更改。

（2）"环形阵列"是指通过指定环形阵列的中心点、项目数和填充角度等，将对象绕中心点进行旋转复制。用户选择环形阵列方式后，可以通过"阵列创建"选项卡设置相关参数，如图 4-25（b）所示。

①项目数：指定阵列的数量，项目数包括源对象。

②填充角度：指定阵列的填充角度范围。当填充角度小于360°时，可通过“特性”面板中的“方向”按钮，控制所选对象沿顺时针或逆时针方向阵列。

(3)“路径阵列”是指将对象沿指定的路径均匀分布。路径可以是直线、多段线、三维多段线、样条曲线、螺旋、圆弧、圆或椭圆。用户选择路径阵列方式后，可以通过“阵列创建”选项卡设置相关参数，如图4-25(c)所示。

①切线方向：指定阵列的对象如何相对于路径的起始方向对齐。

②定数等分：沿着整个路径按照设置的数量均匀分布阵列对象。

③定距等分：沿着特定间距分布对象。默认选取离路径最近点作为定距等分的起始位置。

④对齐项目：用于指定是否对齐每个对象与路径方向相切。

⑤Z方向：控制是否保持对象的原始Z方向。

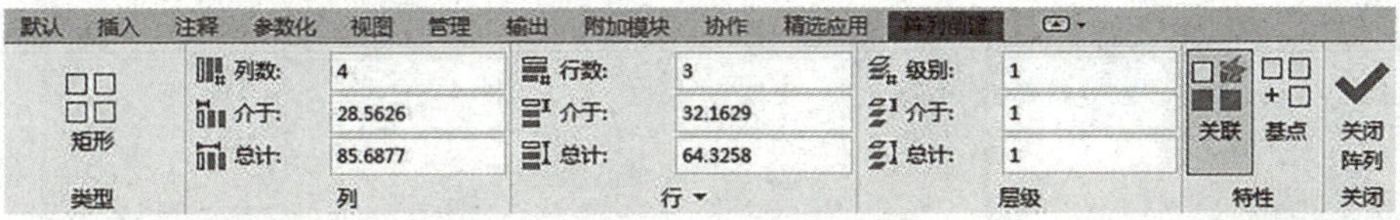

(a)

(b)

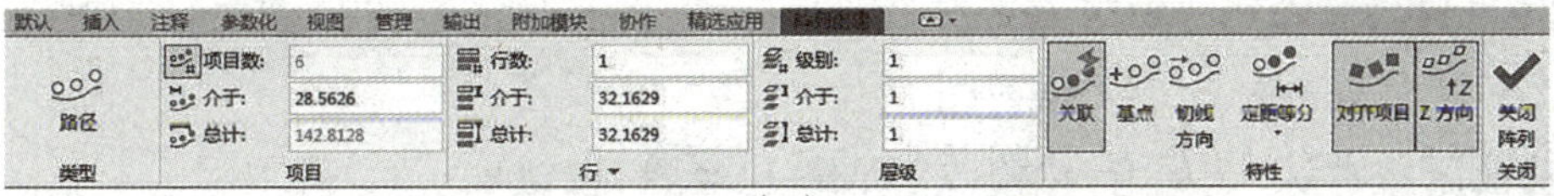

(c)

图4-25　“阵列创建”选项卡

练一练

【练习4-10】绘制如图4-26(a)至图4-26(c)所示的图形，利用“阵列”命令对图形进行阵列，结果如图4-26(d)至图4-26(f)所示。

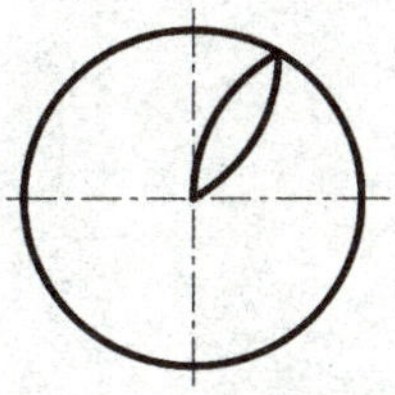

(a)

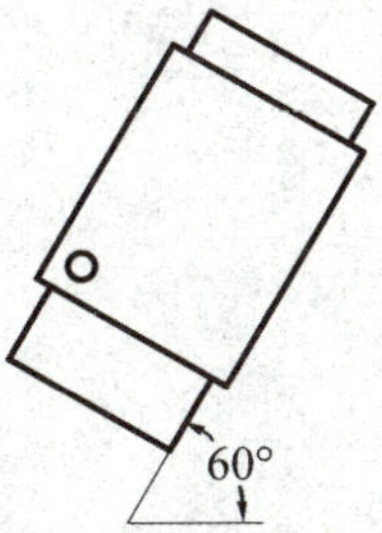

(b)

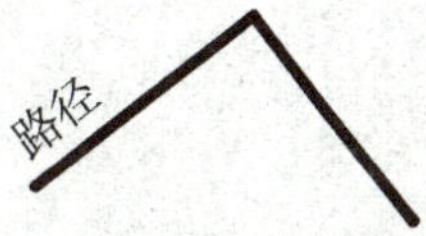

(c)

图4-26　练习4-10图

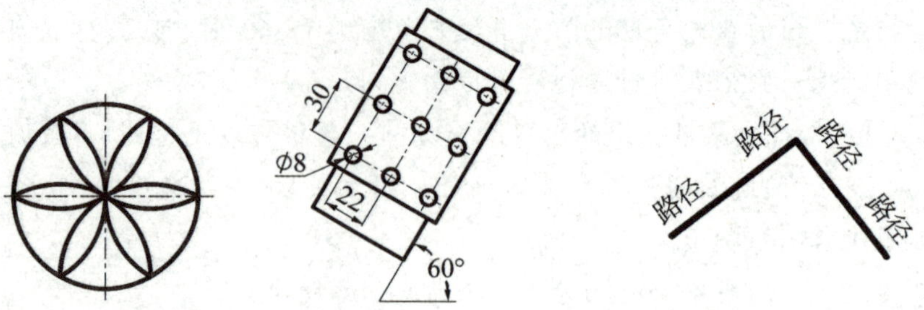

(d)　(e)　(f)

续图 4-26　练习 4-10 图

4.4 修改图形对象

4.4.1 修剪对象

修剪对象是 AutoCAD 2020 中最常用的操作之一，用户可以把一个或多个对象作为修剪边界来修剪其他对象。

有以下 3 种方式执行“修剪”命令。

(1)菜单栏：“修改(M)”→“修剪(T)”。

(2)功能区：“默认”选项卡→“修改”面板→“修剪”按钮。

(3)命令行：输入“TRIM”(命令别名“TR”)，按“Enter”键。

【例 4-15】绘制如图 4-27(a)所示的图形，利用“修剪”命令对图形进行修剪，结果如图 4-27(b)所示。

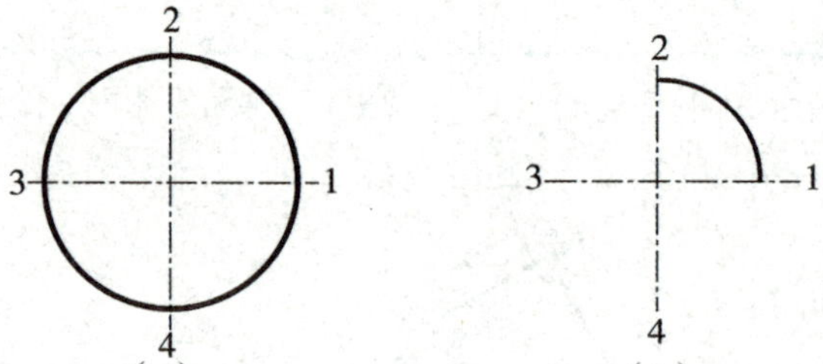

(a)　(b)

图 4-27　例 4-15 图

解：执行“修剪”命令后，命令行显示操作如下：

```
命令: TRIM
当前设置: 投影=UCS,边=无
```

选择剪切边...　　　　　　　　　　　　　　　　//选择以哪条线段作为剪切边
选择对象或 <全部选择>: 找到 1 个　　　　　　　　//选择 1~3 作为剪切边
选择对象: 找到 1 个,总计两个　　　　　　　　　　//选择 2~4 作为剪切边
选择对象:　　　　　　　　　　　　　　　　　　　//按"Enter"键确定剪切边
选择要修剪的对象或按住 Shift 键选择要延伸的对象,或 [栏选(F)/窗交(C)/投影(P)/边(E)/删除(R)]:　　//依次选中每段需要修剪的圆弧(1~4 段)
选择要修剪的对象或按住 Shift 键选择要延伸的对象,或 [栏选(F)/窗交(C)/投影(P)/边(E)/删除(R)/放弃(U)]:　　//依次选中每段需要修剪的圆弧(3~4 段)
选择要修剪的对象或按住 Shift 键选择要延伸的对象,或 [栏选(F)/窗交(C)/投影(P)/边(E)/删除(R)/放弃(U)]:　　//依次选中每段需要修剪的圆弧(2~3 段)
选择要修剪的对象或按住 Shift 键选择要延伸的对象,或 [栏选(F)/窗交(C)/投影(P)/边(E)/删除(R)/放弃(U)]:　　//按"Enter"键结束命令

说明

(1)在执行"修剪"命令时,需要先确定剪切边,即以一个或多个对象作为修剪边界,可以理解为剪刀的行经路线。

(2)"选择对象或 <全部选择>":如果这一步直接按"Enter"键,则当前图形中所有对象都可以作为修剪边界,互为剪切边。此时,在需要修剪的对象上单击,即可完成修剪。

(3)"选择要修剪的对象":选择修剪对象中需要被修剪的部分。在剪切边没有将修剪对象分割的情况下,修剪对象将无法被修剪。此时可选中该对象,按"Delete"键进行删除。

练一练

【练习 4-11】绘制如图 4-28(a)所示的图形,利用"修剪"命令对图形进行修剪,结果如图 4-28(b)所示。

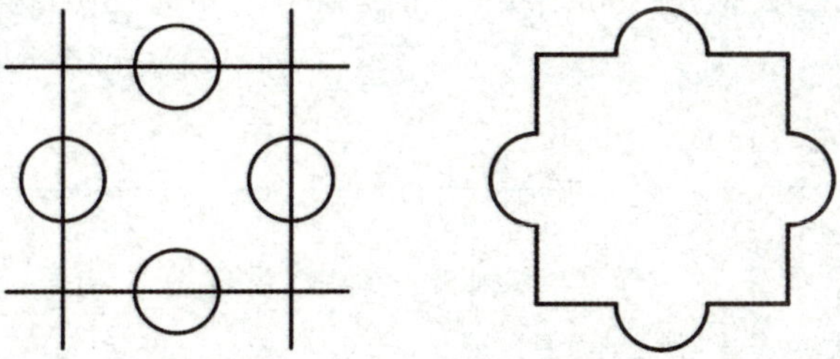

(a)　　　　(b)

图 4-28　练习 4-11 图

4.4.2 延伸对象

延伸对象是指延长所选对象至与其他对象的边界相接。

有以下 3 种方式执行“延伸”命令。

(1)菜单栏:“修改(M)”→“延伸(D)”。

(2)功能区:“默认”选项卡→“修改”面板→“延伸”按钮。

(3)命令行:输入“EXTEND”(命令别名“EX”),按“Enter”键。

【例 4-16】绘制如图 4-29(a)所示的图形,利用“延伸”命令对图形进行延伸,结果如图 4-29(b)所示。

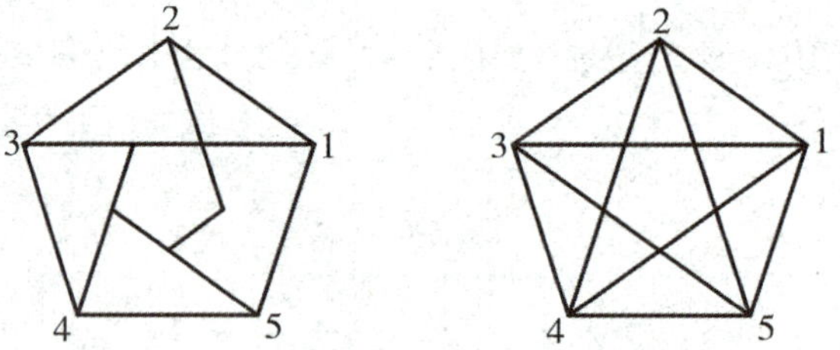

(a)　　　　(b)

图 4-29　例 4-16 图

解:执行“延伸”命令后,命令行显示操作如下:

```
命令: EXTEND
当前设置: 投影=UCS,边=无
选择边界的边...                                    //选择以哪个对象作为边界的边
选择对象或 <全部选择>: 找到 1 个                    //选择外侧五边形作为边界的边
选择对象:                                          //按“Enter”键确定边界的边
选择要延伸的对象或按住 Shift 键选择要修剪的对象,或[栏选(F)/窗交(C)/投影(P)/边(E)]:
                                                   //依次选中外侧五边形每段需要延伸的线段
.......
选择要延伸的对象或按住 Shift 键选择要修剪的对象,或[栏选(F)/窗交(C)/投影(P)/边(E)/
放弃(U)]:                                          //按“Enter”键结束命令
```

说明

(1)“延伸”命令与“修剪”命令的作用相反,而操作步骤基本相同。执行“延伸”命令前,需要确定边界的边,即延伸对象到什么位置结束。

(2)在延伸对象的过程中,如果延伸路径与边界的边不相交,就可能出现无法延伸的情况。解决方法为:在确定边界的边后,在命令行中输入“边(E)”,命令行显示“输入隐含边延伸模式[延伸(E)/不延伸(N)] <不延伸>:”,输入“延伸(E)”。

(3)延伸具有方向性。在选择对象时,应靠近要延伸的一侧选取。

(4)边界的边可以是线段、射线、样条曲线、圆弧、圆、椭圆等。

练一练

【练习 4-12】绘制如图 4-30(a)所示的图形,利用“延伸”命令对图形进行延伸,结果如图 4-30(b)所示。

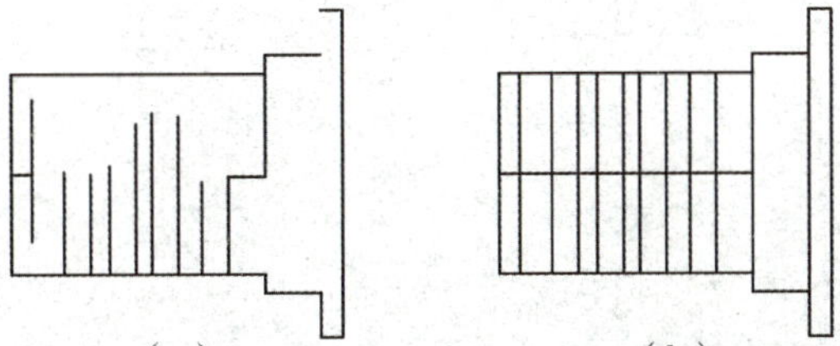

(a)　　　　(b)

图 4-30　练习 4-12 图

4.4.3　打断对象

打断对象有两种常见的方式,一种是在两点之间打断所选对象;另一种是在一点打断所选对象,使其形成两个对象。

有以下 3 种方式执行“打断”命令。

(1)菜单栏:“修改(M)”→“打断(K)”。

(2)功能区:“默认”选项卡→“修改”面板→“打断”按钮。

(3)命令行:输入“BREAK”(命令别名“BR”),按“Enter”键。

【例 4-17】绘制如图 4-31(a)所示的图形,利用“打断”命令对图形进行打断,结果如图 4-31(b)所示。

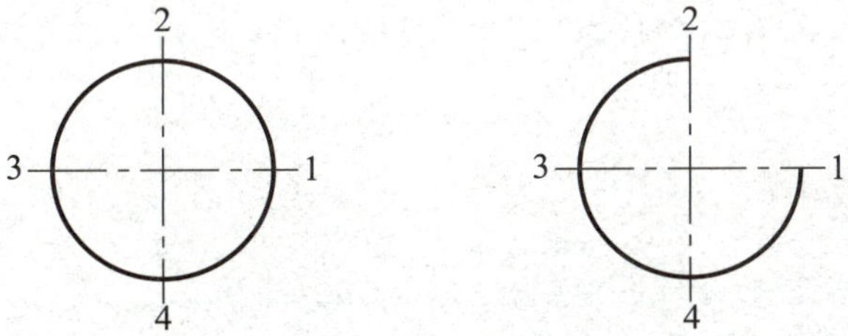

(a)　　　　(b)

图 4-31　例 4-17 图

解:执行“打断”命令后,命令行显示操作如下:

```
命令: BREAK
选择对象:                                        //选中圆
指定第二个打断点 或 [第一点(F)]: f                //执行“第一点(F)”命令
指定第一个打断点:                                //选中圆与 1 号线的交点
指定第二个打断点:                                //选中圆与 2 号线的交点
```

【例 4-18】利用“打断”命令将圆弧在 A 点(圆弧与中心线的交点)打断,如图 4-32 所示。

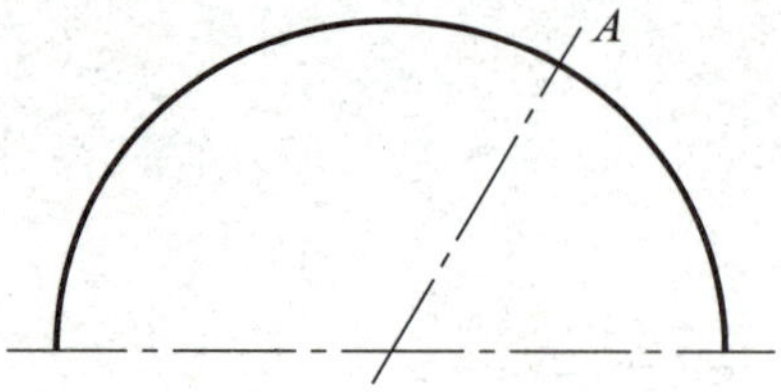

图 4-32　例 4-18 图

解:执行“打断”命令后,命令行显示操作如下:

```
命令: _break
选择对象:                                    //选中圆弧
指定第二个打断点 或 [第一点(F)]: f            //执行“第一点(F)”命令
指定第一个打断点:                             //捕捉 A 点
指定第二个打断点: @                           //输入“@ ”
```

说明

(1)打断对象的目的是把对象的一部分删除,从而得到两个对象。

(2)线段、多段线、样条曲线、圆、圆弧、椭圆、圆环等都可以执行“打断”命令。对于封闭图形(如圆、矩形等),AutoCAD 2020 将沿逆时针方向把第一个打断点和第二个打断点之间的对象删除。

(3)在执行“打断”命令时,用户单击的第一个区域被系统认定为第一个打断点,第二个区域被系统认定为第二个打断点。此外,单击第一个区域后,也可以输入“f”,重新选择第一个打断点。在命令行显示“指定第二个打断点”时,若输入“@ ”,则第二个打断点与第一个打断点的位置重合。

练一练

【练习 4-13】绘制如图 4-33(a)所示的图形,利用“打断”命令对图形进行打断,结果如图 4-33(b)所示。

练习4-13

(a)　　(b)

图 4-33　练习 4-13 图

4.4.4　合并对象

合并对象是指将类型相同的多个对象合并成一个完整的对象。

有以下 3 种方式执行“合并”命令。

(1)菜单栏:“修改(M)”→“合并(J)”。

(2)功能区:“默认”选项卡→“修改”面板→“合并”按钮。

(3)命令行:输入“JOIN”(命令别名“J”),按“Enter”键。

【例 4-19】绘制如图 4-34(a)所示的图形,利用“合并”命令对图形进行合并,结果如图 4-34(b)所示。

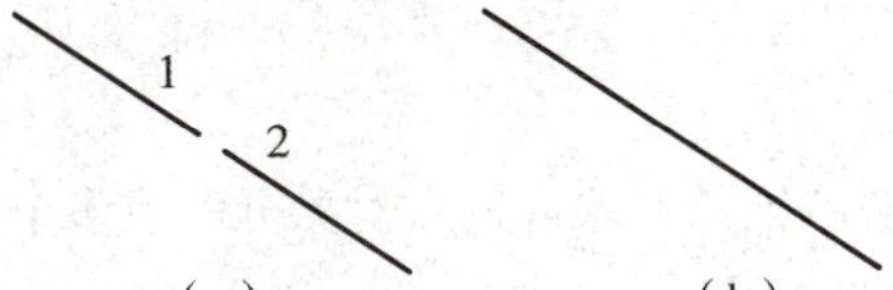

(a)　　　　　　　　(b)

图 4-34　例 4-19 图

解:执行“合并”命令后,命令行显示操作如下:

```
命令: JOIN
选择源对象或要一次合并的多个对象: 找到 1 个                //选中 1 号线段
选择要合并的对象: 找到 1 个,总计两个                      //选中 2 号线段
选择要合并的对象:                                        //按“Enter”键确认
两条直线已合并为 1 条直线                                 //按“Enter”键结束命令
```

说明

(1)可以合并的对象包括线段、多段线、三维多段线、圆弧、椭圆弧、螺旋、样条曲线等。

(2)与线段合并的对象必须与其共线,它们之间可以存在重叠、间隙;与多边形合并的对象可以是线段、圆弧、多段线,它们之间必须首尾相连;与圆弧(椭圆弧)合并的对象必须位于同一假想圆(椭圆)上,它们之间可以存在重叠、间隙,且合并对象的方向是逆时针。

(3)当合并对象是圆弧或者椭圆弧时,命令行会出现“选择圆弧,以合并到源或进行[闭合(L)]:”提示。若执行“闭合(L)”命令,则圆弧或者椭圆弧自动合并成完整的圆或椭圆。

练一练

【练习 4-14】绘制如图 4-35(a)所示的图形,利用“合并”命令对图形进行合并,结果如图 4-35(b)所示。

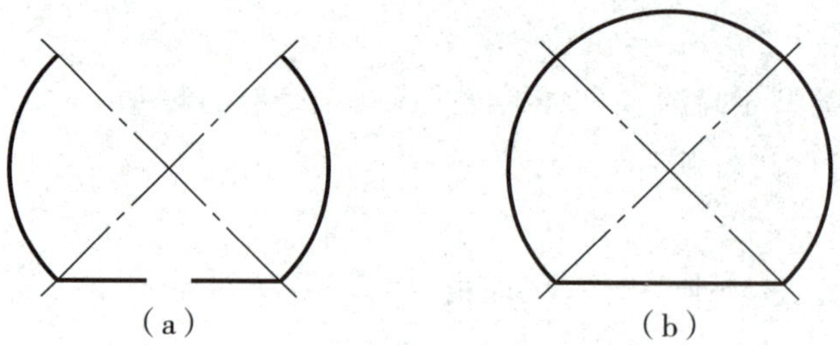

图 4-35 练习 4-14 图

4.4.5 分解对象

分解对象是指把具有闭合特征的对象或复合对象分解成多个独立对象。

有以下 3 种方式执行“分解”命令。

(1)菜单栏:“修改(M)”→“分解(X)”。

(2)功能区:“默认”选项卡→“修改”面板→“分解”按钮。

(3)命令行:输入“EXPLODE”(命令别名“X”),按“Enter”键。

【例 4-20】绘制如图 4-36(a)所示的图形,利用“分解”命令对图形进行分解,结果如图 4-36(b)所示。

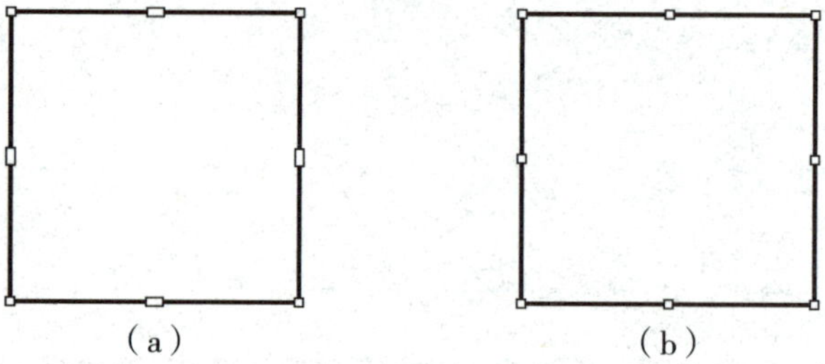

图 4-36 例 4-20 图

解:执行“分解”命令后,命令行显示操作如下:

```
命令: EXPLODE
选择对象: 找到 1 个                                //选择正方形
选择对象:                                          //按“Enter”键结束命令
```

说明

(1)“分解”命令可以分解多段线、圆弧、标注、阵列、块等复合对象。

(2)执行“分解”命令后,可能会造成分解对象的颜色、线型和线宽发生改变,这主要取决于分解对象的类型。

练一练

【练习 4-15】绘制如图 4-37(a)所示的图形,利用“分解”命令对图形进行分解,结果如图 4-37(b)所示。

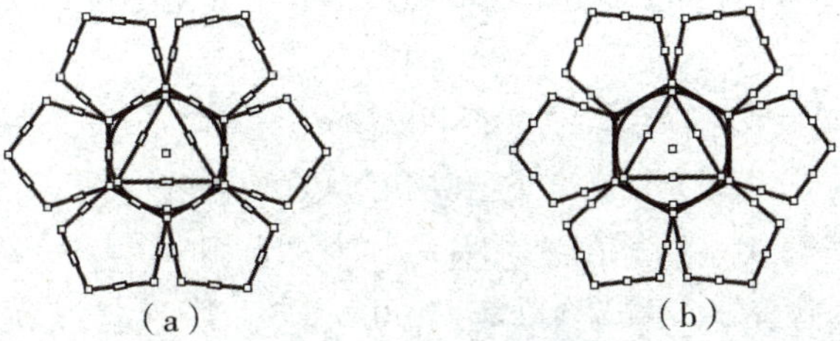

图 4-37　练习 4-15 图

4.5 对象的圆角和倒角

4.5.1 对象的圆角

圆角是指用指定的半径将两个对象以一段平滑的圆弧连接起来,且该圆弧与两个对象是相切的。

有以下 3 种方式执行“圆角”命令。

(1)菜单栏:“修改(M)”→“圆角(F)”。

(2)功能区:“默认”选项卡→“修改”面板→“圆角”按钮⌈。

(3)命令行:输入“FILLET”(命令别名“F”),按“Enter”键。

【例 4-21】绘制如图 4-38(a)所示的图形,利用“圆角”命令对图形进行圆角,结果如图 4-38(b)所示。

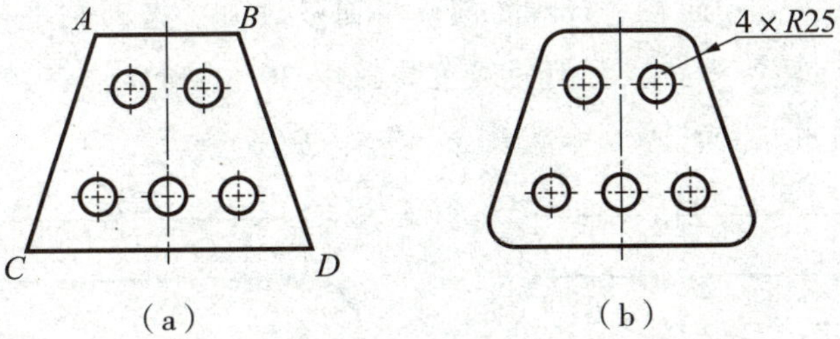

图 4-38　例 4-21 图

解:执行“圆角”命令后,命令行显示操作如下:

```
命令: _fillet
当前设置: 模式=修剪,半径=0.0000
选择第一个对象或[放弃(U)/多段线(P)/半径(R)/修剪(T)/多个(M)]: r //输入“r”,设置半径
指定圆角半径 <30.0000>: 25                                          //设置圆角半径
选择第一个对象或[放弃(U)/多段线(P)/半径(R)/修剪(T)/多个(M)]: m //输入“m”,连续对多个对
                                                                    象进行相同圆角处理
选择第一个对象或[放弃(U)/多段线(P)/半径(R)/修剪(T)/多个(M)]:  //选取线段AB
选择第二个对象,或按住 Shift 键选择对象以应用角点或[半径(R)]: //选取线段AC
选择第一个对象或[放弃(U)/多段线(P)/半径(R)/修剪(T)/多个(M)]:  //选取线段AB
选择第二个对象,或按住 Shift 键选择对象以应用角点或[半径(R)]: //选取线段BD
选择第一个对象或[放弃(U)/多段线(P)/半径(R)/修剪(T)/多个(M)]:  //选取线段BD
选择第二个对象,或按住 Shift 键选择对象以应用角点或[半径(R)]: //选取线段CD
选择第一个对象或[放弃(U)/多段线(P)/半径(R)/修剪(T)/多个(M)]:  //选取线段CD
选择第二个对象,或按住 Shift 键选择对象以应用角点或[半径(R)]: //选取线段AC
选择第一个对象或[放弃(U)/多段线(P)/半径(R)/修剪(T)/多个(M)]:  //按“Enter”键结束命令
```

说明

(1)可以圆角的对象包括直线、构造线、射线、圆弧、圆、椭圆、椭圆弧、线、射线、样条曲线和参照线等。

(2)“圆角”命令中,部分选项的含义如下。

①“多段线(P)”:在多段线的每个顶点处创建圆角。

②“半径(R)”:定义圆弧的圆角半径。当圆角半径为0时,可使不平行的两个对象延伸相交。

③“修剪(T)”:选择是否在创建圆角时将源对象修剪至圆弧的端点。

④“多个(M)”:连续对多个对象进行相同圆角处理。

(3)当圆角半径小于两个对象之间的最小距离时,无法进行圆角,命令行会显示相应提示。

(4)“圆角”命令的特殊应用场合如图4-39所示。两条平行线也可进行圆角,此时圆角半径为两条平行线距离的一半,两条平行线之间以半圆弧过渡。若两条平行线不等长,则以先选取的直线端点为基准。两条平行线之间的圆角如图4-39(a)所示。当两个对象之间以圆弧外切连接时,可以直接利用“圆角”命令来实现,如图4-39(b)所示。

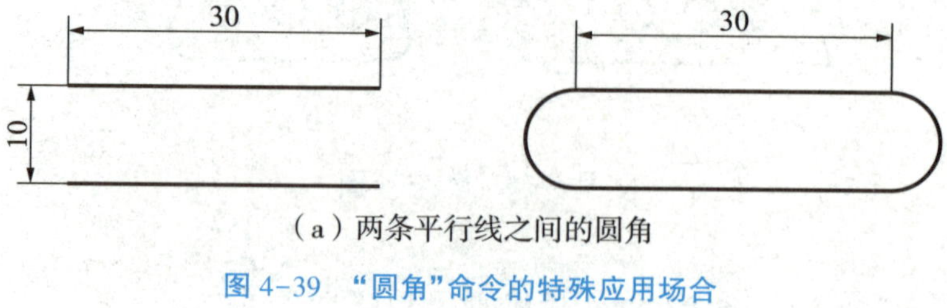

(a)两条平行线之间的圆角

图4-39 “圆角”命令的特殊应用场合

（b）利用“圆角”命令实现圆弧外切连接

续图 4-39　“圆角”命令的特殊应用场合

练一练

【练习 4-16】绘制如图 4-40(a)所示的图形，利用“圆角”命令对图形进行圆角，结果如图 4-40(b)所示。

练习4-16

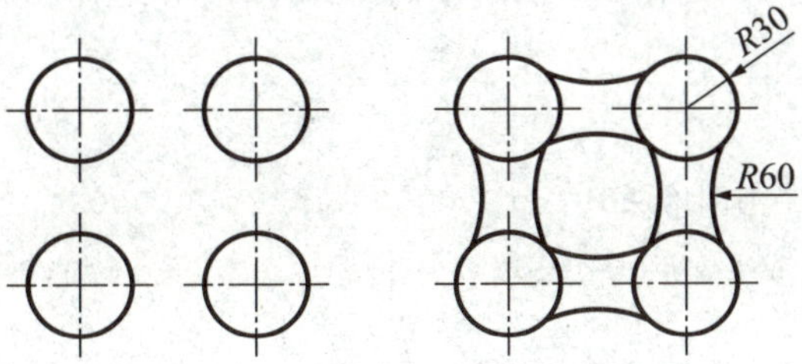

（a）　　（b）

图 4-40　练习 4-16 图

4.5.2　对象的倒角

倒角是指将两个不平行的线性对象通过斜线的方式连接起来，“倒角”命令可以用于二维对象的边或者三维实体的面。

有以下 3 种方式执行“倒角”命令。

(1)菜单栏：“修改(M)”→“倒角(C)”。

(2)功能区：“默认”选项卡→“修改”面板→“倒角”按钮。

(3)命令行：输入“CHAMFER”(命令别名“CHA”)，按“Enter”键。

【例 4-22】绘制如图 4-41(a)所示的图形，利用“倒角”命令对图形进行倒角，结果如图 4-41(b)所示。

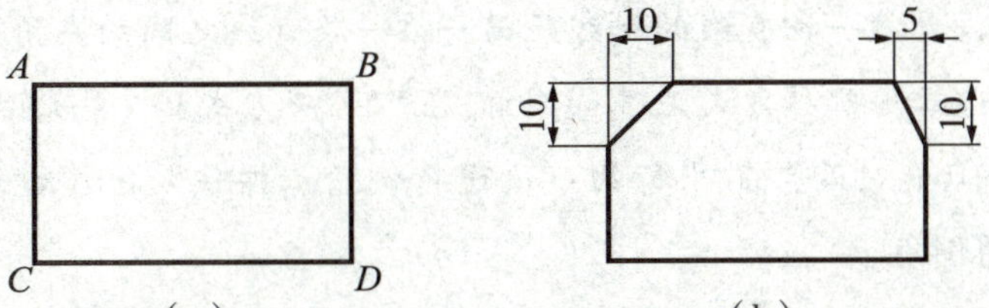

（a）　　（b）

图 4-41　例 4-22 图

解：执行“倒角”命令后，命令行显示操作如下：

```
命令：CHAMFER
（“修剪”模式）当前倒角距离 1=0.0000，距离 2=0.0000
选择第一条直线或[放弃(U)/多段线(P)/距离(D)/角度(A)/修剪(T)/方式(E)/多个(M)]：d
                                                        //输入“d”，设置倒角距离
指定第一个倒角距离 <5.0000>：10                          //设置第一个倒角距离为 10
指定第二个倒角距离 <2.0000>：10                          //设置第二个倒角距离为 10
选择第一条直线或[放弃(U)/多段线(P)/距离(D)/角度(A)/修剪(T)/方式(E)/多个(M)]：
                                                        //选择线段 AC
选择第二条直线，或按住 Shift 键选择直线以应用角点或[距离(D)/角度(A)/方法(M)]：
                                                        //选择线段 AB
选择第一条直线或[放弃(U)/多段线(P)/距离(D)/角度(A)/修剪(T)/方式(E)/多个(M)]：
                                                        //按“Enter”键结束命令
命令：CHAMFER                                           //按“Enter”键重复命令
（“修剪”模式）当前倒角距离 1=10.0000，距离 2=10.0000
选择第一条直线或[放弃(U)/多段线(P)/距离(D)/角度(A)/修剪(T)/方式(E)/多个(M)]：d
                                                        //输入“d”，设置倒角距离
指定第一个倒角距离 <10.0000>：5
指定第二个倒角距离 <5.0000>：10
选择第一条直线或[放弃(U)/多段线(P)/距离(D)/角度(A)/修剪(T)/方式(E)/多个(M)]：
                                                        //选择线段 AB
选择第二条直线，或按住 Shift 键选择直线以应用角点或[距离(D)/角度(A)/方法(M)]：
                                                        //选择线段 BD
```

说明

(1)“倒角”命令既可以用于线段、射线、多段线等，也可以用于两条不同的多段线。

(2)“倒角”命令中，部分选项的含义如下。

①“距离(D)”：设置第一个倒角距离和第二个倒角距离，先选择的第一条直线执行第一个倒角距离。

②“角度(A)”：设置第一条直线的斜线距离与第一条直线之间的夹角。

③“方式(E)”：选择用哪种方式来进行倒角，在“距离”方式和“角度”方式中任选其一。

(3)“倒角”命令只能对两条不平行的线段进行倒角。按住“Shift”键选取两条线段，可以默认采用距离为 0 的倒角。

练一练

【练习 4-17】绘制如图 4-42(a)所示的图形,利用“倒角”命令对图形进行倒角,结果如图 4-42(b)所示。

练习4-17

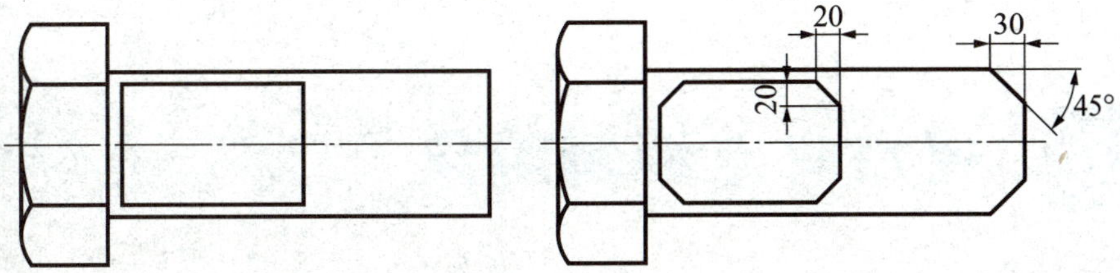

(a)　　　　(b)

图 4-42　练习 4-17 图

4.5.3　光顺曲线

光顺曲线可以实现在两条直线或者曲线之间建立平滑的样条曲线,让两个对象通过样条曲线连接起来,并且所选对象的长度不会发生变化。

有以下 3 种方式执行“光顺曲线”命令。

(1)菜单栏:“修改(M)”→“光顺曲线”。

(2)功能区:“默认”选项卡→“修改”面板→“光顺曲线”按钮～。

(3)命令行:输入“BLEND”,按“Enter”键。

【例 4-23】绘制如图 4-43(a)所示的图形,利用“光顺曲线”命令对图形进行光滑连接,结果如图 4-43(b)所示。

(a)　　　　(b)

图 4-43　例 4-23 图

解:执行“光顺曲线”命令后,命令行显示操作如下:

```
命令: BLEND
连续性=相切
选择第一个对象或 [连续性(CON)]:                    //选中直线或者曲线
选择第二个点:                                      //选中直线或者曲线
指定下一点或 [关闭(C)/退出(X)/放弃(U)]: C           //命令结束
```

说明

(1)光顺曲线可以对线段、圆弧、椭圆弧、螺旋、开放的多段线和样条曲线等进行光滑连接。

(2)“连续性(CON)”:可选择“相切(T)”和“平滑(S)”两种方式。这两种方式所创建的样条曲线在选中对象接合处分别具有“G1(相切)”和“G2(曲率)”连续性。

4.6 使用夹点编辑对象

夹点是指在没有执行其他命令的情况下选择对象时,所选对象上出现的蓝色小方框(默认显示),或者小三角形、小圆形等。夹点一般出现在对象的特殊位置,如顶点、端点、中点、圆心点等。

对于夹点的显示,用户可以根据自己的需求进行设置。单击“应用程序”→“选项”按钮,打开“选项”对话框,选择“选择集”选项卡,如图 4-44 所示。在该选项卡中可以对“夹点尺寸(Z)”选项组和“夹点”选项组进行设置。

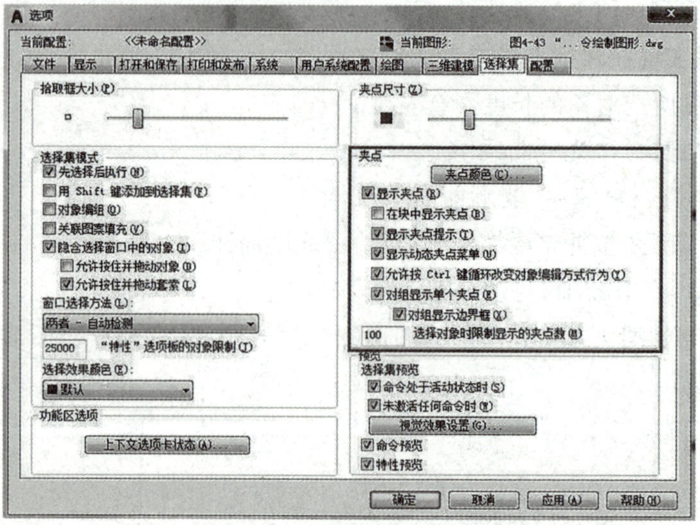

图 4-44 “选择集”选项卡

夹点编辑可以看作对所选对象的快捷操作,无须执行其他命令,通过夹点能实现一些基本操作,包含“拉伸”“移动”“旋转”“缩放”“镜像”等,对所选对象进行相应的编辑。

在默认状态下,使用夹点编辑对象的操作流程如下。

(1)选中需要编辑的对象,所选对象应该显示所有夹点。

(2)单击某个需要操作的夹点(按住“Shift”键可选取多个夹点),夹点变成红色,说明夹点已被激活,处于可编辑的状态。

(3)此时,可以执行“拉伸”“移动”“旋转”“缩放”“镜像”等命令。夹点编辑的第一个命令是“拉伸”,按“Enter”键或空格键,夹点编辑会在这 5 种命令之间来回切换。

【例 4-24】绘制如图 4-45(a)所示的图形，利用夹点对图形进行移动，结果如图 4-45(b)所示。

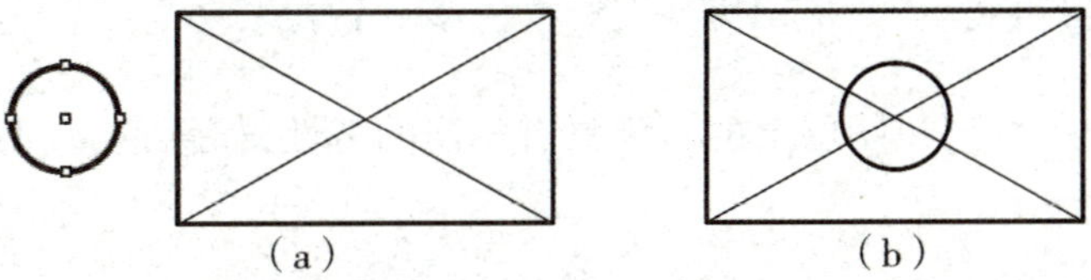

图 4-45　例 4-24 图

解：单击圆出现夹点，单击圆心位置的夹点，命令行显示操作如下：

```
命令:
* * 拉伸* *
指定拉伸点或 [基点(B)/复制(C)/放弃(U)/退出(X)]:
* * MOVE* *                                    //按"Enter"键或空格键，切换到移动状态
指定移动点或 [基点(B)/复制(C)/放弃(U)/退出(X)]: //选中矩形中心点，完成小圆的移动
```

说明

(1)有些特殊的夹点只能移动对象，无法拉伸对象，如线段中点、圆心点、椭圆中心点、文字、块等。

(2)拉伸后的夹点如果与新的夹点重合，就会合并为一个夹点，无法通过拉伸还原。可以执行“撤销”命令恢复原来的状态。

(3)在利用夹点移动所选对象时，按住“Ctrl”键或者单击命令行中的“复制(C)”按钮，将对所选对象进行移动复制。

练一练

【练习 4-18】绘制如图 4-46(a)所示的图形，利用夹点对图形进行拉伸，结果如图 4-46(b)所示。

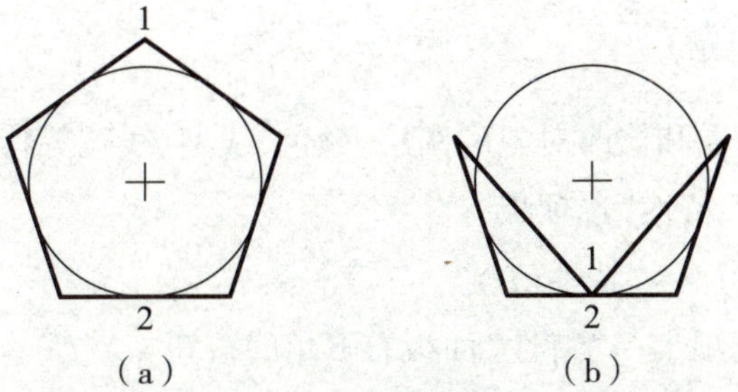

图 4-46　练习 4-18 图

4.7 修改对象特性

在 AutoCAD 2020 中，同一图层上的对象具有相同的特性，如颜色、线型、线宽、透明度和打印样式等。

4.7.1 “特性”面板

通过“默认”选项卡中的“特性”面板可以查看和修改对象的特性。

【例 4-25】绘制如图 4-47(a)所示的图形，利用“特性”面板将图中的中心线线型改为“CENTER2”，中心线颜色改为“红色”，结果如图 4-47(b)所示。

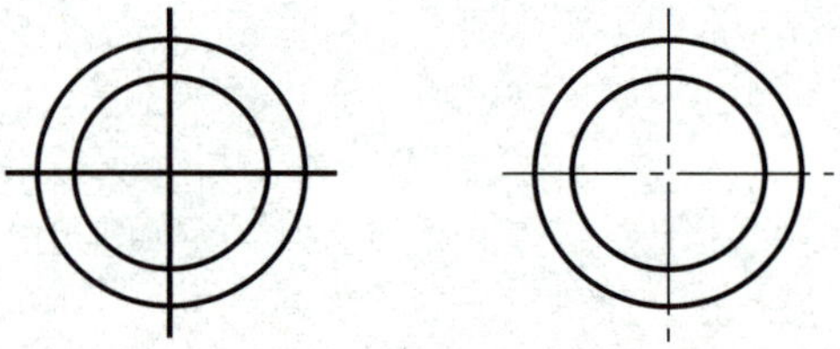

(a)　　(b)

图 4-47　例 4-25 图

解：(1)选中图 4-47(a)的中心线，此时“特性”面板如图 4-48 所示。

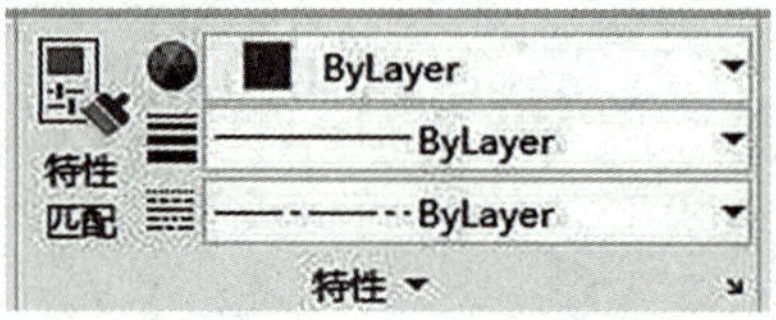

图 4-48　“特性”面板

(2)打开“对象颜色”下拉列表，从中选择“红色”选项。

(3)打开“线宽”下拉列表，从中选择“0.5 毫米”选项。

(4)打开“线型”下拉列表，从中选择“CENTER2”选项。

4.7.2 “特性”选项板

“特性”选项板可以查看和修改对象的图层、颜色、线型、线宽等特性。

有以下 4 种方式打开“特性”选项板。

(1)菜单栏：“修改(M)”→“特性(P)”。

(2)功能区：“默认”选项卡→“特性”面板右下角的按钮。

(3)命令行：输入“PROPERTIES”(命令别名“PR”)，按“Enter”键。

(4)组合键：Ctrl+1。

执行上述任意一种操作后,打开“特性”选项板,如图 4-49 所示。该选项板列出了所选对象的基本信息和设置,用户可以根据需要进行修改。对象特性修改完成后,按“Enter”键可预览修改效果;关闭“特性”选项板,即可完成对象特性的修改。

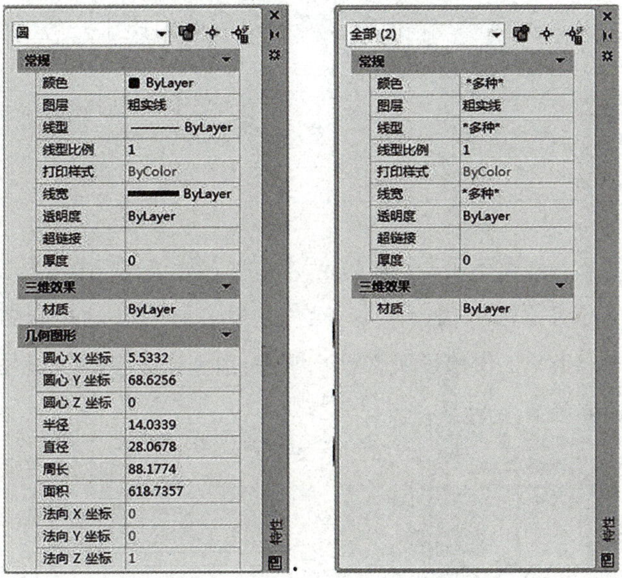

(a)　　　　(b)

图 4-49　“特性”选项板

当所选对象不同时,“特性”选项板中显示的内容也不同。例如,当选取多个对象时,“特性”选项板中只显示图层、颜色、线型、线宽等特性,可对这些特性做统一修改。

4.7.3　特性匹配工具

使用特性匹配工具可以把目标对象的特性与源对象进行匹配,使得目标对象具有与源对象相同的特性。

有以下 3 种方式执行“特性匹配”命令。

(1)菜单栏:“修改(M)”→“特性匹配(M)”。

(2)功能区:“默认”选项卡→“特性”面板→“特性匹配”按钮。

(3)命令行:输入“MATCHPROP”(命令别名“MA”),按“Enter”键。

【例 4-26】绘制如图 4-50(a)所示的图形,利用“特性匹配”命令改变图中圆的特性,结果如图 4-50(b)所示。

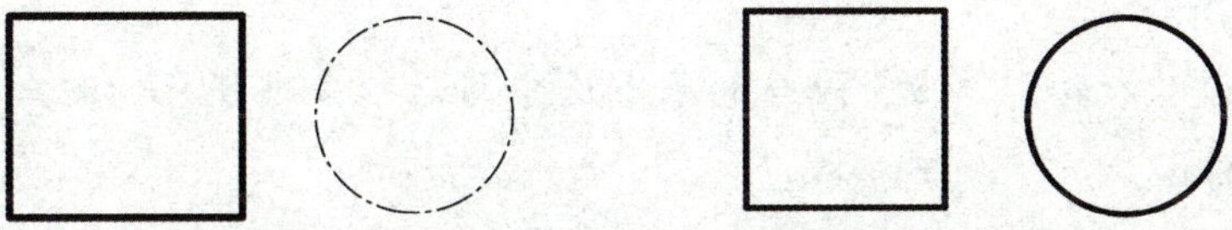

(a)　　　　(b)

图 4-50　例 4-26 图

解:执行“特性匹配”命令后,命令行显示操作如下:

命令: '_matchprop

选择源对象:　　　　　　　　　　　　　　//选中正方形

当前活动设置: 颜色 图层 线型 线型比例 线宽 透明度 厚度 打印样式 标注 文字 图案填充 多段线 视口 表格材质 多重引线中心对象

选择目标对象或 [设置(S)]:　　　　　　　　//选中圆形,使圆的特性与正方形一致

说明

(1)在执行“特性匹配”命令时,源对象的所有特性(包括在“特性”面板中修改的特性)都会匹配给目标对象。目标对象可以同时选取多个,选取目标对象时光标变为“ ”。

(2)“设置(S)”:可以打开“特性设置”对话框,如图 4-51 所示。通过该对话框,可以选择将源对象的哪些特性匹配给目标对象。

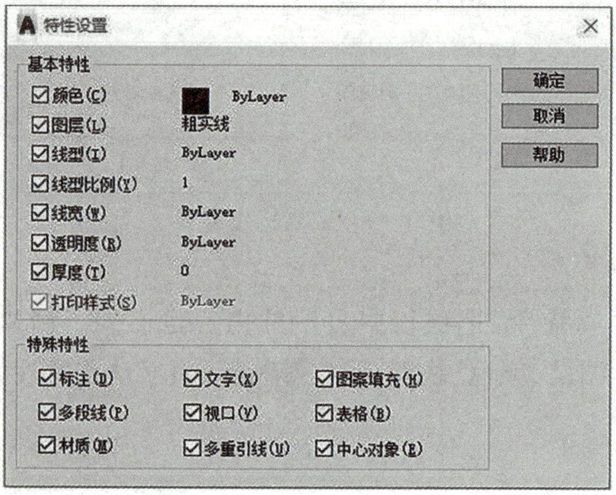

图 4-51　“特性设置”对话框

本章小结

本章主要学习平面图形编辑的基本操作,主要有删除、移动、旋转、缩放、对齐、拉长、拉伸、复制、镜像、偏移、阵列、修剪、延伸、打断、合并、圆角、倒角、光顺曲线、夹点等。在学习完本章后,应重点掌握以下内容。

(1)掌握“删除”命令在单个选择或者多个选择状态下的操作,同时注意其与“重做”“恢复”命令之间的关联性。

(2)掌握“移动”“旋转”“缩放”命令的基点选中与后续命令操作的配合;明确“拉长”与“拉伸”命令的区别。

(3)掌握“复制”命令的快速调用,“镜像”命令的操作细节,“偏移”命令重复调用时的初始状态,3 种类型“阵列”命令的参数设置。

(4)掌握“修剪”与“延伸”命令的关联性,“打断”与“合并”命令适用的不同对象类型以及“分解”命令与其他命令的配合使用。

(5)掌握“圆角”与“倒角”命令设置的异同点,两种“光顺曲线”命令的区别。

(6)掌握“夹点拉伸”“夹点移动”“夹点旋转”“夹点缩放”“夹点镜像”命令的调用方式以及参数的设置。

(7)掌握修改对象特性的不同方式,熟练使用“特性匹配”命令快速编辑对象。

思考与练习

一、填空题

1.执行“删除”命令既可在命令行中输入________,也可输入命令别名________。

2.“拉伸”命令无法对________、________和________3类对象生效。

3.当执行“合并”命令时,所合并的线段必须位于________,所合并的圆弧必须________。

4.“阵列”命令有________、________和________3种类型。

5.当执行“圆角”命令时,圆角半径设置为________,可以实现两个对象的相交延伸。

6.当使用夹点编辑对象时,有________、________、________、________和________5种编辑状态。

7.当执行“打断”命令时,若在“指定第二个打断点”命令提示下输入________,则可将第二个打断点与第一个打断点重合。

二、选择题

1.“恢复”命令的组合键为(　　)。

A.Ctrl+Z　　B.Ctrl+A　　C.Ctrl+C　　D.Ctrl+D

2.可以放大或缩小对象的命令是(　　)。

A.移动　　B.旋转　　C.缩放　　D.重做

3.执行“对齐”命令后,需要根据提示按照要求输入源点和目标点,三维图形需要指定(　　)对点。

A.1　　B.两　　C.3　　D.4

4.“OFFSET”命令,命令别名“O”,它指的是(　　)。

A.镜像　　B.复制　　C.阵列　　D.偏移

5.“修剪”命令的命令别名是(　　)。

A.TR　　B.TF　　C.TT　　D.TD

6.当执行“倒角”命令时,“角度(A)”选项是指(　　)。

A.设置第一条直线的斜线距离与第一条直线之间的夹角

B.设置第一条直线的斜线距离与第二条直线之间的夹角

C.设置第一条直线与第一条直线之间的夹角

D.设置第一条直线与第二条直线之间的夹角

7. 当执行“MATCHPROP”命令时，单击命令行中的“设置(S)”按钮，可以打开(　　)。

A.“特性设置”对话框　　　　B.“图层特性”对话框

C.“文字样式”对话框　　　　D.“标注样式”对话框

三、操作题

利用平面图形编辑的相关命令绘制如图 4-52 所示的图形。

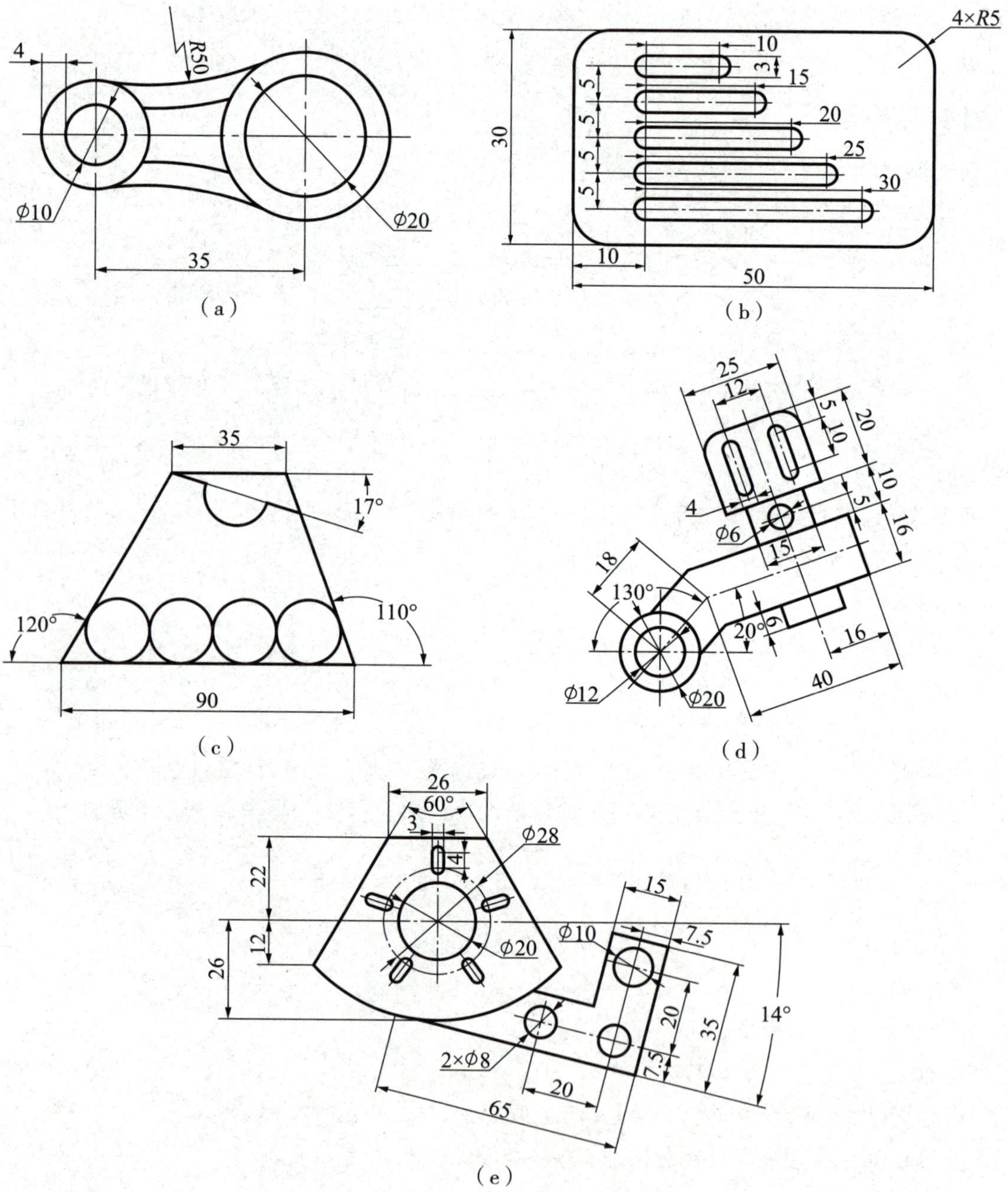

图 4-52　操作题图

第5章 文本与表格

北京中轴线是世界上现存时间最长、最完整的古代城市轴线，被誉为北京老城的灵魂和脊梁。2024 年 7 月 27 日，联合国教科文组织正式评定北京中轴线为世界文化遗产。这是全球首个利用数字化技术全过程参与世界文化遗产申报的项目，数字化技术成为北京中轴线申遗的重要创新。数字化技术一方面要传承古老建筑的设计精髓，准确地记录建筑的特色；另一方面要采用新的技术来更精确地表述建筑结构信息，从而更好地保护、传承和弘扬中华优秀传统文化。

【知识目标】

（1）了解文字样式的构成要素，包含字体、字高、宽度因子、倾斜角度等。

（2）熟悉表格的基本结构，包含表头、行、列等。

（3）了解表格样式的设置，如边框样式、文字在表格单元中的对齐方式等。

【技能目标】

（1）能够熟练创建和修改文字样式，根据不同的绘图需求设置合适的文字样式。

（2）能够熟练运用“单行文字”和“多行文字”命令，掌握文本编辑功能，如修改文字内容、调整文字位置、改变文字特性等操作。

（3）能够熟练创建表格，根据预先规划准确地设置表格的行数和列数、行高和列宽等。

（4）能够熟练设置表格样式，如调整边框样式、表头样式等，使表格外观符合绘图要求。

【素养目标】

（1）强调准确输入文本内容和表格数据的重要性，培养学生严谨细致的态度。

（2）文字样式和表格样式的设置有一定的规范，让学生明白遵守规范是为了方便图纸的交流与共享，培养学生遵守规范的职业素养。

（3）合理的文字样式、整齐的表格布局会使图纸更加美观，培养学生的审美意识，从而提高学生对图纸质量的整体要求。

5.1 设置文字样式

5.1.1 创建文字样式

AutoCAD 2020 中的文字都有相应的文字样式。在进行文本注释前，应对文字样式进行设置，包含字体、字高、宽度因子、倾斜角度等。

创建文字样式有以下 3 种方式。

(1)菜单栏："格式(O)"→"文字样式(S)..."。

(2)功能区："注释"选项卡→"文字"面板右下角的按钮↘。

(3)命令行：输入"STYLE"(命令别名"ST")，按"Enter"键。

执行上述任意一种操作后，打开"文字样式"对话框，如图 5-1 所示。

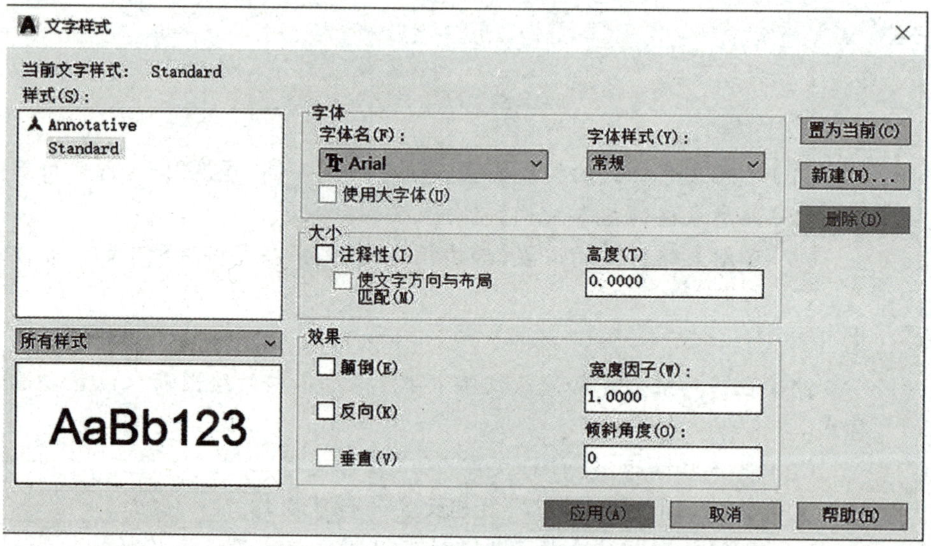

图 5-1 "文字样式"对话框

在该对话框中，用户既可以创建新的文字样式，也可以对已设定的文字样式进行编辑。"文字样式"对话框中主要选项的含义如下。

(1)"样式(S)"列表框：列出所有已设定的文字样式名。在默认情况下，系统会自动创建名为"Standard"的文字样式。

(2)"新建(N)..."按钮：用于创建新的文字样式。单击该按钮，打开"新建文字样式"对话框，如图 5-2 所示。在"样式名"文本框中输入新的样式名，单击"确定"按钮，即可创建新的文字样式。

(3)"删除(D)"按钮：用于删除"样式(S)"列表框中的文字样式，但已使用的文字样式、"Standard"文字样式和当前文字样式无法删除。

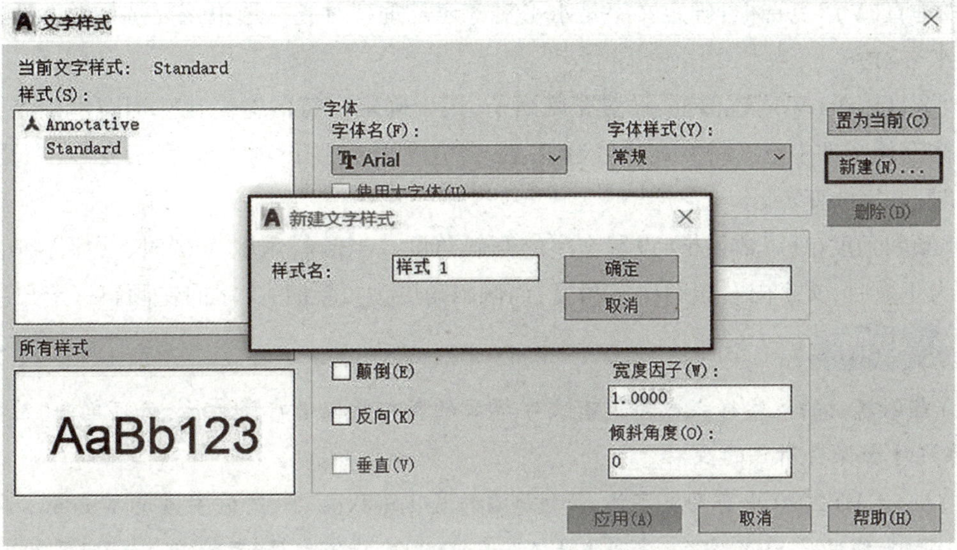

图 5-2　“新建文字样式”对话框

(4)“字体”选项组:用于确定字符的形状。除固有的 SHX 字体以外,还可以使用 TrueType 字体,如宋体、楷体等。

①“使用大字体(U)”复选框:用于指定汉字等大字体的文字样式。只有在“字体名(F)”下拉列表中选择“SHX”选项时该复选框才可用。

②“字体样式(Y)”下拉列表:用于指定文字格式,如常规字体、斜体、粗体等。常用大字体样式为“gbcbig.shx”(简体中文字体)。

(5)“大小”选项组:用于确定字体文件、字体风格、字高。

“高度(T)”数值框:用于设置创建文字时的固定字高。当使用“TEXT”命令输入文字时,系统不再提示输入字高。如果在该数值框中输入“0”,那么系统会在每次创建文字时提示输入字高,所以如果不想固定字高,就把“高度(T)”数值框中的数值设置为 0。

(6)“效果”选项组:用于修改字体的特性,如颠倒、反向、垂直及宽度因子等。文字效果如图 5-3 所示。

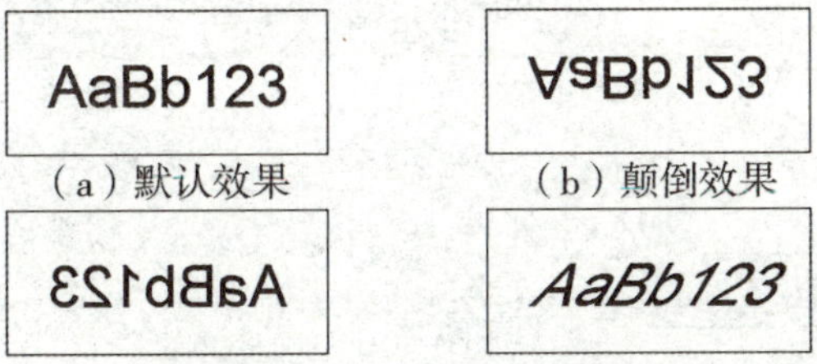

(a)默认效果　(b)颠倒效果　(c)反向效果　(d)倾斜角度为30°效果

图 5-3　文字效果

①“颠倒(E)”复选框:颠倒显示文字。

②“反向(K)”复选框:将文字以镜像方式显示。

③“垂直(V)”复选框：确定文字是水平对齐还是垂直对齐。选中该复选框时为垂直对齐，否则为水平对齐。

④“宽度因子(W)”数值框：设置宽度因子，用于确定字符的宽高比。当宽度因子为 1 时，系统将按字体文件中定义的宽高比注释文字；当宽度因子小于 1 时，文字会变窄；当宽度因子大于 1 时，文字会变宽。

⑤“倾斜角度(O)”数值框：设置文字的倾斜角度。当倾斜角度为 0°时，文字不倾斜；当倾斜角度为正数时，文字向右倾斜一定角度；当倾斜角度为负数时，文字向左倾斜一定角度。

说明

(1) 当创建新的文字样式或对现有文字样式的某些特性进行修改后，必须单击“应用(A)”按钮，系统才会保存所作的改动。

(2) AutoCAD 2020 中有两类字体：带前缀的是 TrueType 字体，该字体是 Windows 系统提供的字体；带前缀的是 SHX 字体，该字体是 AutoCAD 2020 专有字体，存储在 AutoCAD 2020 安装目录下的“Fonts”文件夹中。字体名称前带“@”符号的文字竖向排列，不带“@”符号的文字横向排列。

(3) AutoCAD 2020 为使用中文的用户提供了符合国家标准的中西文字体。其中，“gbenor.shx”用于标注直体西文和数字；“gbeitc.shx”用于标注斜体西文和数字；“gbcbig.shx”用于标注长仿宋体中文。

(4) 当文字高度为 0 时，文字高度值变为“可变高度”，其实际高度可在输入文字时任意设定。

【例 5-1】新建一个文字样式，样式名为标注文字，字体为仿宋，宽度因子为 0.7。

解：(1) 在图 5-1 的“文字样式”对话框中单击“新建(N)...”按钮，打开“新建文字样式”对话框。在“样式名”文本框中输入“标注文字”，如图 5-4 所示，单击“确定”按钮。

例5-1

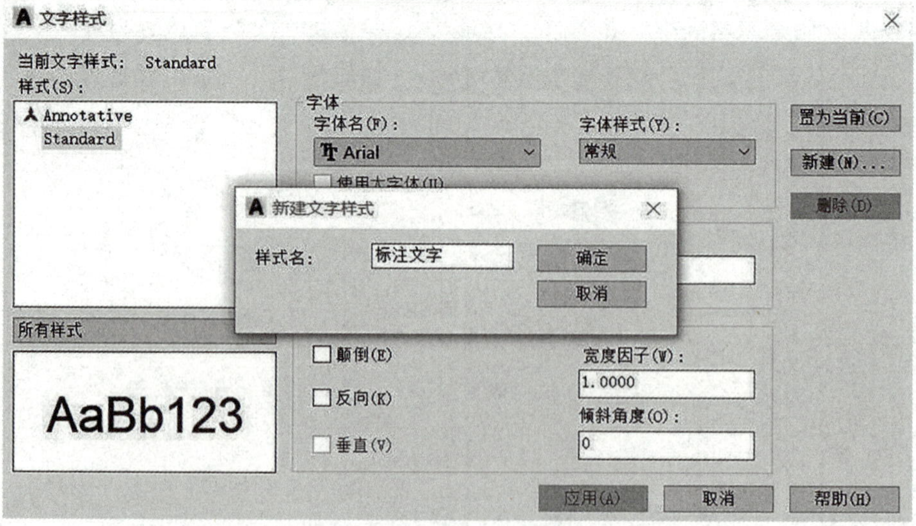

图 5-4　例 5-1 图(1)

(2)在“字体名(F)”下拉列表中选择“仿宋”选项，在“宽度因子(W)”数值框中输入“0.7”，单击“应用(A)”按钮，如图5-5所示。如果需要使用“标注文字”文字样式，那么可单击“置为当前(C)”按钮。

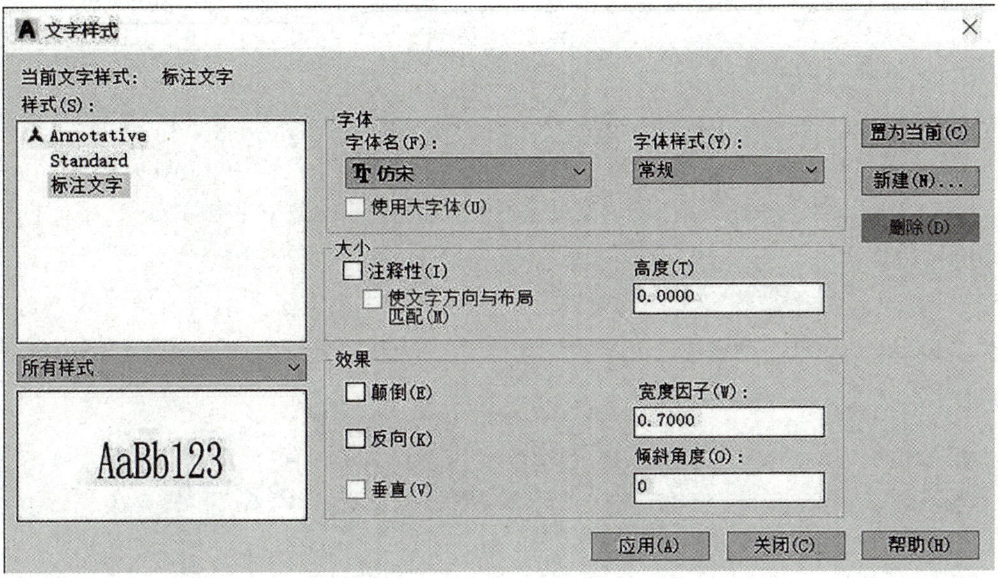

图5-5　例5-1图(2)

5.1.2　修改文字样式

对于已设定的文字样式，可以对其进行修改。在图5-1的“文字样式”对话框中选中要修改的文字样式，可根据需要修改文字的字体、大小、效果等，具体操作过程与创建文字样式相似，此处不再赘述。

5.2　文本注释

在绘图过程中，有时需要创建文本注释来传递信息。当需要注释的文字信息较少时，可以创建单行文本；当需要注释很长或很复杂的文字信息时，可以创建多行文本。

5.2.1　创建单行文本

单行文本是指使用“单行文字”命令创建的文本，常用来标注一些简短文字信息，每行文字作为一个独立对象，可对其进行单独修改。

有以下3种方式执行“单行文字”命令。

(1)菜单栏：“绘图(D)”→“文字(X)”→“单行文字(S)”。

(2)功能区：“注释”选项卡→“文字”面板→“单行文字”按钮A单行文字。

(3)命令行:输入"TEXT"(命令别名"DT"),按"Enter"键。

执行上述任意一种操作后,命令行将出现以下提示:

```
指定文字的起点或[对正(J)/样式(S)]:
```

其中,主要命令的含义如下。

(1)"指定文字的起点":可在绘图区选择一点作为输入文字的起点。输入文字后按"Enter"键可以另起一行继续输入文字,全部输入完后按两次"Enter"键结束命令。可见,"Text"命令也可以创建多行文本,只是这种多行文本的每一行是一个独立对象,不能同时对多行文本进行操作。

(2)"对正(J)":用来确定文本的对齐方式。对齐方式决定了文本与所选插入点对齐的部分。在 AutoCAD 2020 中,确定标注文本的位置须用 4 条直线,分别为顶线、中线、基线和底线。

执行此命令后,命令行将出现以下提示:

```
指定文字的起点或[对正(J)/样式(S)]: J
输入选项[左(L)/居中(C)/右(R)/对齐(A)/中间(M)/布满(F)/左上(TL)/中上(TC)/右上(TR)/左中(ML)/正中(MC)/右中(MR)/左下(BL)/中下(BC)/右下(BR)]:
```

①对齐(A)。该命令指定文本行基线的起点与终点的位置,所输入的文本会均匀地分布在指定的两点之间。如果两点之间的连线不是水平线,那么文本行会倾斜放置,倾斜角度由两点之间的连线与 X 轴的夹角确定;字高和字宽根据两点之间的距离、字符的多少,以及文字样式中设置的宽度因子确定。指定了两点之后,每行输入的字符越多,字宽和字高越小。

②正中(MC)。该命令用于确定标注文本基线的中点。在命令行中单击该按钮后,所输入的文本会均匀地分布在基线中点的两侧。

其他命令与"对齐(A)"和"正中(MC)"类似,此处不再赘述。

说明

(1)在执行"单行文字"命令时,当输入一行文字后,在合适位置单击,即可改变输入文字的位置。

(2)在输入文字时,文字会按"左对齐"方式排列。只有当命令结束后,文字才会按指定的对正方式重新排列。

(3)"单行文字"命令结束后,如果再次执行该命令,那么系统会自动对齐上一行文字来输入当前行文字,并且文字特性保持不变。

5.2.2 特殊字符输入

在文本注释中,有时需要标注一些特殊字符,如直径符号、上画线、下画线、角度等。由于这些特殊字符不能直接从键盘输入，所以系统提供了一些控制码，用来输入这些特殊字符。控制码一般用两个百分号（%%）加一个字符构成，常用的控制码如表 5-1 所示（表中英文不区分大小写）。

表 5-1　常用的控制码

控制码	特殊字符	控制码	特殊字符
%%O	上画线	\u+2248	约等于（≈）
%%U	下画线	\u+2260	不等于（≠）
%%D	角度符号（°）	\u+2082	下标 2
%%P	正负符号（±）	\u+00B2	平方
%%C	直径符号（ϕ）	\u+00B3	立方

【例 5-2】利用“单行文字”命令输出“ϕ100±5+60°”文本（采用默认字体，字高为 5，文本行倾斜 30°），如图 5-6 所示。

例5-2

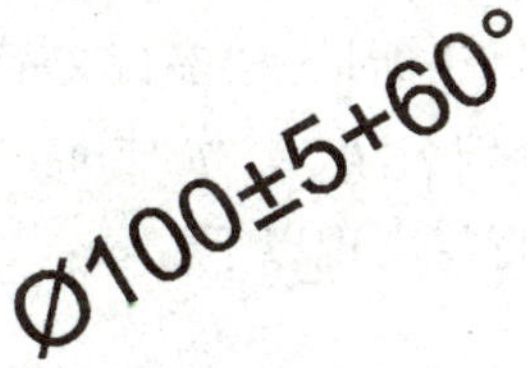

图 5-6　例 5-2 图

解：（1）执行“单行文字”命令后，命令行显示操作如下：

```
命令：DT
TEXT
当前文字样式：“Standard” 文字高度：3.2514  注释性：否  对正：左
指定文字的起点或［对正（J）/样式（S）］：        //在绘图区任意位置单击，确定输入文字的起点
指定高度 <3.2514>:5                          //设置文字高度
指定文字的旋转角度 <0>：30                     //设置文字旋转角度
```

（2）在绘图区的文本框中输入“%%C100%%P5+60%%D”，按两次“Enter”键，文本输入完成。

说明

控制码“%%O”和“%%U”是切换开关符号：第一次输入时，打开上画线和下画线功能；第二次输入时，关闭上画线和下画线功能。

练一练

【练习 5-1】利用“单行文字”命令输出下列文本(采用“标注文字”文字样式,字高为 5),如图 5-7 所示。

欢迎学习
AutoCAD 2020
(a)

$\overline{\text{abc}}\underline{123}$
(b)

图 5-7　练习 5-1 图

练习5-1

5.2.3　创建多行文本

多行文本是指使用“多行文字”命令创建的文本,常用来创建较为复杂的文字信息。多行文本作为独立的对象,可以包含一个或多个文字段落。不同的文字可以采用不同的字体、字高和文字样式等。

有以下 3 种方式执行“多行文字”命令。

(1)菜单栏:“绘图(D)”→“文字(X)”→“多行文字(M)...”。

(2)功能区:“注释”选项卡→“文字”面板→“多行文字”按钮A多行文字。

(3)命令行:输入“MTEXT”(命令别名“T”),按“Enter”键。

执行上述任意一种操作后,命令行将出现以下提示:

```
命令: MTEXT
当前文字样式: "标注文字" 文字高度: 1480.2388 注释性: 否
指定第一角点:
```

指定第一角点后,命令行将出现以下提示:

```
指定对角点或 [高度(H)/对正(J)/行距(L)/旋转(R)/样式(S)/宽度(W)/栏(C)]:
```

其中,主要命令的含义如下。

(1)“对正(J)”:用于确定所标注文本的对齐方式。

(2)“行距(L)”:用于确定多行文本之间的行间距。行间距是指相邻两行文本基线之间的垂直距离。

(3)“旋转(R)”:用于确定文本行的倾斜角度。

(4)“样式(S)”:用于确定当前文本的文字样式。

(5)“宽度(W)”:用于指定多行文本的宽度。

(6)“栏(C)”:根据栏宽、栏间距和栏高组成矩形框。在绘图区,通过指定对角点框选文字输入的范围,在该范围内输入文字。

(7)“指定对角点”:系统默认选项,AutoCAD 2020 将两个对角点构成的矩形区域作为文本注释区。指定对角点后，绘图区上方会出现“文字编辑器”选项卡，同时出现顶部带有标尺的文本框，如图 5-8 所示。

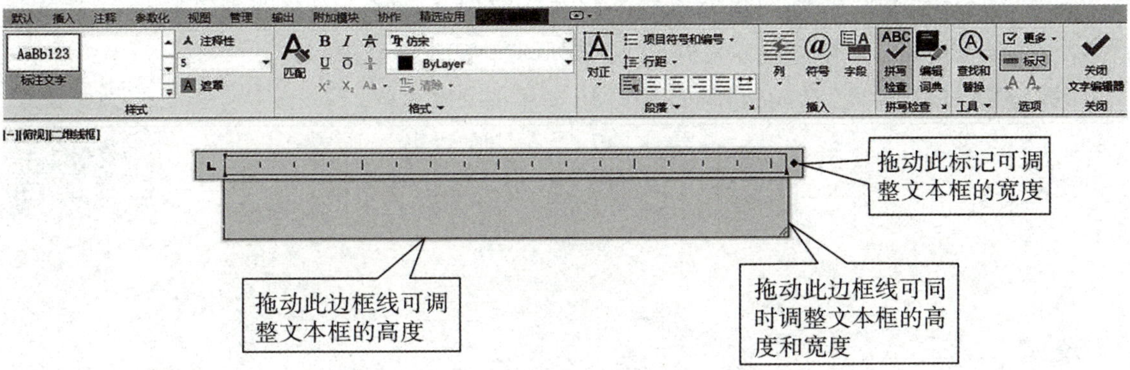

图 5-8　“文字编辑器”选项卡和文本框

当所输入的文字接近文本框边缘时，将自动换行。在输入文字时，如果要调整文本框的宽度和高度，那么可以分别拖动标尺的标记（或文本框右边框线）和文本框下边框线。

5.2.4　编辑多行文本

多行文本的各部分文字可以设置不同的字体、高度和颜色等。双击输入的多行文本，系统会打开“文字编辑器”选项卡和文本框。利用文字编辑器的相关功能，可以对多行文本各部分文字的特性进行编辑。

1. 更改文字样式

单击“样式”面板中所选的文字样式名，打开如图 5-9 所示的“多行文字-文字样式更改”对话框。单击“是（Y）”按钮，文本框中的所有文字都将应用所选文字样式。

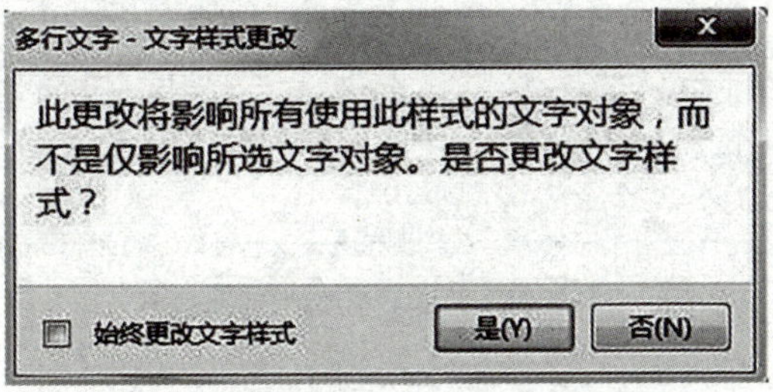

图 5-9　“多行文字-文字样式更改”对话框

2. 更改文字格式

文字格式包含字体、颜色、粗体、斜体、下画线、上画线、倾斜角度和宽度因子等。选中需要修改格式的文字，利用“文字编辑器”选项卡的“格式”面板，可以重新设置文字格式。当需要改变文字高度时，可在“样式”面板的“注释性”数值框中输入文字高度值。

3.创建堆叠文字

堆叠文字是指将文字堆叠成类似分数的上下两组文字。在标注尺寸公差或输入分数时，需要对文字进行堆叠操作。常用的堆叠符号包括“/”(堆叠成水平分割的分数)、“#”(堆叠成斜线分割的分数)和“^”(堆叠成左对齐、上下排列的公差)。

【例 5-3】利用“堆叠”功能，输出如图 5-10 所示的文本。

$$\phi 15^{+0.02}_{-0.05} \qquad \frac{1}{5} = {}^{1}\!/_{5}$$

(a)　　(b)

图 5-10　例 5-3 图

例5-3

解：打开“多行文字编辑器”。

图 5-10(a)：(1)在数值框中输入“%%C15+0.02^-0.05”；(2)选中“+0.02^-0.05”；(3)单击“格式”面板中的“堆叠”按钮 ÷。

图 5-10(b)：(1)在数值框中输入“1/5=1#5”；(2)依次选中“1/5 ”和“1#5”两部分文字；(3)依次单击“格式”面板中的“堆叠”按钮 ÷。

说明

选中已经完成堆叠的文字并右击，在弹出的快捷菜单中选择“堆叠特性”选项，打开“堆叠特性”对话框，如图 5-11 所示。利用该对话框可以编辑堆叠文字的内容、特性。

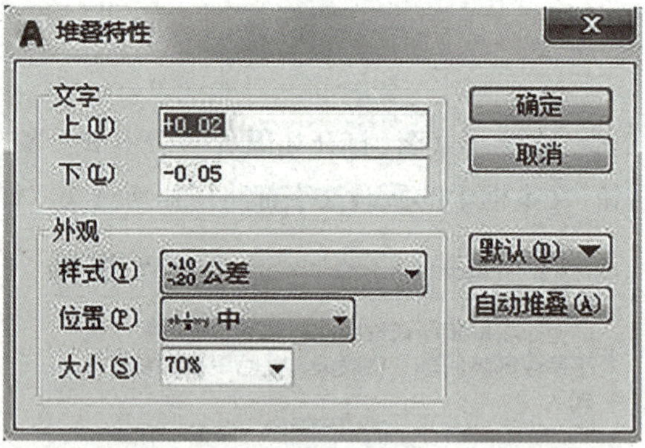

图 5-11　“堆叠特性”对话框

4.输入特殊字符

多行文本输入特殊字符的方法如图 5-12 所示，这比单行文本输入特殊字符具有更大的灵活性。对于一般符号，可在“文字编辑器”选项卡的“插入”面板中打开“符号”下拉列表，从中选择相应的控制码，如图 5-12(a)所示。若要输入没有的特殊字符(如“♥”)，则须选择“其他...”选项，打开“字符映射表”对话框，如图 5-12(b)所示。从中选择所需要的字符，依次单击“选择(S)”和“复制(C)”按钮，在绘图区的文本框中按“Ctrl+V”组合键，即可完成粘贴。

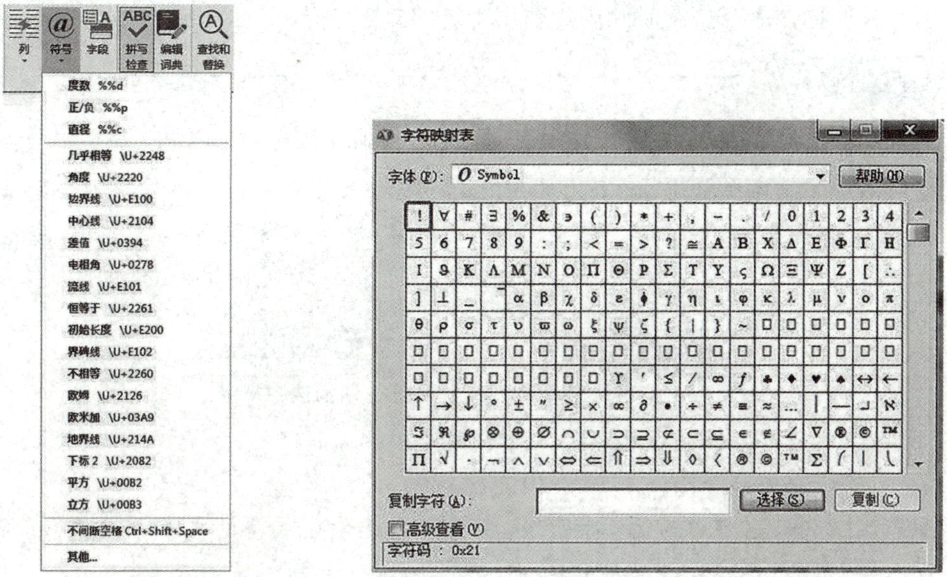

(a)控制码　　　　(b)“字符映射表”对话框

图 5-12　多行文本输入特殊字符的方法

5.3 编辑文本注释

在绘图过程中,文本的内容和样式不可能都满足用户的要求,需要进行反复调整和修改。通过“文字样式”编辑器可以设置文字样式,或对已有文字样式进行修改。

有以下 3 种方式执行“文本编辑”命令。

(1)菜单栏:“修改(M)”→“对象(O)”→“文字(T)”→“编辑(E)...”。

(2)命令行:输入“DDEDIT”(命令别名“ED”),按“Enter”键。

(3)双击文字。

执行上述任意一种操作后,命令行将出现以下提示:

```
命令: TEXTEDIT
当前设置: 编辑模式 = Multiple
选择注释对象或 [放弃(U)/模式(M)]:
```

其中,主要命令的含义如下。

(1)“选择注释对象”:选择需要修改的文本。此时光标变为拾取框,当用其选择对象时,若选择的文本是用“TEXT”命令创建的单行文本,则系统会深色显示该文本,可对其进行修改;若选择的文本是用“MTEXT”命令创建的多行文本,则系统会打开“文字编辑器”选项卡和文本框。

(2)“放弃(U)”:放弃对文字对象的上一步更改。

(3)“模式(M)”:控制是否自动重复命令。既可以选择只编辑一次选定的文字对象就结束命令，也可以选择在命令持续时间内编辑多个文字对象。

说明

(1)编辑“单行文字”内容如图 5-13 所示。通过双击或执行“DDEDIT”命令编辑单行文字时，文本框内的所有文字都被选中，如图 5-13(a)所示，此时输入的文字将替换当前文本。当只编辑部分文本时，应先在文本框内单击，取消选中文字，再对文本进行编辑，如图 5-13(b)所示。

(a) 选中文字　　(b) 取消选中文字

图 5-13　编辑“单行文字”内容

(2)编辑文本内容也可以通过“特性”选项板。先选中要编辑的文本并右击，在弹出的快捷菜单中选择“特性”选项，即可在打开的“特性”选项板中编辑文本内容及特性。

5.4 表格

表格是由包含注释(以文字为主)的单元构成的对象。在绘图过程中，经常需要利用表格传达必要的数据信息，如标题栏和明细栏等。可以使用“表格”命令，直接插入已设置样式的表格。

5.4.1 设置表格样式

和文字类似，表格也有表格样式。表格样式主要有表格单元的填充颜色、内容对齐方式，表格文字的文字样式、字高、颜色，以及表格边框的线型、线宽、颜色等。在插入表格之前，需要对表格样式进行设置，其设置方法与文字样式相似。

打开“表格样式”对话框有以下 3 种方式。

(1)菜单栏：“格式(O)”→“表格样式(B)...”。

(2)功能区：“注释”选项卡→“表格”面板右下角的按钮↘。

(3)命令行：输入“TABLESTYLE”(命令别名“TS”)，按“Enter”键。

执行上述任意一种操作后，打开“表格样式”对话框，如图 5-14 所示。单击“新建(N)...”按钮，打开“创建新的表格样式”对话框，如图 5-15 所示，在“新样式名(N)”文本框中输入“Standard 副本”。

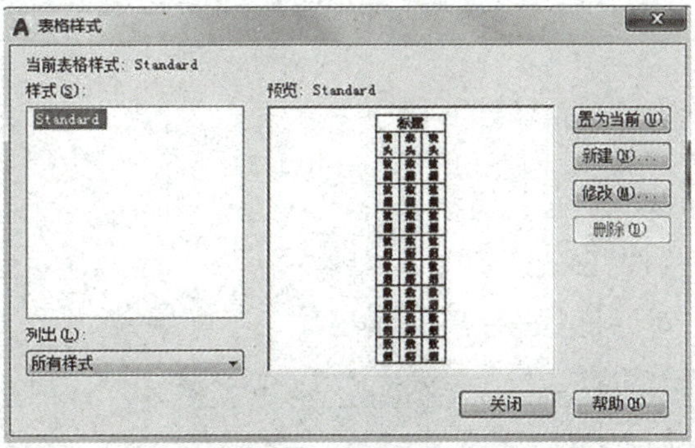

图 5-14 “表格样式”对话框

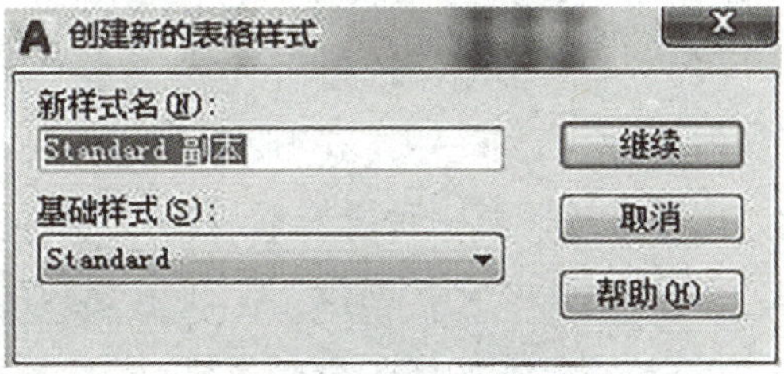

图 5-15 “创建新的表格样式”对话框

单击“继续”按钮，打开“新建表格样式：Standard 副本”对话框，如图 5-16 所示。在该对话框中，可对表头、数据和标题样式进行设置。

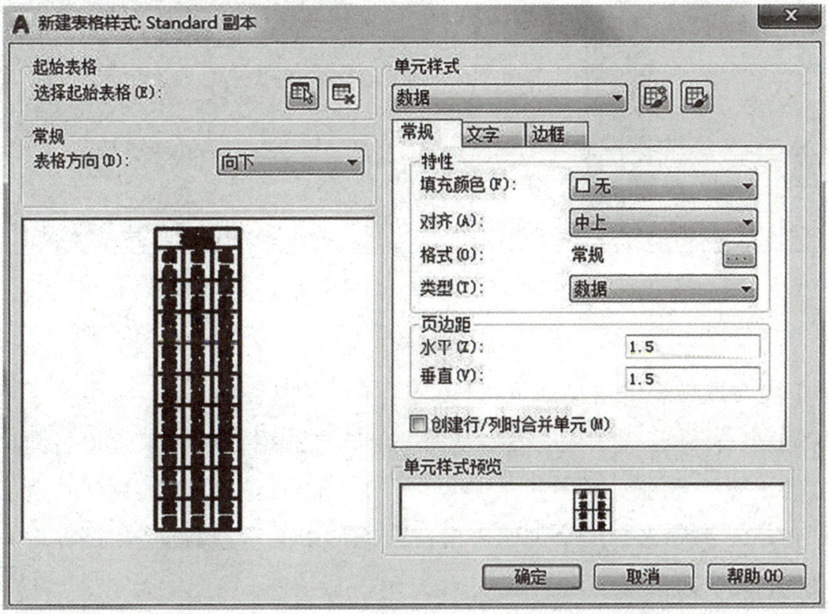

图 5-16 “新建表格样式：Standard 副本”对话框

说明

在图 5-16 的对话框中，“单元样式”有 3 种类型，即标题(表格的名称)、表头(表格的列标题)和数据。可分别设置每种类型的基本特性、文字特性和边框特性。如果表格只需要数据部分，则标题和表头的样式可不设置。

5.4.2 创建表格

表格样式设置完成后，可以创建表格。在创建表格时，必须指定表格的行数和列数、行高和列宽、表格单元样式。

打开“插入表格”对话框有以下 3 种方式。

(1)菜单栏:“绘图(D)”→“表格…”。

(2)功能区:“注释”选项卡→“表格”面板→“表格”按钮▦。

(3)命令行:输入“TABLE”(命令别名“TB”),按“Enter”键。

执行上述任意一种操作后,打开“插入表格”对话框,如图 5-17 所示。

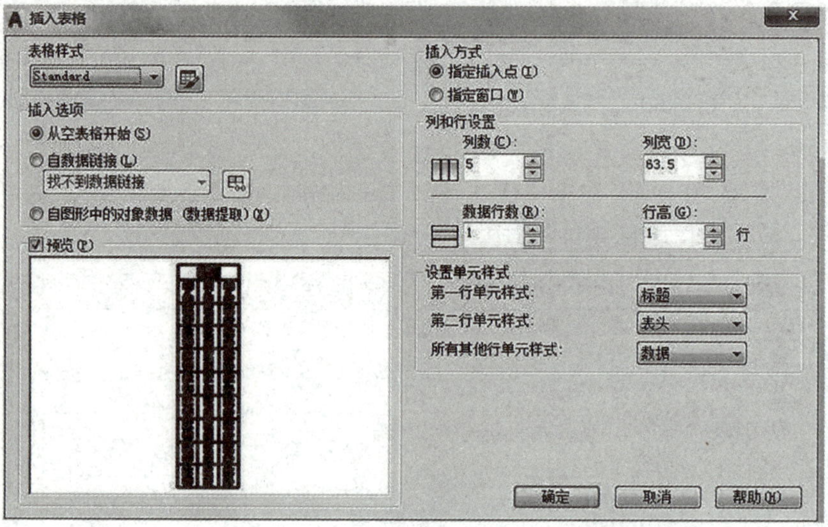

图 5-17 “插入表格”对话框

该对话框中主要选项组的含义如下。

(1)“插入选项”选项组:有“从空表格开始(S)”“自数据链接(L)”和“自图形中的对象数据(数据提取)(X)”3 个选项。其中,“从空表格开始(S)”是指创建一个空的表格;“自数据链接(L)”是指通过从外部导入数据来创建表格;“自图形中的对象数据(数据提取)(X)”是指从外部文件的图形中提取数据来创建表格。

(2)“插入方式”选项组:具有“指定插入点(I)”和“指定窗口(W)”两种方式。其中,“指定插入点(I)”是指在绘图区的某点插入固定大小的表格(当表格自上向下插入时,插入点位于表格的左上方;当表格自下向上插入时,插入点位于表格的左下方);“指定窗口(W)”是指通过在绘图区拖动表格边框来创建任意大小的表格。

【例 5-4】设置名称为“明细表”的表格样式,并创建如图 5-18 所示的装配图明细表。

4	GB/T65—2016	螺钉M4X16	8		外购
3		垫片	2	橡胶	外购
2		配气块	1	HT200	
1		滑块	1	T62	
序号	代号	名称	数量	材料	备注

图 5-18 例 5-4 图

解：(1)设置表格样式。

①打开“表格样式”对话框，单击“新建(N)...”按钮，打开“创建新的表格样式”对话框，在“新样式名(N)”文本框中输入“明细表”，在“基础样式(S)”下拉列表中选择“Standard”选项，如图5-19所示。

②单击“继续”按钮，打开“新建表格样式：明细表”对话框，在“表格方向(D)”下拉列表中选择“向上”选项，如图5-20所示。

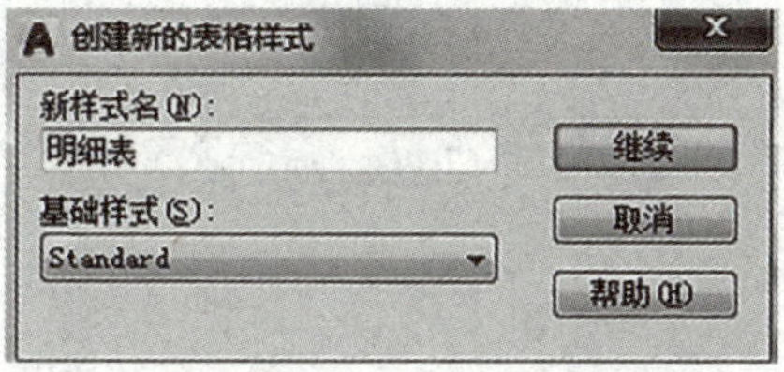

图5-19　设置表格样式名称和基础样式

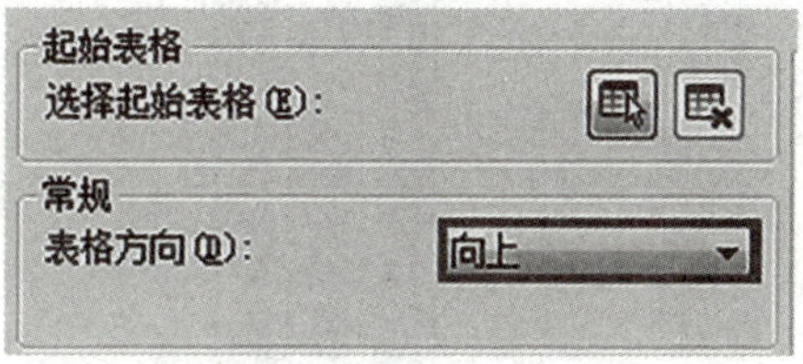

图5-20　设置表格方向

③在“单元样式”下拉列表中选择“表头”选项。选择“常规”选项卡，在“对齐(A)”下拉列表中选择“正中”选项，如图5-21所示。选择“文字”选项卡，单击“文字样式(S)”右侧的□按钮，打开“文字样式”对话框，修改“Standard”文字样式的字体为“仿宋”，宽度因子为“0.7”。在“文字高度(I)”数值框中输入“5”，如图5-22所示。

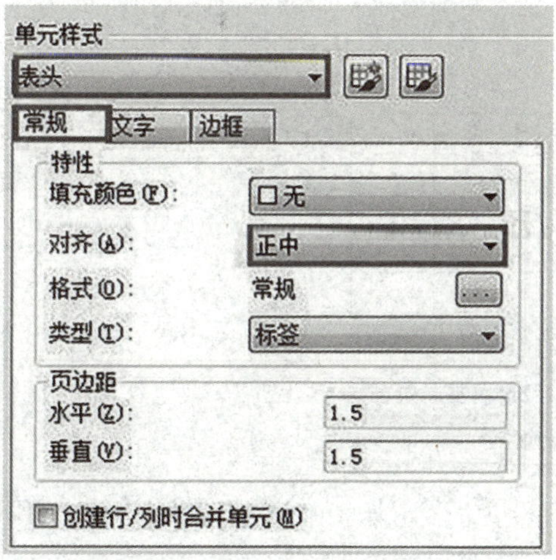

图5-21　“表头”样式“常规”选项卡设置

图5-22　“表头”样式“文字”选项卡设置

④在“单元样式”下拉列表中选择“数据”选项。“常规”选项卡和“文字”选项卡按步骤③进行设置。其余采用默认参数，依次单击“确定”和“关闭”按钮，完成“明细表”表格样式的设置。

(2)创建表格并输入文字。

①打开“插入表格”对话框，按如图5-23所示进行设置。

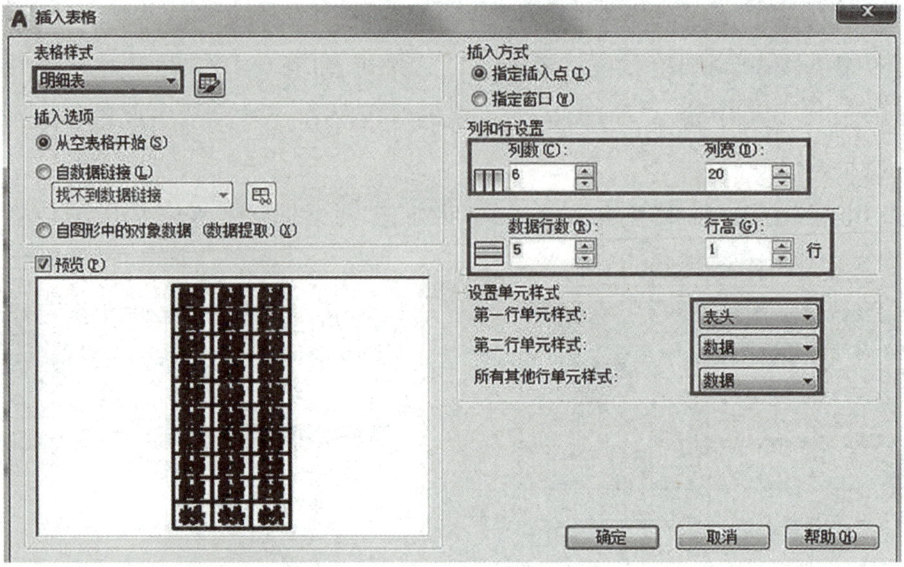

图 5-23 “插入表格”设置

②设置完成后，单击“确定”按钮，命令行显示操作如下：

命令：_table
指定插入点：　　　　　　　　　　　　　　//在绘图区指定表格的插入点

此时，表格文字处于编辑状态，如图 5-24 所示。

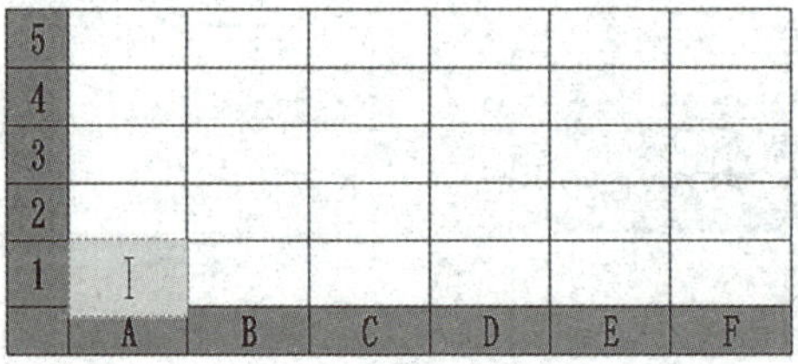

图 5-24 表格文字编辑状态

③在表格单元中输入内容。所有内容输入完后，可按两次“Esc”键或在表格外的绘图区单击，退出表格文字编辑状态。

说明

(1) AutoCAD 2020 中表格单元的编号为“列号+行号”。列号用 A、B、C 等大写字母表示，行号用 1、2、3 等数字表示。例如，A1 表示列号为 A、行号为 1 的表格单元。

(2) 在表格单元中输入内容时，可通过“Tab”键或“→”“←”“↑”“↓”方向键切换表格单元。

(3) 当表格单元中输入的文字宽度大于列宽时，系统会自动在表格单元中增加行高，此时可以重新设置列宽。

(4)除了创建表格，还可以根据需要将其他办公软件制作的表格插入到 AutoCAD 2020 中，插入方法如下。

①在“插入表格”对话框中选中“自数据链接(L)”单选按钮，并单击右侧的“数据链接管理器”按钮，在打开的“选择数据链接”对话框中选择“创建新的 Excel 数据链接”选项，打开“输入数据链接名称”对话框，如图 5-25 所示。

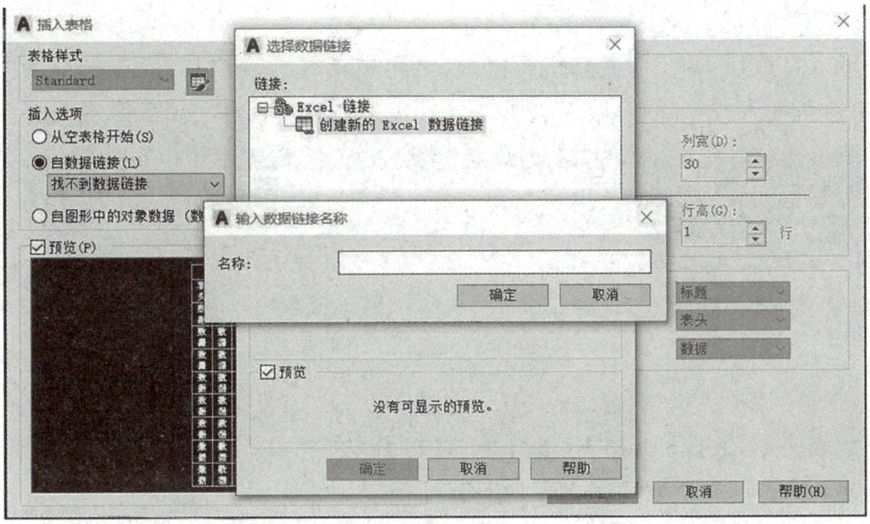

图 5-25 “输入数据链接名称”对话框

②在“名称”文本框中输入“new”（自拟），单击“确定”按钮，打开“新建 Excel 数据链接：new”对话框，如图 5-26 所示。单击“...”按钮，打开“另存为”对话框，选择所需的 Excel 文件并单击“打开(O)”按钮，返回“新建 Excel 数据链接：new”对话框，依次单击“确定”按钮，直到返回绘图区。此时，在绘图区指定表格插入点，即可插入表格。

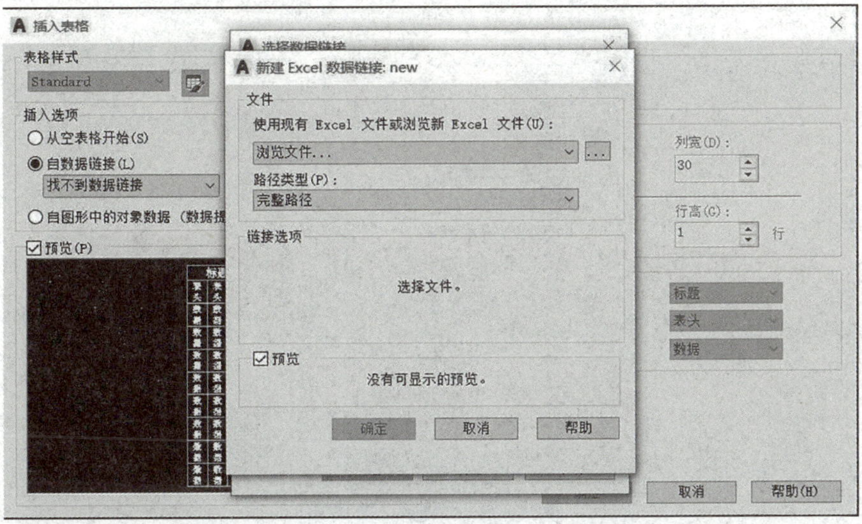

图 5-26 “新建 Excel 数据链接：new”对话框

5.4.3 编辑表格

1.使用夹点编辑表格

在表格单元上单击，即可显示表格单元的夹点，通过表格单元的各个夹点可实现表格的拉伸、移动等操作。

2.使用“表格单元”选项卡编辑表格

在表格插入完成后，如需对表格进行修改，则可单击任意表格单元，在打开的“表格单元”选项卡中，可进行插入或删除行或列、合并单元和编辑边框等操作，如图 5-27 所示。

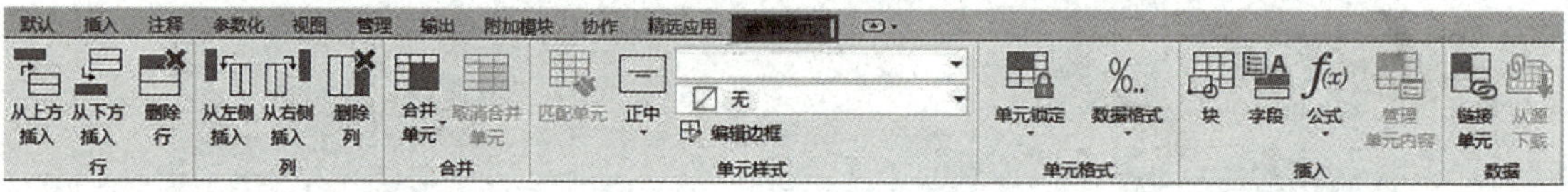

图 5-27 “表格单元”选项卡

3.使用“特性”选项板编辑表格

单击任意表格单元，按“Ctrl+1”组合键，在打开的“特性”选项板中可修改单元高度(行高)、单元宽度(列宽)、文字样式和文字高度等，如图 5-28 所示。

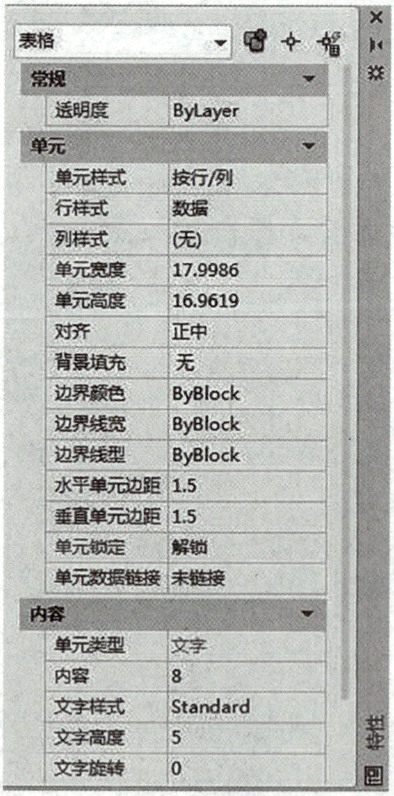

图 5-28 “特性”选项板

本章小结

本章主要学习在绘图时进行文本注释和创建表格的方法。在学习完本章后，应重点掌握以下内容。

(1)在进行操作时，应先设置好文字样式和表格样式，再使用“单行文字”“多行文字”命令和创建表格方式创建文本和表格。

(2)使用“多行文字”命令可方便地输入成段文字，还能设置文字的对齐方式、行距等，使文本整齐美观。

(3)在创建表格之前，要仔细规划表格布局。确定好表格的行数和列数、行高和列宽等参数，考虑好表格内容的多少和排列方式。例如，对于包含较多内容的材料表，要适当增加列宽和行数，以保证内容显示完整且布局合理。

(4)掌握在图形文件中添加表格的方法。在创建表格之前应对表格样式进行设置。

(5)双击表格单元可以快速输入文字内容，并且可以设置文字格式。既可以通过拖动表格边框来调整表格大小，也可以使用表格样式统一修改表格的外观。

思考与练习

一、填空题

1.在“文字编辑器”选项卡中，要输入分数“2/3”，应依次输入__________、__________和__________，并将输入值进行“堆叠”处理。

2.在“文字样式”对话框中将文字高度设置为__________时，其实际高度可在输入文字时任意设定。

3.AutoCAD 2020 提供了两种字体，即__________和__________字体。

4.表格样式中的“单元样式”有 3 种类型，即__________、__________和__________。

5.表格的行高和列宽可通过________________和________________两种方法来调整。

二、选择题

1.创建多行文本的命令是(　　)。

A.Text　　B.Mtext　　C.Qtext　　D.Ttext

2.当使用“单行文字”命令输出正负符号时，应输入(　　)。

A.%%C　　B.%%D　　C.%%U　　D.%%P

3.当使用文字编辑器时，%%C、%%D、%%P 分别表示(　　)。

A.直径符号、角度、下画线　　B.角度、正负符号、直径符号

C.直径符号、角度、正负符号　　D.下画线、直径符号、角度

4.当创建表格样式时，不能进行的设置是(　　)。

A.表格大小　　B.文字对齐方向

C.表格方向　　D.文字高度

5.当设置文字样式时,符合国家标准要求的大字体是(　　)。

A. gbcbig.shx　　B. chineset.shx　　C. txt.shx　　D. bigfont.shx

三、操作题

使用表格样式和创建表格命令创建如图5-29所示的标题栏。字体要求:“gbeitc.shx”,使用大字体“gbcbig.shx”;字高要求:图名采用“10”,校名采用“7”,其余采用“5”。

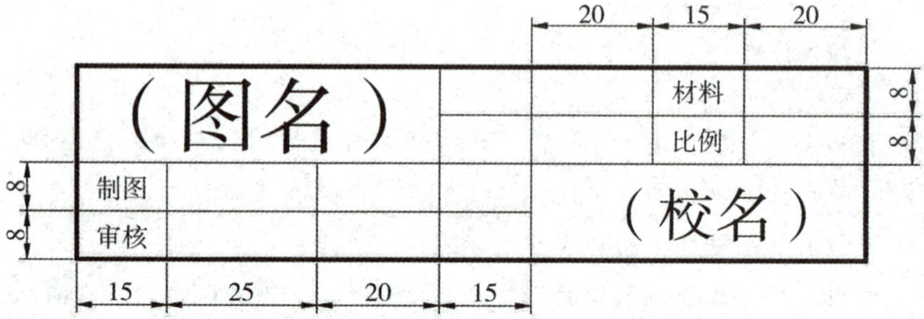

图5-29　标题栏

第6章 尺寸标注

港珠澳大桥，是世界公路建设史上技术最复杂、施工难度最大、工程规模最庞大的桥梁，被誉为“世界新七大奇迹”之一。港珠澳大桥建设者们创造了“极限3毫米对接偏差”“最终接头毫米级偏差”等震撼人心的纪录，完成了33节巨型沉管和最终接头安装的任务，创造了外海沉管隧道滴水不漏的建设奇迹。在制造业、建筑业等领域，精确的尺寸标注是生产高质量产品和建设高质量工程的基础。作为新时代的青年，在未来的职业中要精益求精，为国家的工程建设、制造业等领域的进一步发展作出贡献。

【知识目标】

（1）掌握AutoCAD 2020中尺寸标注和标注样式的基本知识。

（2）掌握尺寸标注的基本命令和操作方法。

（3）掌握多重引线的结构和标注命令。

（4）掌握尺寸公差和形位公差的标注命令。

【技能目标】

（1）能设置及修改符合要求的标注样式。

（2）能正确标注、编辑图形尺寸公差。

（3）能设置多重引线样式并应用多重引线进行标注。

【素养目标】

（1）尺寸标注要求精确、规范，不能有丝毫差错，培养学生在未来的职业中追求卓越、精益求精的工匠精神。

（2）培养学生的规范意识和社会责任感，使学生明白遵守尺寸标注的规范是确保设计图纸能够被正确理解和制造的关键，不准确的尺寸标注可能生产出质量较差的产品，给企业和社会带来损失。

6.1 尺寸标注概述

尺寸标注在绘图过程中占有举足轻重的地位，如机件是以图样上标注的尺寸数字为制造和检验依据的。尺寸标注是否正确、合理、清晰、完整，会直接影响图样的质量。为保证不造成差错，尺寸标注必须遵守相应的规则、标准和方法。

6.1.1 尺寸标注的组成要素

尺寸标注的组成要素包括尺寸线、尺寸界线、尺寸数字、尺寸线的端点符号及起点（箭头），如图 6-1 所示。

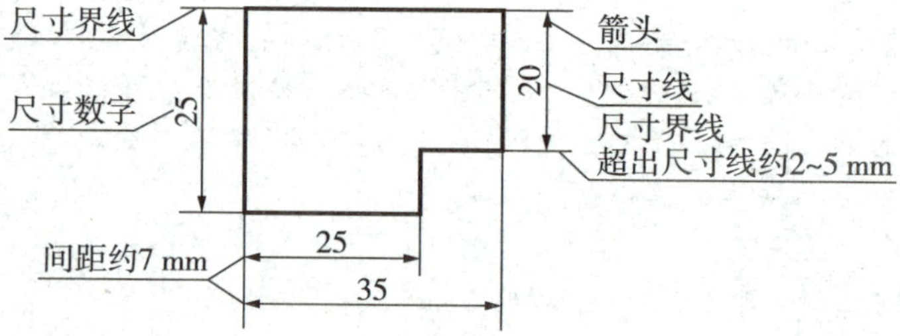

图 6-1　尺寸标注的组成要素

在 AutoCAD 2020 中，尺寸标注前通常要建立所需的标注样式，并将其设置为当前标注样式。在进行尺寸标注时，应使用相关的标注工具清晰、合理地标注尺寸，并根据设计要求为相关尺寸指定尺寸公差，为指定对象添加几何公差等。尺寸标注的类型主要有线性标注、对齐标注、角度标注、弧长标注、半径标注、直径标注、坐标标注、折弯标注、连续标注和基线标注等。

6.1.2 尺寸标注的流程

在 AutoCAD 2020 中，尺寸标注的流程如下。

（1）建立尺寸标注层。

在编辑、修改图样时，由于各种图线与尺寸混杂在一起，所以操作非常不方便。适当控制对象所在图层的显示与隐藏，可以解决这个问题。因此，要为尺寸标注建立尺寸标注层，以便控制尺寸标注。

（2）建立用于尺寸标注的文字样式。

为在尺寸标注时便捷地修改所标注的各种文字，应建立用于尺寸标注的文字样式。在建立尺寸标注的文字样式时，应将文字高度设置为 0，否则在“修改标注样式”对话框中，“文字”选项卡的“文字高度”数值框将不可用。

（3）选择图幅规格和比例。

在 AutoCAD 2020 中，一般按 1 : 1 的比例绘图。在图形上进行尺寸标注时，必须要考虑相应的文字和箭头等因素，以确保按比例输出的图纸符合国家标准。因此，必须确定比例，并根据这个比例输入标注样式中的“标注特征比例”。

(4)设置尺寸标注样式。

标注样式是尺寸标注的组成方式,如标注文字的位置和大小、箭头的形状等。设置尺寸标注样式可以控制尺寸标注的格式和外观,有利于执行相关的国家标准。

(5)捕捉对象并进行尺寸标注。

在进行尺寸标注时,系统会自动创建一个名为“DEFPOINTS”的图层,该图层保存了一些标注信息,无法打印、删除,因此一般不在该图层中绘制图形。

6.2 标注样式

AutoCAD 2020 中有“Annotative”“ISO-25”“Standard”3 种默认标注样式,但由于均不符合国家标准,因此需要创建符合国家标准的标注样式。

6.2.1 新建标注样式

新建标注样式有以下 4 种方式。

(1)菜单栏:“格式(O)”→“标注样式(D)…”。

(2)功能区:“默认”选项卡→“注释”面板→“标注样式”按钮。

(3)功能区:“注释”选项卡→“标注”面板右下角的按钮。

(4)命令行:输入“DIMSTYLE”(命令别名“D”),按“Enter”键。

执行上述任意一种操作后,打开“标注样式管理器”对话框,如图 6-2 所示。在该对话框中,用户既可以新建标注样式,也可以对左侧“样式(S)”列表框中的标注样式进行置为当前、修改、替代、比较等操作。

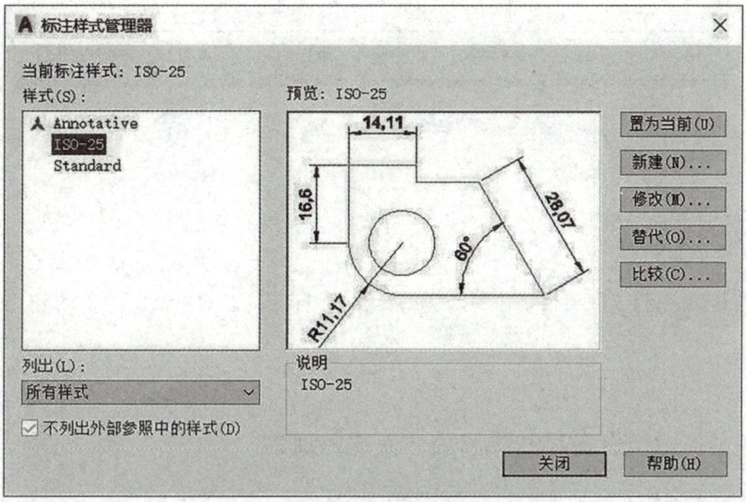

图 6-2　“标注样式管理器”对话框

单击“新建(N)...”按钮，打开“创建新标注样式”对话框，如图 6-3 所示。在“新样式名(N)”文本框中输入“ISO-3.5”，选择基础样式和用于标注特定对象的子样式。

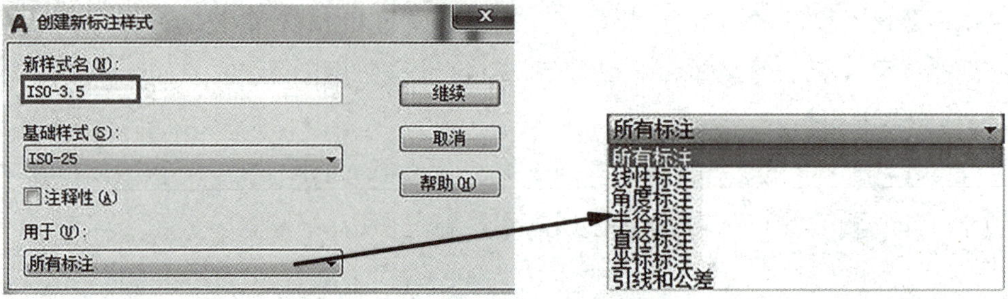

图 6-3　“创建新标注样式”对话框

单击“继续”按钮，打开“新建标注样式：ISO-3.5”对话框，如图 6-4 所示。该对话框包括“线”“符号和箭头”“文字”“调整”“主单位”“换算单位”“公差”7 个选项卡。

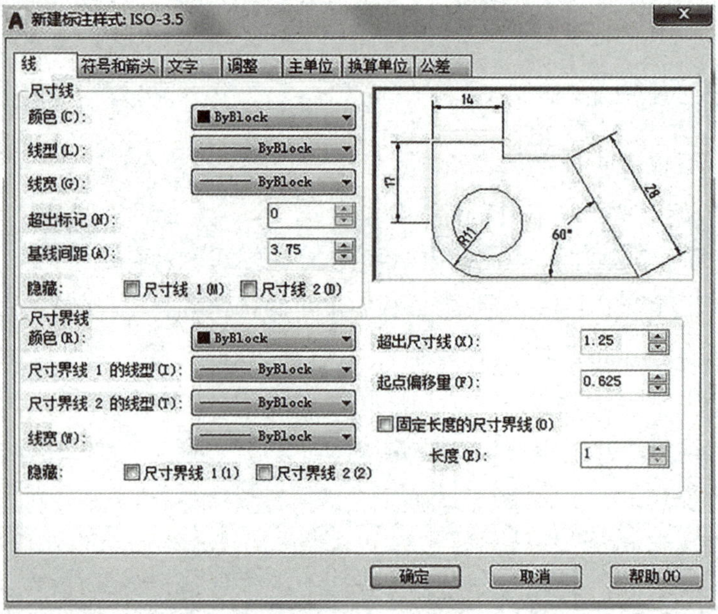

图 6-4　“新建标注样式：ISO-3.5”对话框

6.2.2　设置标注样式

为更好地应用标注样式，下面介绍“新建标注样式：ISO-3.5”对话框中各个选项卡的功能。

1.“线”选项卡

“线”选项卡主要用于设置尺寸线和尺寸界线的属性。

(1)“尺寸线”选项组。

“尺寸线”选项组主要用于设置尺寸线的颜色、线型、线宽、超出标记、基线间距和隐藏情况等。“颜色(C)”“线型(L)”和“线宽(G)”一般都设置为“ByBlock”。

①“基线间距(A)”:当利用“基线标注”命令时,设置相邻两平行尺寸线的距离。这个数值要根据字高确定,一般取7~10。

②“隐藏”:用来控制在进行尺寸标注时是否显示尺寸数字两侧的尺寸线,常用于半剖面和局部剖面的尺寸标注。

(2)“尺寸界线”选项组。

“尺寸界线”选项组主要用于设置尺寸界线的颜色、线型、线宽、超出尺寸线、起点偏移量等。

①“超出尺寸线(X)”:设置尺寸界线超出尺寸线的长度。机械制图国家标准中规定为2~3 mm,一般取2 mm。

②“起点偏移量(F)”:设置尺寸界线相对于起点的距离。机械制图国家标准中规定为0 mm,土木和建筑类图纸一般为2~5 mm。“尺寸界线”设置如图6-5所示。

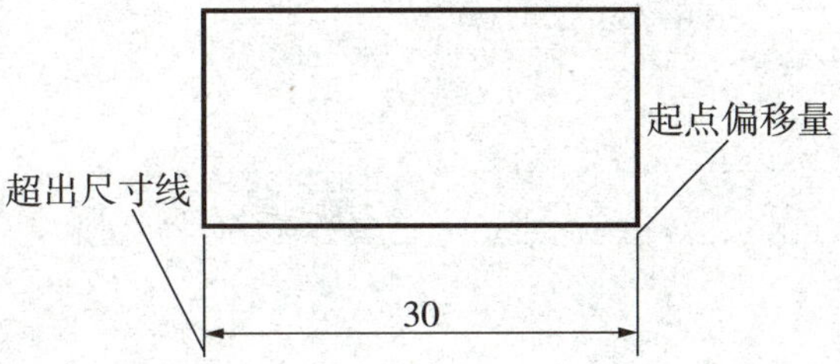

图6-5　“尺寸界线”设置

2.“符号和箭头”选项卡

“符号和箭头”选项卡主要用于设置箭头的符号和大小,圆心标记的类型和大小,以及弧长符号等,如图6-6所示。

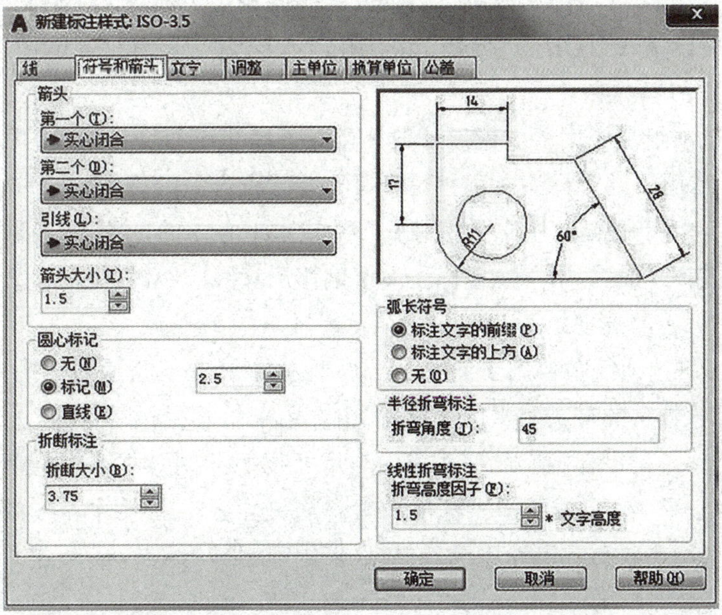

图6-6　“符号和箭头”选项卡

3.“文字”选项卡

“文字”选项卡主要用于设置尺寸标注的文字外观、文字位置和文字对齐等，如图 6-7 所示。

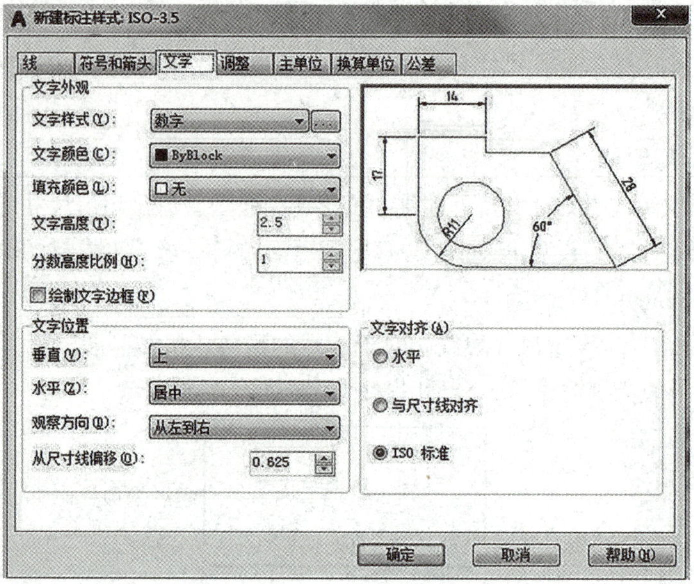

图 6-7 “文字”选项卡

(1)“文字外观”选项组。

“文字外观”选项组主要用于设置尺寸数字的文字样式、文字颜色、文字高度、填充颜色，以及分数高度比例等。

①“文字高度(T)”：用于设置标注文字的字高，一般设置为“3.5”或“5”。

②“分数高度比例(H)”：用于设置分数或公差高度相对于标注文字的比例。只有当“主单位”选项卡中的“单位格式”设置为“分数”或采用公差形式时，该选项才能使用。

(2)“文字位置”选项组。

“文字位置”选项组主要用于设置尺寸数字相对于尺寸线和尺寸界线的位置。

①“垂直(V)”：用于设置标注文字相对于尺寸线垂直方向的位置，一般选“上”。

②“水平(Z)”：用于设置标注文字相对于尺寸线水平方向的位置，一般选“居中”。

③“从尺寸线偏移(O)”：用于设置标注文字偏移尺寸线的距离，一般设置为“1”。

(3)“文字对齐(A)”选项组。

“文字对齐(A)”选项组主要用于设置是沿水平方向，还是沿尺寸线方向放置尺寸数字的。

①“水平”：尺寸数字的字头水平向上放置，主要用于角度、圆外半径或直径标注。

②“与尺寸线对齐”：尺寸数字的字头方向与尺寸线平行，主要用于线性尺寸标注。

③“ISO 标准”：尺寸数字按照国家标准放置。当尺寸数字在尺寸界线内部时，采用“与尺寸线对齐”方式；当尺寸数字在尺寸界线外部时，采用“水平”方式。

4.“调整”选项卡

当尺寸界线的距离较小时，“调整”选项卡主要用于设置尺寸数字、尺寸线、尺寸界线和尺寸线端点符号的优先顺序及相对位置，如图 6-8 所示。

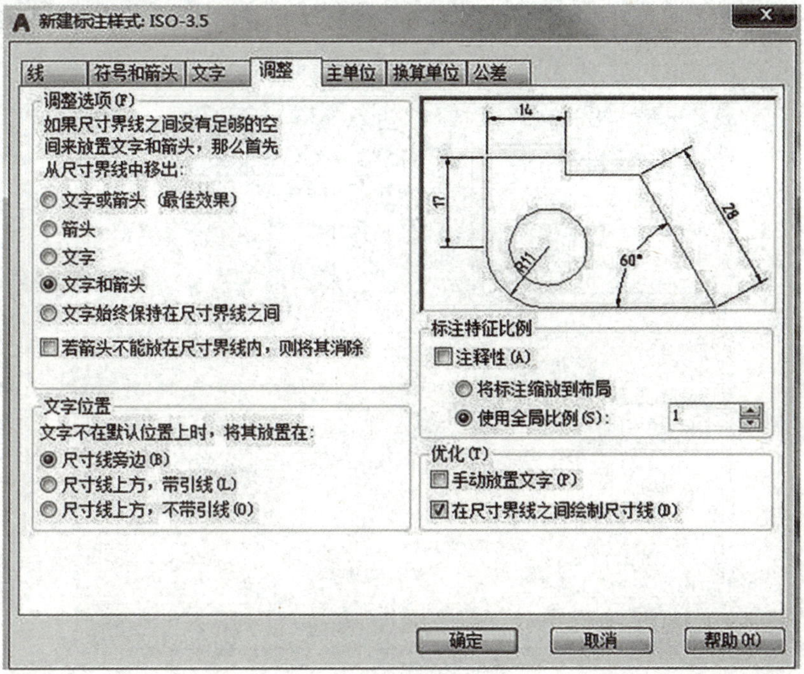

图 6-8　“调整”选项卡

(1)“调整选项(F)”选项组。

“调整选项(F)”选项组主要用于设置尺寸数字和箭头相对于尺寸界线的位置。在默认情况下，当尺寸界线之间的距离足够大时，尺寸数字和箭头均位于尺寸界线之间；否则，尺寸数字和箭头将按照“调整选项(F)”选项组的设置进行放置。

(2)“文字位置”选项组。

当尺寸界线之间的距离较小时，“文字位置”选项组主要用于设置尺寸数字的位置，不同“文字位置”的效果如图 6-9 所示。

①“尺寸线旁边(B)”：尺寸数字向外移动至尺寸线旁边。当尺寸数字移动时，尺寸线同步移动，如图 6-9(a)所示。

②“尺寸线上方，带引线(L)”：尺寸数字移动至尺寸线上方。同时创建一条引线连接尺寸数字和尺寸线，如图 6-9(b)所示。

③“尺寸线上方，不带引线(O)”：尺寸数字移动至尺寸线上方。当尺寸数字移动时，尺寸线不会移动，如图 6-9(c)所示。

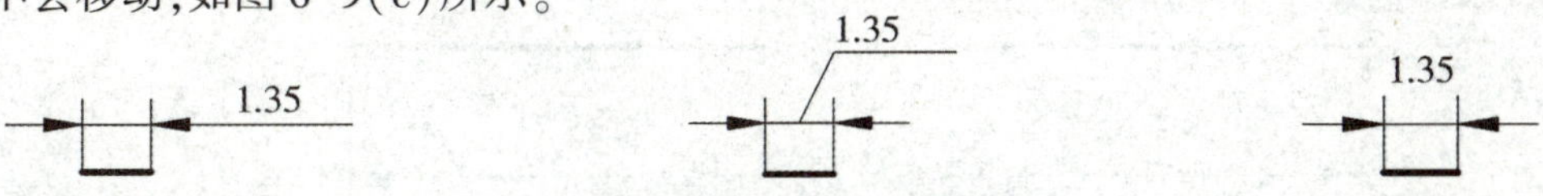

(a) 尺寸线旁边　　(b) 尺寸线上方，带引线　　(c) 尺寸线上方，不带引线

图 6-9　不同“文字位置”的效果

5.“主单位”选项卡

“主单位”选项卡主要用于设置线性标注和角度标注的格式，标注文字的前缀和后缀等，如图 6-10 所示。

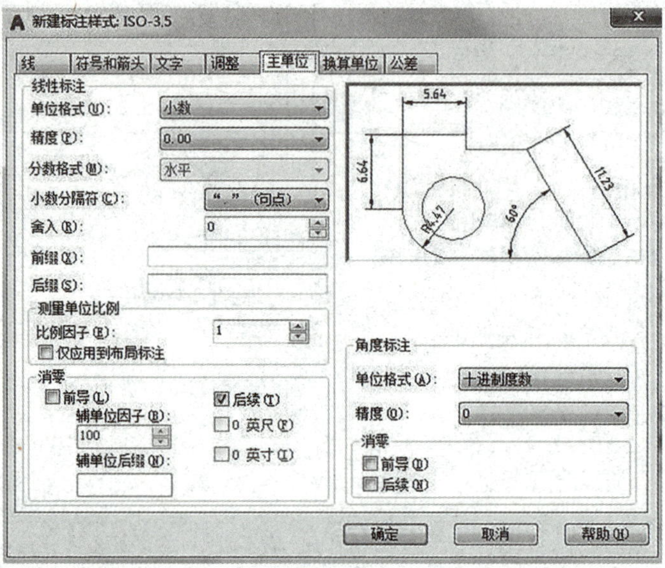

图 6-10 “主单位”选项卡

(1)“线性标注”选项组。

“线性标注”选项组主要用于设置除角度尺寸外的标注类型的单位格式，一般将线性标注的单位格式设置为“小数”。

①“精度(P)”：设置除角度尺寸外的标注尺寸数字的精度。其中，“0”表示标注尺寸数字为整数，不保留小数；“0.0”表示标注尺寸数字保留一位小数，其余依次类推。

②“小数分隔符(C)”：设置十进制小数点符号的类型，一般选“‘.’(句点)”。

③“前缀(X)”：在标注尺寸数字前面添加内容。

④“后缀(S)”：在标注尺寸数字后面添加内容。

(2)“测量单位比例”选项组。

“测量单位比例”选项组主要用于设置测量尺寸的比例，同时控制所设置的比例因子是否仅应用到布局标注。

“比例因子(E)”：设置测量尺寸的比例。在进行线性标注时，实际的标注尺寸数字是测量值与比例因子的乘积。

不同比例因子的尺寸标注效果如图 6-11 所示。

(a) 比例因子为1　　(b) 比例因子为2

图 6-11 不同比例因子的尺寸标注效果

6.“换算单位”选项卡

“换算单位”选项卡主要用于设置是否显示换算单位，也可以设置换算单位的类型、精度、倍数、舍入精度、前缀、后缀和消零等。

7.“公差”选项卡

“公差”选项卡主要用于设置尺寸公差标注的方式，主要用于机械制图的尺寸标注，如图 6-12 所示。

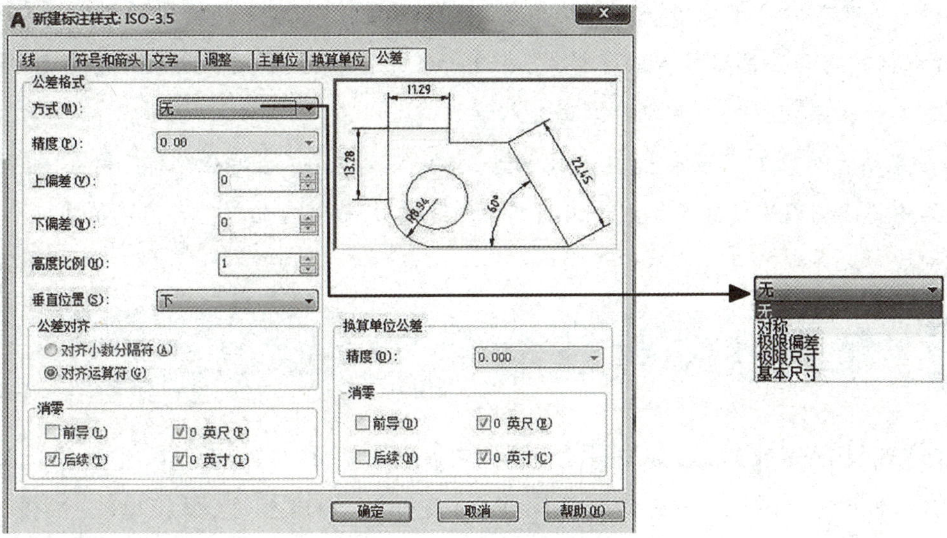

图 6-12　“公差”选项卡

“公差格式”选项组主要用于设置尺寸公差标注的方式、精度、上偏差、下偏差和高度比例等。

①“方式(M)”：设置尺寸公差标注的方式，系统提供了“无”“对称”“极限偏差”“极限尺寸”和“基本尺寸”5 种方式。其中，“无”是指不显示尺寸公差；“对称”是指尺寸公差以绝对值相等的上下偏差形式显示；“极限偏差”是指尺寸公差以上下偏差的形式显示；“极限尺寸”是指尺寸公差以两个极限尺寸的形式显示；“基本尺寸”是指只显示尺寸公差的基本尺寸，同时在基本尺寸四周绘制一个方框。不同方式的尺寸公差标注效果如图 6-13 所示。

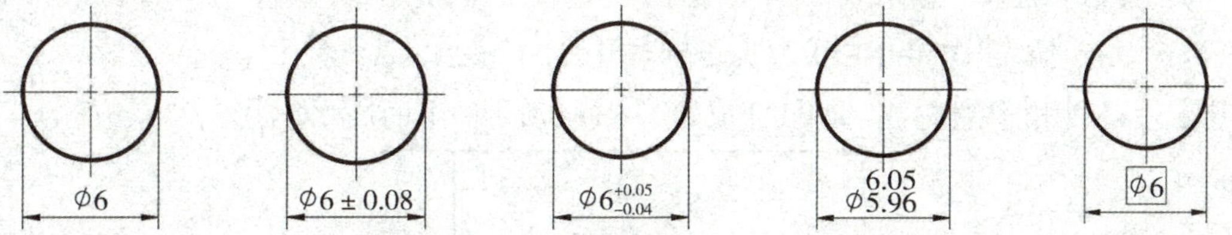

（a）无　（b）对称　（c）极限偏差　（d）极限尺寸　（e）基本尺寸

图 6-13　不同方式的尺寸公差标注效果

②“高度比例(H)”：设置尺寸公差文本高度的比例因子。在机械制图中，由于公差文本比尺寸文本小一号，因此在“高度比例(H)”数值框中输入“0.71”。

说明

(1)在进行标注样式设置时，如果只要求较少的尺寸标注发生变化，那么除新建一个标注样式外，还可以新建当前标注样式的临时替代标注样式。但是需要注意的是，如果将其他标注样式设置为当前标注样式，则新建的临时替代标注样式将被自动删除，但已经使用该样式标注的尺寸标注不会被删除。

(2)在“创建新标注样式”对话框的“用于”下拉列表中，可以选择特定的标注对象。此时，新建的标注样式将作为基础样式的子样式，在进行尺寸标注时，所选的标注对象将按照子样式进行标注，其他对象仍然按照基础样式进行标注。

(3)如果图形对象不是按照 1∶1 的比例绘制的，那么应在“主单位”选项卡的“测量单位比例”选项组中将比例因子设置为绘图比例的倒数。这样，尺寸标注的数值就能满足实际要求。

6.3 常见尺寸标注命令

标注样式设置完成后，可以利用尺寸标注命令对图形对象进行尺寸标注。AutoCAD 2020 提供多种尺寸标注命令，包含线性标注、对齐标注、角度标注、弧长标注、半径标注、直径标注、坐标标注、折弯标注、连续标注、基线标注等。下面介绍常见尺寸标注命令的功能和使用方法。

6.3.1 线性标注

线性标注用于标注两点之间的水平和垂直方向的线性尺寸。

有以下 4 种方式执行“线性标注”命令。

(1)菜单栏：“标注(N)”→“线性(L)”。

(2)功能区：“默认”选项卡→“注释”面板 →“线性”按钮 线性。

(3)功能区：“注释”选项卡→“标注”面板 →“线性”按钮 线性。

(4)命令行：输入“DIMLINEAR”(命令别名“DLI”)，按“Enter”键。

【例 6-1】利用“线性标注”命令，完成如图 6-14 所示图形的尺寸标注。

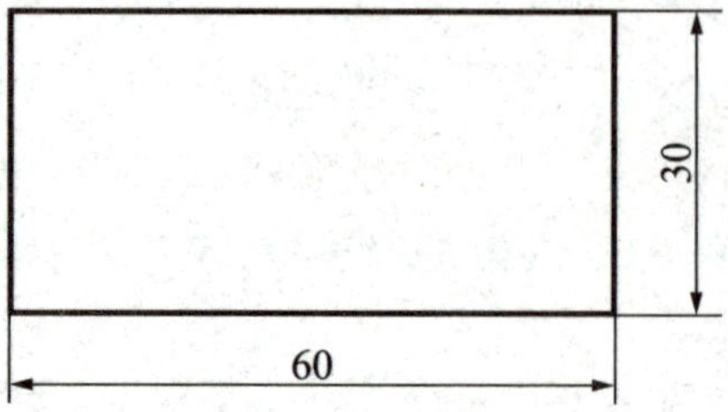

图 6-14 例 6-1 图

解:执行"线性标注"命令后,命令行显示操作如下:

```
命令: _dimlinear
指定第一个尺寸界线原点或 <选择对象>:          //对象捕捉模式打开,捕捉水平线左端点
指定第二条尺寸界线原点:                       //对象捕捉模式打开,捕捉水平线右端点
指定尺寸线位置或
[多行文字(M)/文字(T)/角度(A)/水平(H)/垂直(V)/旋转(R)]:
标注文字=60                                   //在合适位置单击,放置测量值
命令:                                         //按"Enter"键或空格键,重复命令
_dimlinear
指定第一个尺寸界线原点或 <选择对象>:          //对象捕捉模式打开,捕捉垂直线下端点
指定第二条尺寸界线原点:                       //对象捕捉模式打开,捕捉垂直线上端点
指定尺寸线位置或
[多行文字(M)/文字(T)/角度(A)/水平(H)/垂直(V)/旋转(R)]:
标注文字=30                                   //在合适位置单击,放置测量值
```

说明

(1)"线性标注"命令的说明如下。

①"多行文字(M)":打开文字编辑器,可以修改系统自动测量的标注文字。例如,添加前缀、后缀,输入文字取代测量值等。

②"文字(T)":通过在命令行中输入要标注的文字来取代测量值,按"Enter"键继续标注尺寸。如果要为尺寸数字添加前缀、后缀等内容,那么可用"< >"表示尺寸数字,用控制码表示特殊字符。例如,为测量值"20"添加后缀"%%P",在命令行中输入"< >%%P0.5",此时尺寸数字变为"20±0.5"。

③"角度(A)":可以修改标注文字的旋转角度。

④"水平(H)":标注两点之间水平方向的尺寸。

⑤"垂直(V)":标注两点之间垂直方向的尺寸。

⑥"旋转(R)":修改尺寸线的旋转角度。

(2)为确保线性标注的准确性和清晰度,在进行尺寸标注时要注意以下两点。

①根据实际情况标注:在进行线性标注时,应根据实际情况标注,确保标注的尺寸与实际物体或设计相符。

②调整标注的箭头大小和字体高度:为确保标注的可读性,需要合理地设置标注的箭头大小和字体高度。

练一练

【练习 6-1】绘制如图 6-15 所示的图形，利用“线性标注”命令完成尺寸标注。

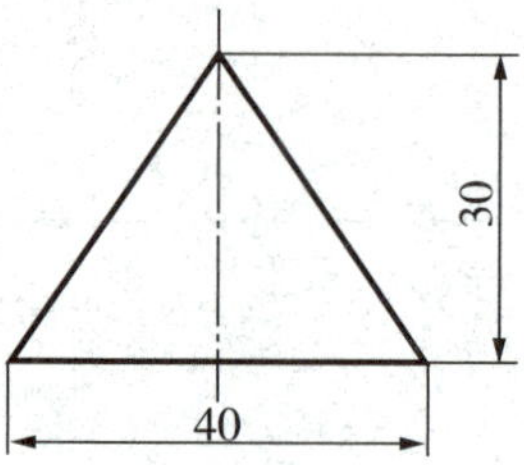

图 6-15　练习 6-1 图

6.3.2　对齐标注

对齐标注用于标注两点之间的直线距离，且尺寸标注中的尺寸线始终与两点之间的连线平行。有以下 4 种方式执行“对齐标注”命令。

(1)菜单栏：“标注(N)”→“对齐(G)”。

(2)功能区：“默认”选项卡→“注释”面板 →“对齐”按钮。

(3)功能区：“注释”选项卡→“标注”面板 →“已对齐”按钮。

(4)命令行：输入“DIMALIGNED”(命令别名“DAL”)，按“Enter”键。

【例 6-2】利用“对齐标注”命令，完成如图 6-16 所示图形的尺寸标注。

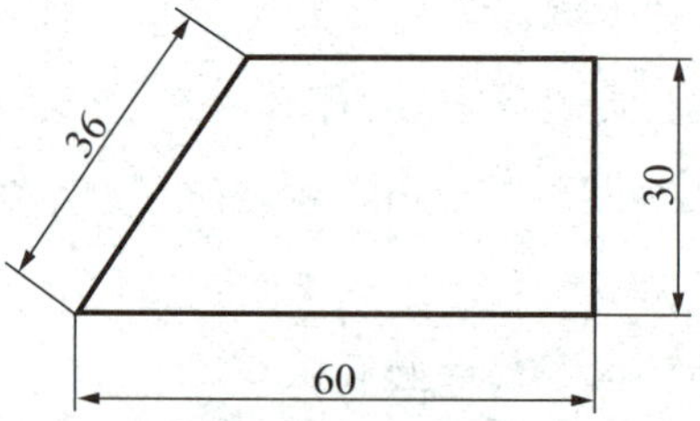

图 6-16　例 6-2 图

解：(1)利用“线性标注”命令，完成水平和垂直方向的尺寸标注。

(2)执行“对齐标注”命令后，命令行显示操作如下：

```
命令: _dimaligned
指定第一个尺寸界线原点或 <选择对象>:          //对象捕捉模式打开，捕捉斜线左端点
指定第二条尺寸界线原点:                      //对象捕捉模式打开，捕捉斜线右端点
指定尺寸线位置或
[多行文字(M)/文字(T)/角度(A)]:
标注文字=36                                  //在合适位置单击，放置测量值
```

说明

(1)对齐标注用于标注两点之间的直线距离，不考虑方向，可以是水平、垂直或其他方向。操作方法通常是先选择第一个点，再选择第二个点，标注文字和箭头会自动显示在两点之间的直线上。

(2)在进行对齐标注时，可先根据命令行提示按"Enter"键，再选取要标注的对象，系统会自动捕捉对象的两个端点，并进行对齐标注。

练一练

【练习 6-2】绘制如图 6-17 所示的图形，利用"对齐标注"命令完成尺寸标注。

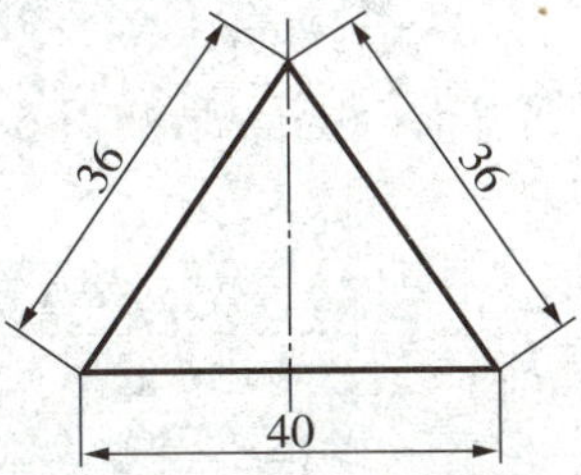

图 6-17　练习 6-2 图

6.3.3　角度标注

角度标注用于标注圆弧的角度、两条直线的夹角和三点之间的夹角。

有以下 4 种方式执行"角度标注"命令。

(1)菜单栏："标注(N)"→"角度(A)"。

(2)功能区："默认"选项卡→"注释"面板 →"角度"按钮△角度。

(3)功能区："注释"选项卡→"标注"面板 →"角度"按钮△角度。

(4)命令行：输入"DIMANGULAR"(命令别名"DAN")，按"Enter"键。

【例 6-3】利用"角度标注"命令，完成如图 6-18 所示图形的尺寸标注。

例6-3

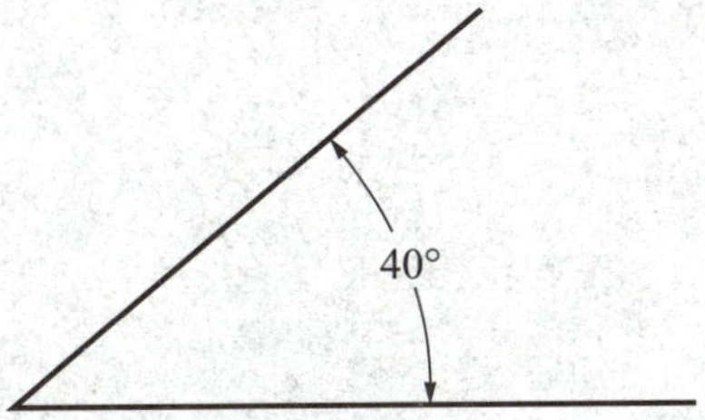

图 6-18　例 6-3 图

解：执行"角度标注"命令后，命令行显示操作如下：

```
命令：_dimangular
选择圆弧、圆、直线或 <指定顶点>:                        //选择第一条直线
选择第二条直线:                                        //选择第二条直线
指定标注弧线位置或[多行文字(M)/文字(T)/角度(A)/象限点(Q)]:
标注文字=40                                            //在合适位置单击,放置测量值
```

说明

（1）机械制图国家标准中规定角度标注的数字一律写成水平方向，一般标注在尺寸线中断处，必要时也可以标注在尺寸线上方或外边，还可以引出，角度标注数字的位置如图 6-19 所示。

（2）为符合机械制图国家标准，在创建标注样式时，可以用下面的方法创建角度标注尺寸样式。

①打开“标注样式管理器”对话框，单击“新建(N)...”按钮，打开“创建新标注样式”对话框，在“用于(U)”下拉列表中选择“角度标注”选项，如图 6-20 所示。

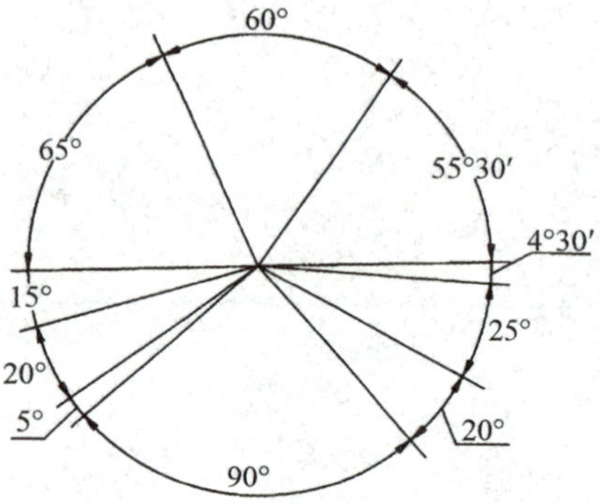

图 6-19　角度标注数字的位置

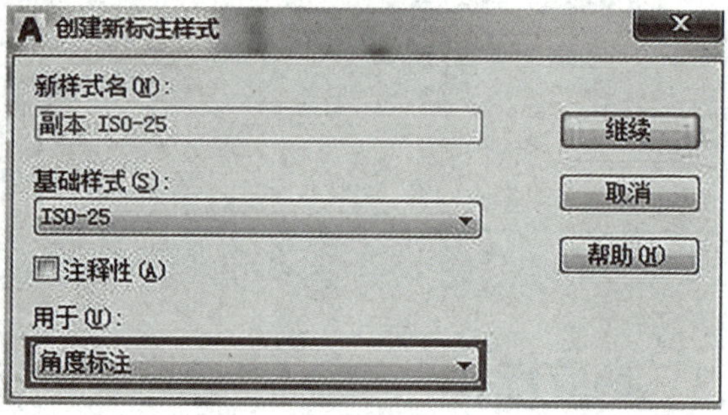

图 6-20　“创建新标注样式”对话框

②单击“继续”按钮，打开“新建标注样式：副本 ISO-25”对话框。在“文字”选项卡的“文字对齐(A)”选项组中，选中“水平”单选按钮，其他项目按绘图要求设置，如图 6-21 所示。单击“确定”按钮，同时将新建标注样式置为当前，此时进行标注的角度符合机械制图国家标准。

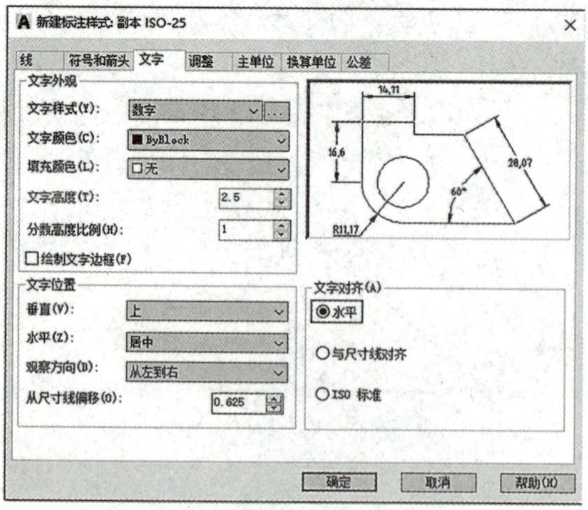

图 6-21　“文字”选项卡的设置

练一练

【练习 6-3】绘制如图 6-22 所示的图形，利用所学的尺寸标注命令完成尺寸标注。

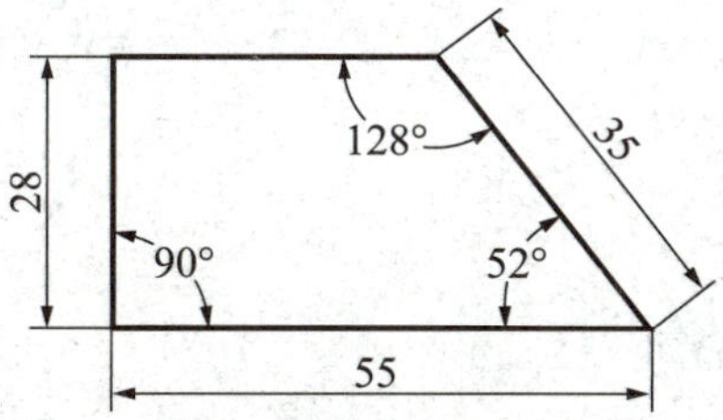

图 6-22　练习 6-3 图

6.3.4　弧长标注

弧长标注用于标注弧线段或多段线圆弧段的长度。弧长标注的尺寸线可以正交或径向，在尺寸数字的上方或前面将显示圆弧符号。

有以下 4 种方式执行“弧长标注”命令。

(1)菜单栏：“标注(N)”→“弧长(H)”。

(2)功能区：“默认”选项卡→“注释”面板→“弧长”按钮。

(3)功能区：“注释”选项卡→“标注”面板→“弧长”按钮。

(4)命令行：输入“DIMARC”，按“Enter”键。

【例 6-4】利用“弧长标注”命令，完成如图 6-23 所示图形的尺寸标注。

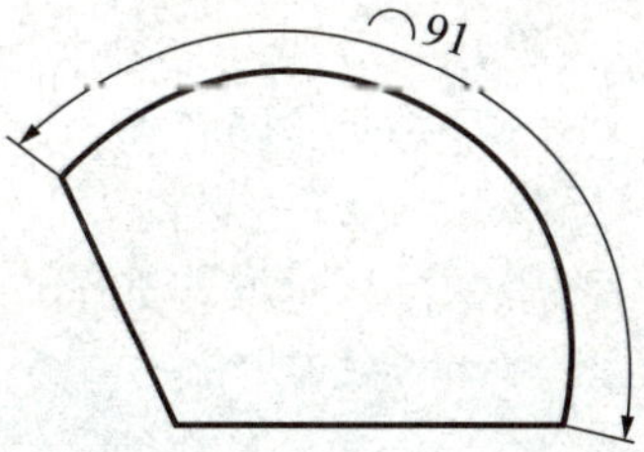

图 6-23　例 6-4 图

解：执行“弧长标注”命令后，命令行显示操作如下：

```
命令：_dimarc
选择弧线段或多段线圆弧段：                              //选择圆弧
指定弧长标注位置或[多行文字(M)/文字(T)/角度(A)/部分(P)/引线(L)]：
标注文字 = 91                                          //在合适位置单击，放置测量值
```

说明

(1)在进行弧长标注时,应在尺寸数字上方添加圆弧符号"⌒"。这一规则确保了图纸的准确性和清晰度,使得读者能够迅速识别所标注的弧长尺寸。

(2)在进行弧长标注时,圆弧符号的位置可在"标注样式管理器"对话框中,通过"符号和箭头"选项卡的"弧长符号"选项组设置。

6.3.5 半径标注与直径标注

半径标注用于标注圆弧或圆的半径,直径标注用于标注圆弧或圆的直径。半径标注的尺寸数字前面应有半径符号"*R*",而直径标注的尺寸数字前面应有直径符号"ϕ"。

有以下 4 种方式执行"半径标注"命令("直径标注"命令执行方式类似)。

(1)菜单栏:"标注(N)"→"半径(R)"。

(2)功能区:"默认"选项卡→"注释"面板→"半径"按钮。

(3)功能区:"注释"选项卡→"标注"面板→"半径"按钮。

(4)命令行:输入"DIMRADIUS"(命令别名"DRA"),按"Enter"键。

【例 6-5】利用"半径标注"与"直径标注"命令,完成如图 6-24 所示图形的尺寸标注。

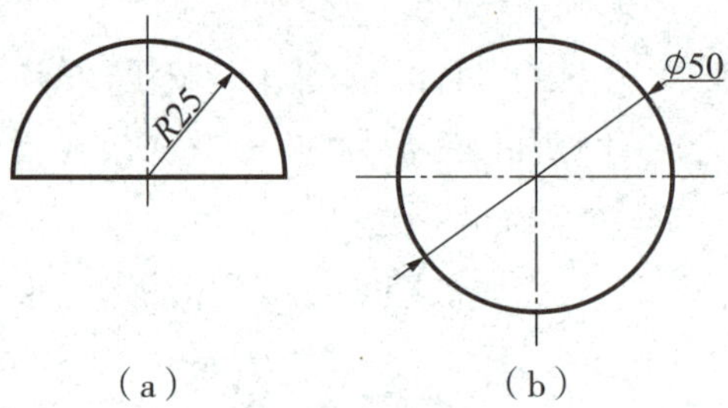

图 6-24　例 6-5 图

解:(1)执行"半径标注"命令后,命令行显示操作如下:

```
命令: _dimradius
选择圆弧或圆:                                   //选择圆弧
标注文字=25                                     //在合适位置单击,放置测量值
指定尺寸线位置或[多行文字(M)/文字(T)/角度(A)]:
```

(2)执行"直径标注"命令后,命令行显示操作如下:

```
命令: _dimdiameter
选择圆弧或圆:                                   //选择圆
标注文字=50                                     //在合适位置单击,放置测量值
指定尺寸线位置或[多行文字(M)/文字(T)/角度(A)]:
```

说明

(1)当圆弧的圆心角不大于180°时,应采用半径标注;当圆弧的圆心角大于180°或圆弧为整圆时,应采用直径标注。

(2)半径标注和直径标注有多种形式,可在“标注样式管理器”对话框中,通过“文字”选项卡的“文字对齐(A)”选项组设置。半径标注的不同形式如图6-25所示。如图6-25(a)所示为与尺寸线对齐标注,如图6-25(b)所示为水平标注。如果需要将标注的半径尺寸线放在圆弧外部,那么可在“调整”选项卡的“优化(T)”选项组中取消选中“在尺寸界线之间绘制尺寸线”复选框,标注形式如图6-25(c)所示。

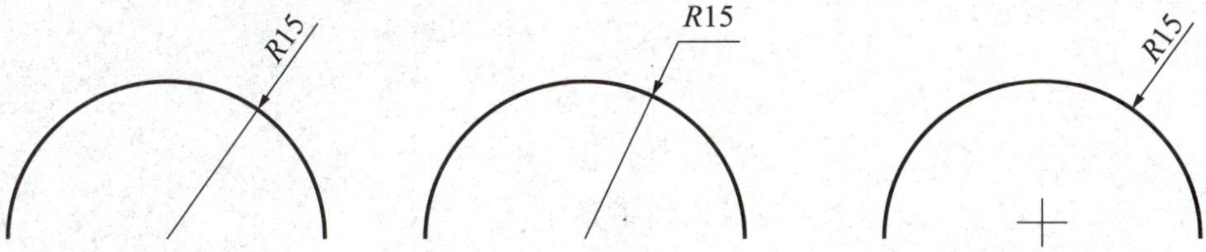

(a)与尺寸线对齐标注　(b)水平标注　(c)半径尺寸线放在圆弧外部标注

图6-25　半径标注的不同形式

练一练

【练习6-4】绘制如图6-26所示的图形,利用所学的尺寸标注命令完成尺寸标注。

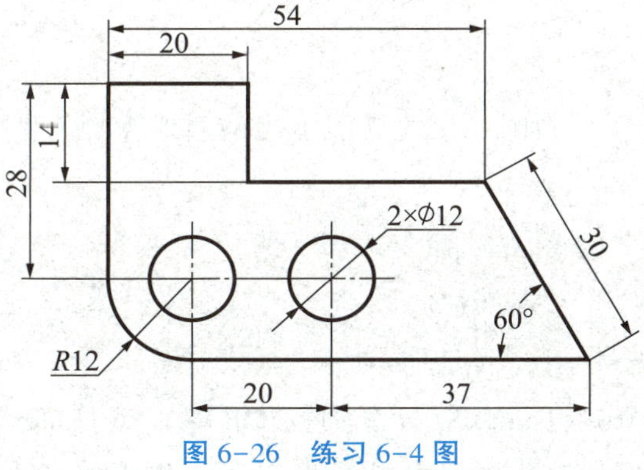

图6-26　练习6-4图

6.3.6　折弯标注

折弯标注既可用于标注半径较大的圆弧,也可用于标注圆心位于图纸或布局图外部,无法在其实际位置标注的圆弧。

有以下4种方式执行“折弯标注”命令。

（1）菜单栏："标注（N）"→"折弯（J）"。

（2）功能区："默认"选项卡→"注释"面板→"折弯"按钮 折弯。

（3）功能区："注释"选项卡→"标注"面板→"已折弯"按钮 已折弯。

（4）命令行：输入"DIMJOGGED"（命令别名"DJO"），按"Enter"键。

【例 6-6】利用"折弯标注"命令，完成如图 6-27 所示图形的尺寸标注。

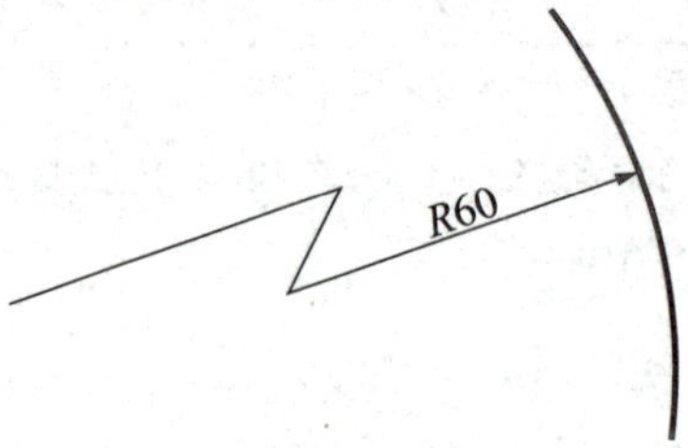

图 6-27　例 6-6 图

解：执行"折弯标注"命令后，命令行显示操作如下：

```
命令：_dimjogged
选择圆弧或圆：                                          //选择圆弧
指定图示中心位置：                                      //在绘图区选择任意一点作为标注原点，标
                                                          注文字为 R60
指定尺寸线位置或[多行文字(M)/文字(T)/角度(A)]：         //在合适位置单击，放置测量值
指定折弯位置：                                          //在合适位置单击，放置折弯位置
```

6.3.7　基线标注

基线标注可以创建一系列由同一尺寸界线引出的若干个相互平行，且间距相等的线性尺寸或角度尺寸。

有以下 3 种方式执行"基线标注"命令。

（1）菜单栏："标注（N）"→"基线（B）"。

（2）功能区："注释"选项卡→"标注"面板→"基线"按钮 基线。

（3）命令行：输入"DIMBASELINE"（命令别名"DBA"），按"Enter"键。

【例 6-7】利用"基线标注"命令，完成如图 6-28 所示图形的尺寸标注。

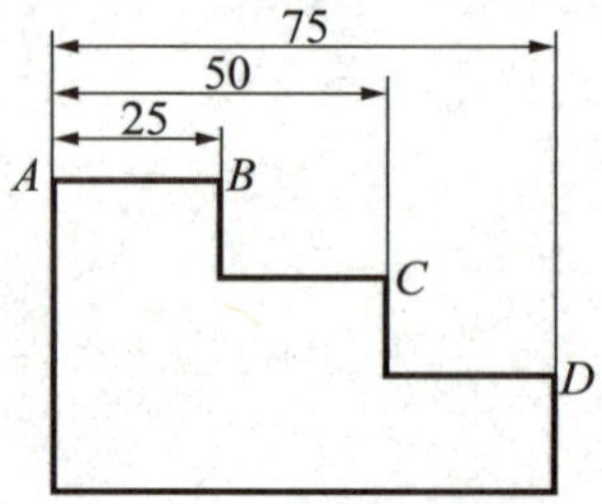

图 6-28　例 6-7 图

解：(1)利用“线性标注”命令，完成尺寸数字为 25 的线性标注(第一个尺寸界线原点捕捉 *A* 点，第二个尺寸界线原点捕捉 *B* 点)。

(2)执行“基线标注”命令后，命令行显示操作如下：

```
命令：_dimbaseline
指定第二个尺寸界线原点或［选择(S)/放弃(U)］<选择>:          //捕捉 C 点
标注文字=50                                                  //系统自动标注测量值
指定第二个尺寸界线原点或［选择(S)/放弃(U)］<选择>:          //捕捉 D 点
标注文字=75                                                  //系统自动标注测量值
指定第二个尺寸界线原点或［选择(S)/放弃(U)］<选择>:          //按“Esc”键取消命令
```

说明

(1)在基线标注之前，必须创建线性尺寸或角度尺寸。执行“基线标注”命令后，系统将默认以最后一次创建尺寸标注的第一个点作为基点，用户也可以自行选择一个尺寸界线作为基线标注的第一条尺寸界线。

(2)对于基线标注的相邻平行尺寸间的距离，可在“标注样式管理器”对话框中，通过“线”选项卡的“基线间距(A)”数值框设置。

(3)“选择(S)”：在命令行中输入“S”，按“Enter”键，可以选择新的基点进行标注。

6.3.8 连续标注

连续标注用于快速标注尺寸线首尾相连的多个线性尺寸或角度尺寸。

有以下 3 种方式执行“连续标注”命令。

(1)菜单栏：“标注(N)”→“连续(C)”。

(2)功能区：“注释”选项卡→“标注”面板→“连续”按钮连续。

(3)命令行：输入“DIMCONTINUE”(命令别名“DCO”)，按“Enter”键。

【例 6-8】利用“连续标注”命令，完成如图 6-29 所示图形的尺寸标注。

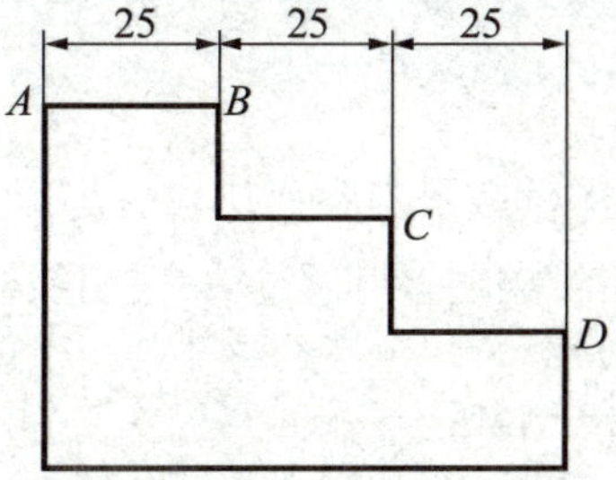

图 6-29 例 6-8 图

解：(1)利用“线性标注”命令，完成尺寸数字为 25 的线性标注(第一个尺寸界线原点捕捉 *A* 点，第二个尺寸界线原点捕捉 *B* 点)。

(2)执行“连续标注”命令后,命令行显示操作如下:

```
命令: _dimcontinue
指定第二个尺寸界线原点或 [选择(S)/放弃(U)] <选择>:        //捕捉 C 点
标注文字=25                                              //系统自动标注测量值
指定第二个尺寸界线原点或 [选择(S)/放弃(U)] <选择>:        //捕捉 D 点
标注文字=25                                              //系统自动标注测量值
指定第二个尺寸界线原点或 [选择(S)/放弃(U)] <选择>:        //按“Esc”键取消命令
```

说明

在线性标注之前,必须创建线性尺寸或角度尺寸。执行“连续标注”命令后,系统将默认以最后一次创建尺寸标注的第二个点作为基点。

练一练

【练习 6-5】绘制如图 6-30 所示的图形,利用“基线标注”和“连续标注”命令完成尺寸标注。

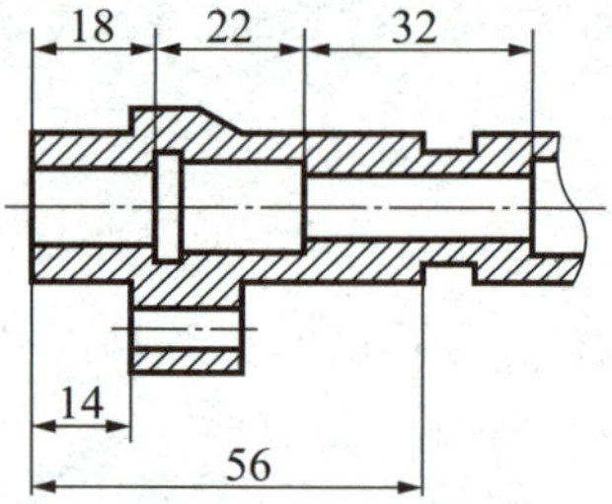

图 6-30　练习 6-5 图

6.4 多重引线

多重引线由箭头、引线、基线、多行文字内容或块内容组成,如图 6-31 所示。多重引线的箭头符号样式、基线的有无及长短、引线类型等可通过“多重引线样式管理器”对话框来设置。

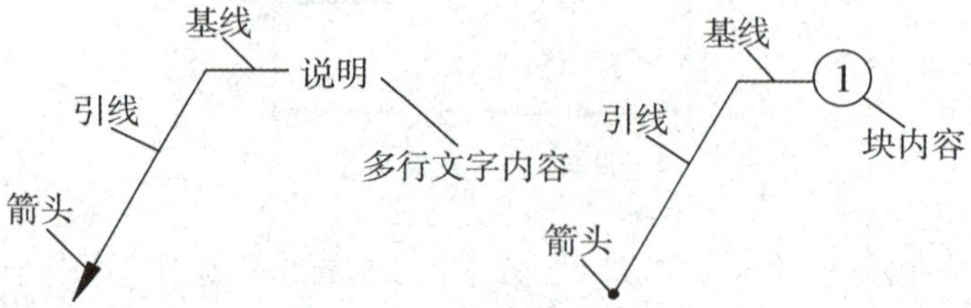

图 6-31　多重引线的组成

6.4.1　多重引线样式设置

在使用多重引线标注之前,需要设置多重引线样式。用户既可以使用默认的多重引线样式“Standard”,也可以新建多重引线样式。

打开“多重引线样式管理器”对话框有以下 4 种方式。

(1)菜单栏:“格式(O)”→“多重引线样式(I)”。

(2)功能区:“默认”选项卡→“注释”面板 →“多重引线样式”按钮。

(3)功能区:“注释”选项卡→“引线”面板右下角的按钮。

(4)命令行:输入“MLEADERSTYLE”,按“Enter”键。

执行上述任意一种操作后,打开“多重引线样式管理器”对话框,如图 6-32 所示。

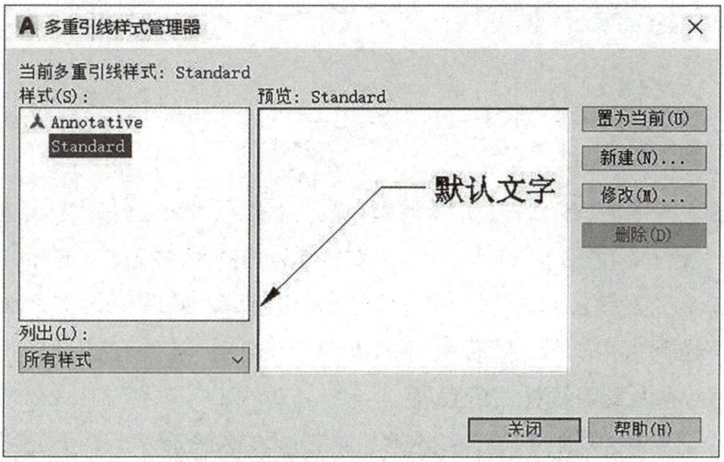

图 6-32　“多重引线样式管理器”对话框

【例 6-9】设置多重引线样式,多重引线效果如图 6-33 所示。

例6-9

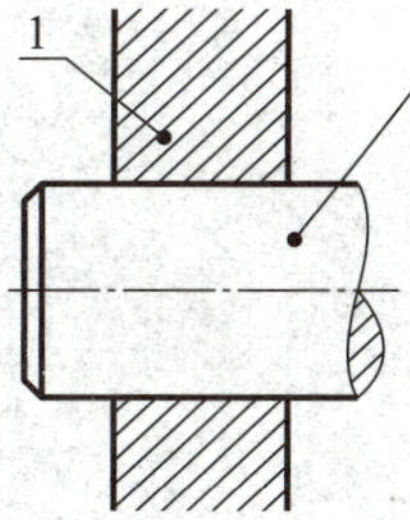

图 6-33　例 6-9 图

解:(1)在图 6-32 的“多重引线样式管理器”对话框中,单击“新建(N)...”按钮,打开“创建新多重引线样式”对话框,在“新样式名(N)”文本框中输入“序号引线”,如图 6-34 所示。

(2)单击“继续(O)”按钮,打开“修改多重引线样式:序号引线”对话框,如图 6-35 所示。选择“引线格式”选项卡,在“箭头”选项组的“符号(S)”下拉列表中选择“•小点”选项,在“大小(Z)”数值框中输入“5”。

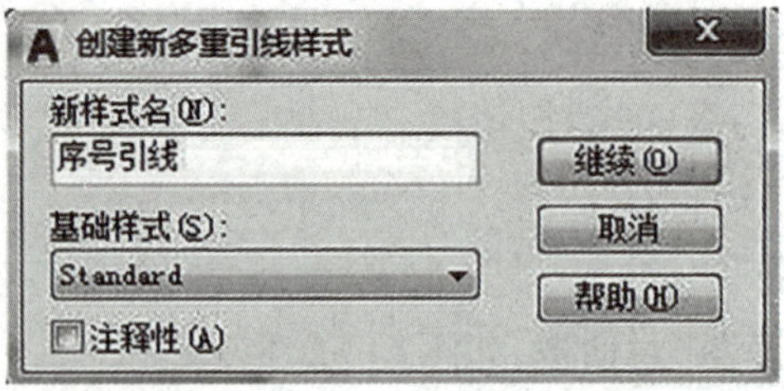

图 6-34 “创建新多重引线样式”对话框

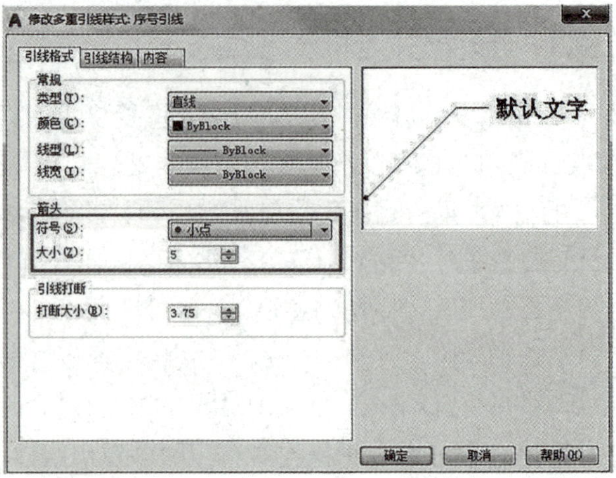

图 6-35 “修改多重引线样式:序号引线”对话框

(3)选择“引线结构”选项卡,取消选中“基线设置”选项组的“自动包含基线(A)”复选框,其他参数默认,如图 6-36 所示。

(4)选择“内容”选项卡,在“多重引线类型(M)”下拉列表中选择“多行文字”选项,在“文字选项”选项组的“文字高度(T)”数值框中输入“3.5”。在“引线连接”选项组中选中“水平连接(O)”单选按钮。在“连接位置-左(E)”下拉列表中选择“最后一行加下画线”选项;在“连接位置-右(R)”下拉列表中选择“最后一行加下画线”选项,其他参数默认,如图 6-37 所示。单击“确定”按钮,完成多重引线样式的设置。

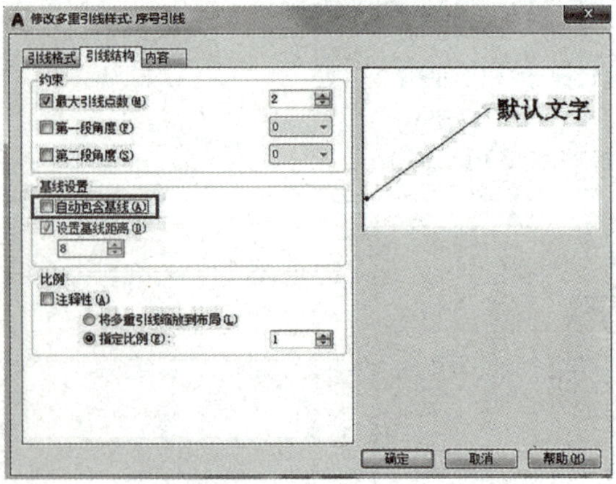

图 6-36 “引线结构”选项卡设置

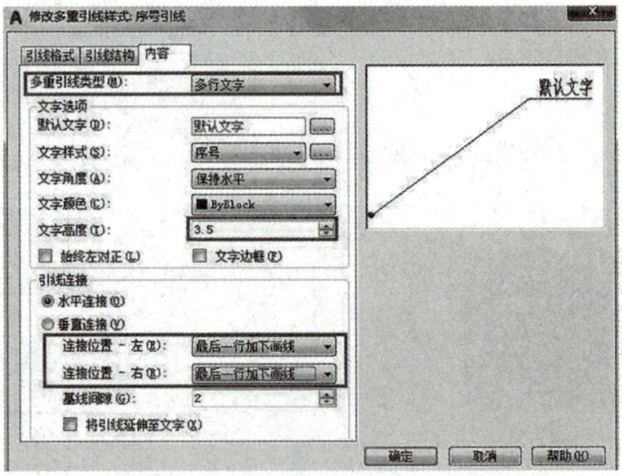

图 6-37 “内容”选项卡设置

说明

(1)在“引线结构”选项卡中,“约束”选项组的“最大引线点数(M)”数值框中的数值用于确定引线的折弯次数。2 和 3 均表示引线折弯一次(即一条引线),4 表示引线折弯两次(即两条引线),其余以此类推。

(2)在"引线结构"选项卡中,当选中"基线设置"选项组的"自动包含基线(A)"复选框时,所创建的多重引线会包含水平基线。选中"基线设置"选项组的"设置基线距离(D)"复选框后,可在数值框中设置基线的长度。

6.4.2 多重引线标注

多重引线标注一般用于标识旁注性的说明文字,或对图形的某个部位进行说明。

有以下 4 种方式执行"多重引线标注"命令。

(1)菜单栏:"标注(N)"→"多重引线(E)"。

(2)功能区:"默认"选项卡→"注释"面板 →"引线"按钮 引线。

(3)功能区:"注释"选项卡→"引线"面板→"多重引线"按钮。

(4)命令行:输入"MLEADER",按"Enter"键。

【例 6-10】利用例 6-9 中设置的多重引线样式进行多重引线标注,如图 6-38 所示。

解:执行"多重引线标注"命令后,按照命令行提示依次单击 *A*、*B* 两点作为插入点,在弹出的文本框中输入"2",并在绘图区任意位置单击,完成多重引线 2 的标注。

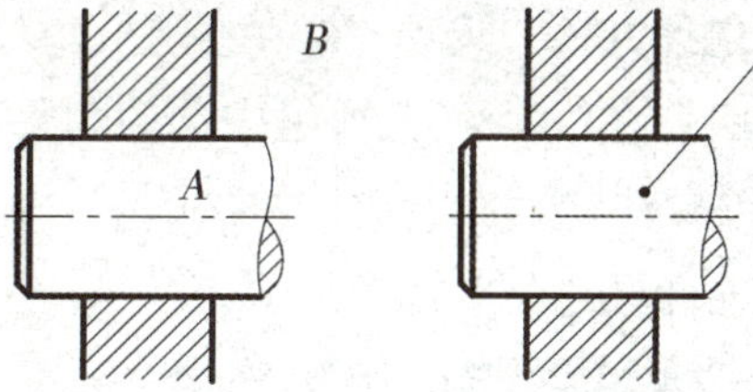

图 6-38 例 6-10 图

说明

执行"多重引线标注"命令后,系统默认按"指定箭头位置"→"引线位置"→"文字或块"的顺序来标注。用户也可以根据命令行提示重新设置多重引线的标注顺序。

6.5 公差标注

在机械制图中,公差标注包含尺寸公差标注和形位公差标注两种。尺寸公差标注用于控制零件的加工精度,确保所制造的每个零件都在理想的尺寸范围内,从而保证其功能性和互换性。形位公差标注用于控制加工后零件的形状和相对位置的标准,确保每个零件的形状和相对位置都符合设计要求,从而保证其使用性和互换性。

6.5.1 尺寸公差标注

尺寸公差标注可在"标注样式"对话框的"公差"选项卡中设置。

【例 6-11】完成如图 6-39 所示图形的尺寸公差标注。

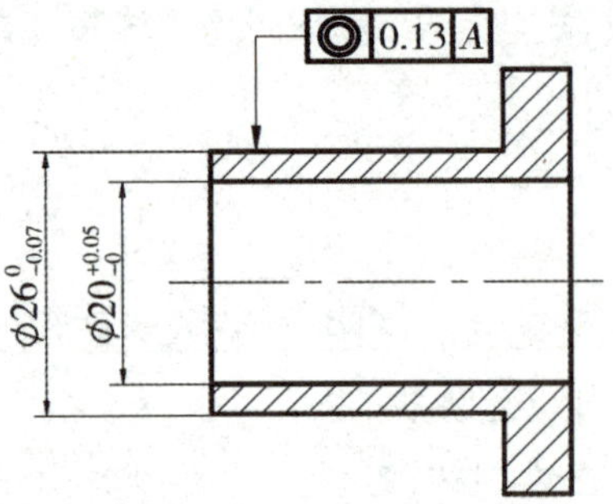

图 6-39　例 6-11 图

解：(1)新建标注样式，命名为“公差标注”。

(2)打开“新建标注样式：公差标注”对话框，选择“主单位”选项卡，在“线性标注”选项组的“前缀(X)”文本框中输入“%%C”，如图 6-40 所示。

(3)选择“公差”选项卡，在“公差格式”选项组的“方式(M)”下拉列表中选择“极限偏差”选项；在“精度(P)”下拉列表中选择“0.00”选项；在“上偏差(V)”数值框中输入“0.05”；在“高度比例(H)”数值框中输入“0.71”。在“消零”选项组中选中“后续(T)”复选框，如图 6-41 所示。单击“确定”按钮，并将“公差标注”置为当前标注样式。

(4)利用“线性标注”命令，进行尺寸公差标注。

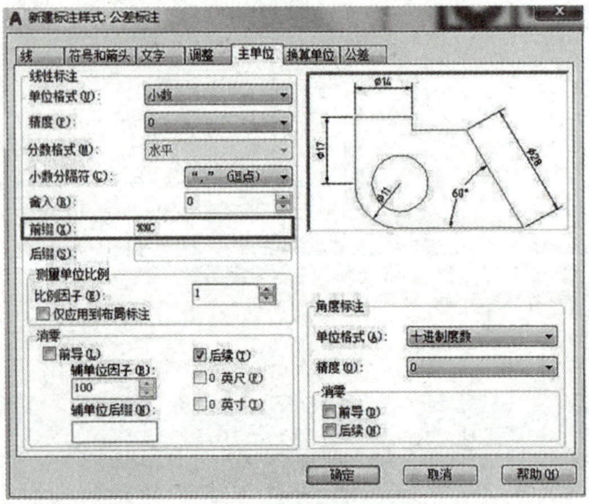

图 6-40　“主单位”选项卡设置

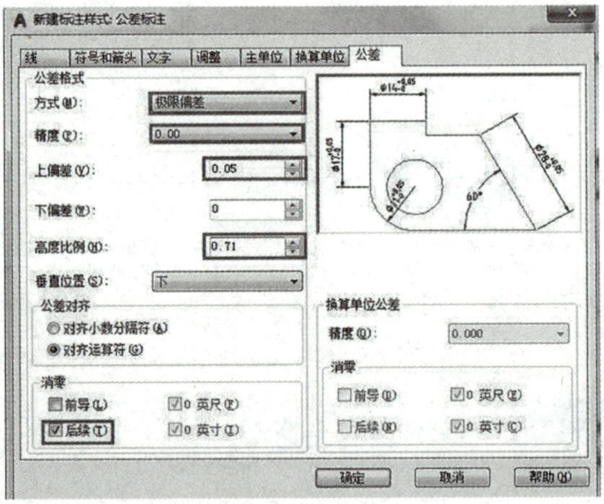

图 6-41　“公差”选项卡设置

说明

(1)如果图形中有多个尺寸公差需要标注，且偏差值不同，那么可先选取要修改的尺寸，再通过“对象特性管理器”的相应参数来调整偏差值。

(2)可以在执行“线性标注”命令时标注尺寸公差，方法为：在命令行出现“指定尺寸线位置或［多行文字(M)/文字(T)/角度(A)/水平(H)/垂直(V)/旋转(R)］：”时，输入“M”，按

“Enter”键，直接在文字编辑器中标注尺寸公差。

6.5.2 形位公差标注

在 AutoCAD 2020 中，可以通过特征控制框来显示形位公差信息，如图形的形状、轮廓、方向、位置和跳动的偏差等。

有以下 3 种方式执行“形位公差标注”命令。

(1)菜单栏：“标注(N)”→“公差(T)...”。

(2)功能区：“注释”选项卡→“标注”面板→“公差”按钮。

(3)命令行：输入“TOLERANCE”(命令别名“TOL”)，按“Enter”键。

【例 6-12】完成如图 6-42 所示图形的形位公差标注。

解：(1)按例 6-9 设置多重引线样式，完成后执行“多重引线标注”命令。

(2)执行“形位公差标注”命令后，打开“形位公差”对话框，如图 6-42 所示。单击“符号”框，打开“特征符号”对话框，从中选择形位公差符号“◎”，在“公差 1”数值框中输入“0.13”，在“基准 1”文本框中输入“A”。

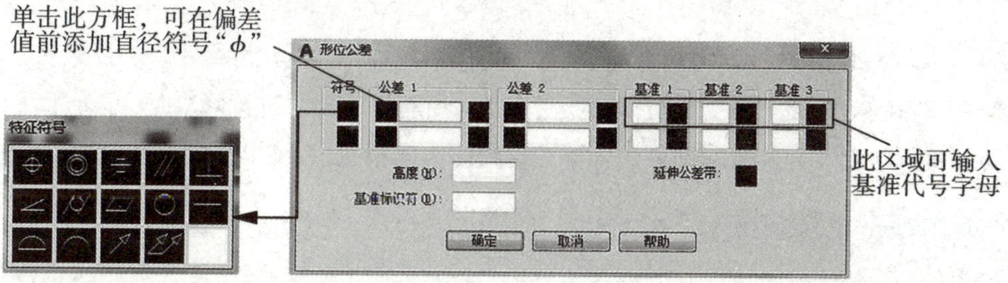

图 6-42　例 6-12 图

(3)单击“确定”按钮，此时命令行显示操作如下：

输入公差位置:	//拾取多重引线的端点位置，放置形位公差

说明

(1)双击形位公差，会打开“形位公差”对话框，此时可重新设置参数或输入数值。

(2)使用“QLEADER”命令，可以创建带引线的形位公差。执行该命令后，在命令行中输入“S”，按“Enter”键，打开“引线设置”对话框，如图 6-43 所示。选择“注释”选项卡，在“注释类型”选项组中选中“公差(T)”单选按钮，其他参数默认。单击“确定”按钮，按提示操作，可打开“形位公差”对话框。

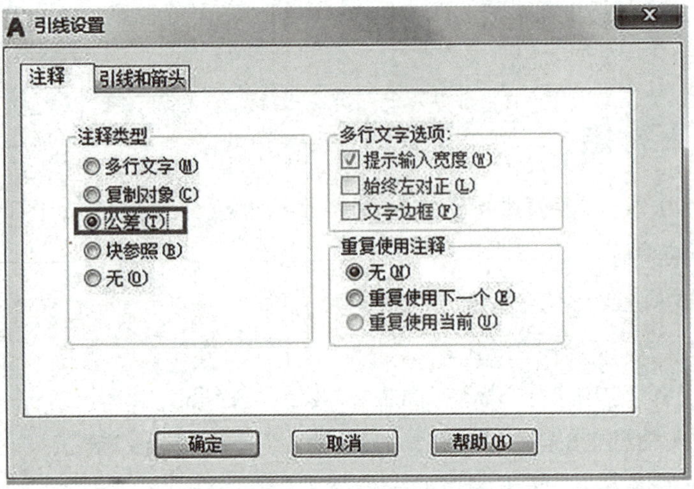

图 6-43 “引线设置”对话框

6.6 编辑尺寸标注

在 AutoCAD 2020 中,如果尺寸标注有误,那么可以对尺寸标注的尺寸数字、尺寸线、尺寸界线的位置及样式等进行修改,而不需要重新标注。当需要对所有标注尺寸进行修改时,可通过“标注样式管理器”进行编辑。对于只需要对部分尺寸标注进行修改的情况,系统也提供了多种编辑方法。

6.6.1 编辑尺寸数字和尺寸界限

使用“编辑标注”命令,可以修改尺寸数字,倾斜尺寸界线,调整尺寸文本的位置,旋转尺寸文字等。该命令可以同时对多个尺寸标注进行编辑。

有以下 3 种方式执行“编辑标注”命令。

(1)菜单栏:“标注(N)”→“倾斜(Q)”。

(2)功能区:“注释”选项卡→“标注”面板→“倾斜”按钮$\vdash\!\!/$。

(3)命令行:输入“DIMEDIT”(命令别名“DED”),按“Enter”键。

【例 6-13】利用“编辑标注”命令对如图 6-44(a)所示的尺寸标注进行编辑,结果如图 6-44(b)所示。

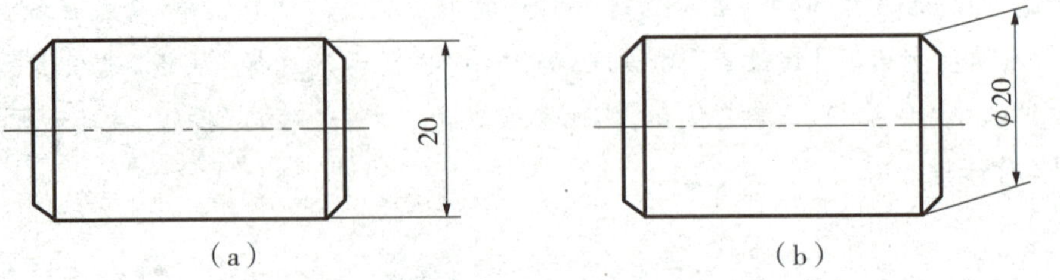

图 6-44 例 6-13 图

解:执行“编辑标注”命令后,命令行显示操作如下:

```
命令: DIMEDIT
输入标注编辑类型 [默认(H)/新建(N)/旋转(R)/倾斜(O)] <默认>: O //指定“倾斜”模式
选择对象: 找到 1 个                                   //选择尺寸标注对象
选择对象:                                            //按“Enter”键结束对象选择
输入倾斜角度 (按 ENTER 表示无):15                      //指定倾斜角度
命令: DIMEDIT                                        //重复执行“编辑标注”命令
输入标注编辑类型 [默认(H)/新建(N)/旋转(R)/倾斜(O)] <默认>: N //输入“%%C”
选择对象: 找到 1 个                                   //选择尺寸标注对象
选择对象:                                            //按“Enter”键结束对象选择
```

说明

(1)“编辑标注”命令的说明如下。

①“默认(H)”:移动尺寸数字到默认位置。

②“新建(N)”:用多行文字编辑器修改尺寸数字。

③“旋转(R)”:旋转尺寸数字。

④“倾斜(O)”:调整尺寸界线的倾斜角度。

(2)如果只需要修改尺寸标注的尺寸数字,那么也可以使用“ED”命令。

(3)选中要编辑的尺寸标注,在绘图区右击,在弹出的快捷菜单中选择“特性”选项。在打开的“特性”选项板中也可以修改尺寸标注的相关信息。

6.6.2 对齐尺寸数字

使用“对齐文字”命令,可以对齐和旋转尺寸数字。

有以下 3 种方式执行“对齐文字”命令。

(1)菜单栏:“标注(N)”→“对齐文字(X)”。

(2)功能区:“注释”选项卡→“标注”面板→按钮。

(3)命令行:输入“DIMTEDIT”(命令别名“DIMTED”),按“Enter”键。

【例 6-14】利用“对齐文字”命令对如图 6-45(a)所示的尺寸标注进行对齐操作,结果如图 6-45(b)所示。

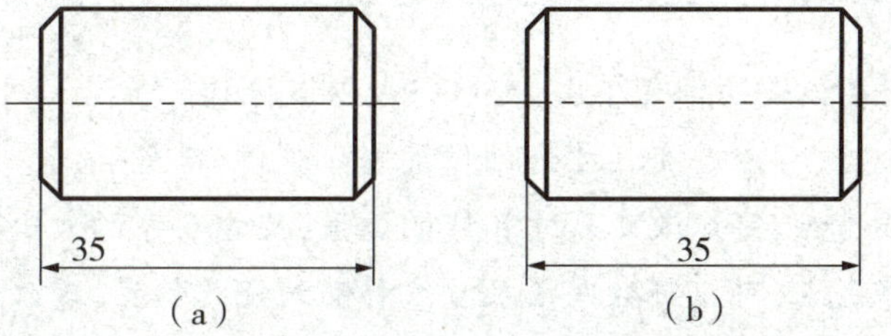

图 6-45 例 6-14 图

解：执行“对齐文字”命令后，命令行显示操作如下：

```
命令：DIMTED
DIMTEDIT
选择标注：                                        //选择尺寸标注对象
为标注文字指定新位置或 [左对齐(L)/右对齐(R)/居中(C)/
默认(H)/角度(A)]：c                               //设置标注文字“居中”
```

说明

(1)“对齐文字”命令的说明如下。

①“左对齐(L)”：使尺寸数字沿尺寸线左对齐，适用于线性、半径和直径标注。

②“右对齐(R)”：使尺寸数字沿尺寸线右对齐，适用于线性、半径和直径标注。

③“居中(C)”：使尺寸数字放置在尺寸线中间位置。

④“角度(A)”：使尺寸数字旋转指定角度。

(2)可以通过光标来控制尺寸线和尺寸数字的位置。

6.6.3 夹点调整尺寸标注

利用夹点可以非常方便地调整尺寸标注的尺寸线、尺寸界线和尺寸数字的位置。选中尺寸标注后，会出现若干个夹点，如图 6-46 所示。用户可以根据需要拖动夹点改变尺寸界线的起点和终点，尺寸线和尺寸数字的位置等。

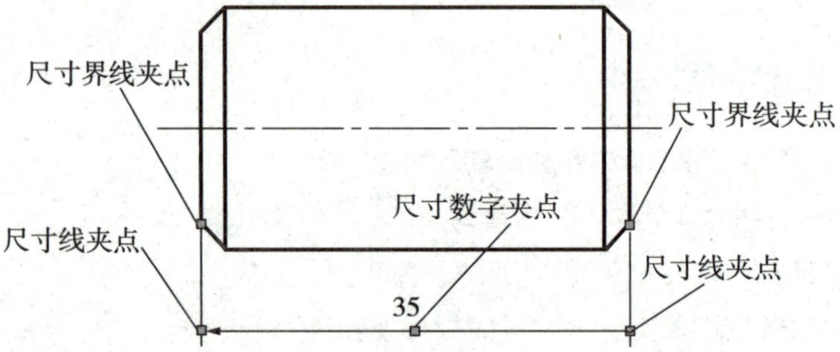

图 6-46 尺寸标注的夹点

说明

选中相应的夹点，在合适的位置单击，可以完成以下操作。

(1)选中尺寸线夹点，可以改变尺寸线的位置。

(2)选中尺寸界线夹点，可以改变尺寸界线的位置，尺寸数字的大小随之改变。

(3)选中尺寸数字夹点，可以将数字沿尺寸线移动到任意位置，或改变尺寸线的位置。

本章小结

本章主要学习利用 AutoCAD 2020 进行尺寸标注的相关知识，包含标注样式设置、常见尺寸标注命令、多重引线样式设置及多重引线标注、公差标注，以及编辑尺寸标注等。在学习完本章后，应重点掌握以下内容。

(1)尺寸标注的基本概念包括尺寸线的使用、尺寸界线的定义、尺寸数字的表示等，这些都是构成完整尺寸标注的基本元素。尺寸线用于表示尺寸标注的方向，尺寸界线用于表示尺寸标注的范围，尺寸数字用于表示尺寸标注的大小。

(2)在标注图形时，要根据图形的特点，按一定方向(从内到外、从左到右、从上到下等)进行标注。

(3)设置标注样式是确保尺寸标注准确性和清晰度的关键，包含创建新的标注样式，选择基础样式，调整尺寸线、尺寸界线、箭头样式等。

(4)形位公差标注一般需要与多重引线结合使用。在形位公差标注之前，应根据图样要求设置多重引线样式，创建带箭头的引线，确定公差放置位置。

思考与练习

一、填空题

1.尺寸标注包括尺寸线、__________、__________、尺寸线的端点符号及起点(箭头)。

2.尺寸标注的编辑有倾斜尺寸标注、__________、__________。

3.“DIMLINEAR”命令允许标注的尺寸方向有__________和__________。

4.用于创建尺寸标注的常用命令是__________。

5.“STYLE”命令可设定字体的字形、__________、__________和倾斜角度。

二、选择题

1.所有尺寸标注共用一条尺寸界线的是(　　)。

A.基线标注　　B.连续标注　　C.引线标注　　D.公差标注

2.输入单行文字所对应的命令别名为(　　)。

A.T　　B.MT　　C.DT　　D.DTEXT

3.当使用夹点移动尺寸标注的位置时，单击(　　)可以改变尺寸线的位置。

A.尺寸数字夹点　　B.尺寸界线夹点　　C.尺寸线夹点　　D.图形上的点

4.要将一个斜线标出实际长度，可以使用(　　)。

A.线性标注　　B.对齐标注　　C.半径标注　　D.直径标注

5.标注样式能否针对某一特定的尺寸而专门设定？(　　)。

A.不能　　B.有时可以，这依赖于已存在的几何对象

C.可以，而且改变的标注样式可以保存　　D.可以，但是改变的标注样式不能保存

三、操作题

绘制如图 6-47 所示的图形，利用所学的尺寸标注命令完成尺寸标注。

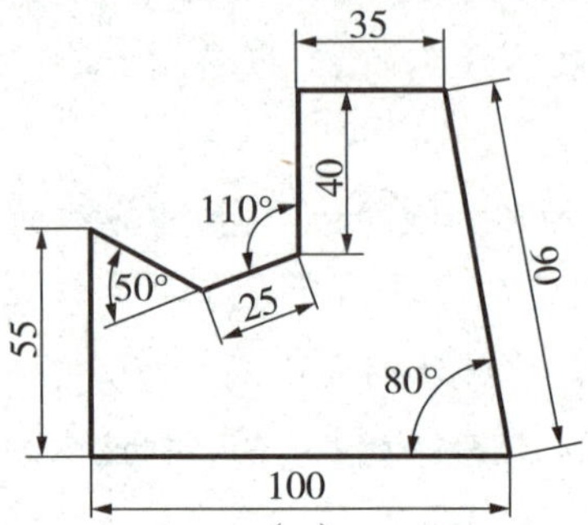

（a）

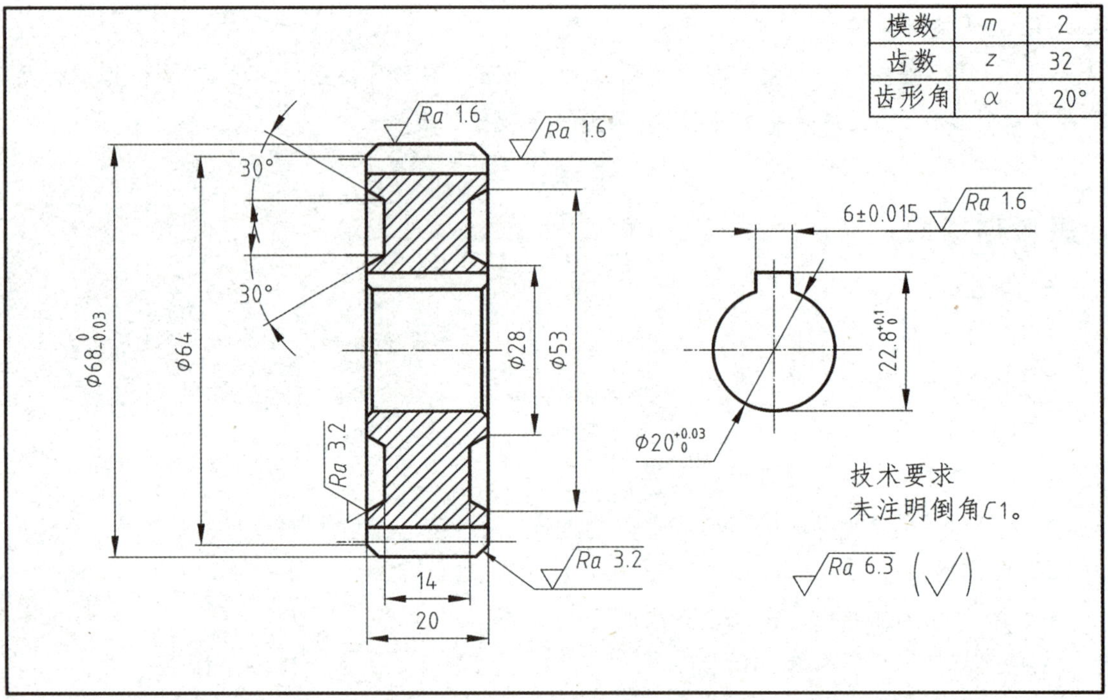

图 6-47 操作题图

第7章 创建和使用块

党的二十大报告指出："全党必须牢记，坚持党的全面领导是坚持和发展中国特色社会主义的必由之路，中国特色社会主义是实现中华民族伟大复兴的必由之路，团结奋斗是中国人民创造历史伟业的必由之路，贯彻新发展理念是新时代我国发展壮大的必由之路，全面从严治党是党永葆生机活力、走好新的赶考之路的必由之路。"必须完整、准确、全面贯彻新发展理念，始终以创新、协调、绿色、开放、共享的内在统一来把握发展、衡量发展、推动发展。在团队协作设计中，块作为一种共享的设计资源，有助于提高设计效率，避免重复劳动，实现设计成果的共享，从而提高整个行业的生产力。同时，还能促进不同团队之间的交流与合作，推动设计行业进一步发展。

【知识目标】

（1）掌握块的组成及含义。

（2）掌握块的属性设置方法。

（3）熟悉动态块的基本设置方法。

（4）了解外部参照的含义。

【技能目标】

（1）能创建符合要求的块。

（2）能完成插入、保存、清理块等基础操作。

（3）能根据需要修改块的属性。

（4）能创建和调用简单动态块。

【素养目标】

（1）通过探索块在不同绘图场景下的应用，培养学生的创新意识和创新思维。

（2）通过块和外部参照的使用，提高学生对图形数据管理的认知能力。

7.1 块

块(Block)是将单个或多个图形对象组合起来形成的图形单元,是一个独立完整的对象,这个对象通过块的名称进行标识。无论是系统内置的块,还是用户自定义的块,都可以作为单个图形对象插入当前图形的任意位置。用户可以对插入的块进行缩放和旋转等操作。如果需要对组成块的单个或多个图形对象进行修改,那么可以利用“分解”命令把块分解成组成对象。块可以重新定义,此时整个图中基于该块的图形对象都发生改变。块是系统提供给用户的重要绘图工具之一,具有以下特点:提高绘图效率,节省储存空间,便于修改图形和数据管理。

7.1.1 创建内部块

可以将一些常用的图形或符号创建成内部块。在创建块时,需要指定块的名称、组成块的单个或多个图形对象、插入块的基点坐标,以及块的单位等。

有以下 4 种方式执行“创建块”命令。

(1)菜单栏:“绘图(D)”→“块(K)”→“创建(M)...”。

(2)功能区:“默认”选项卡→“块”面板→“创建”按钮 创建。

(3)功能区:“插入”选项卡→“块定义”面板→“创建块”按钮。

(4)命令行:输入“BLOCK”(命令别名“B”),按“Enter”键。

执行上述任意一种操作后,打开如图 7-1 所示的“块定义”对话框。

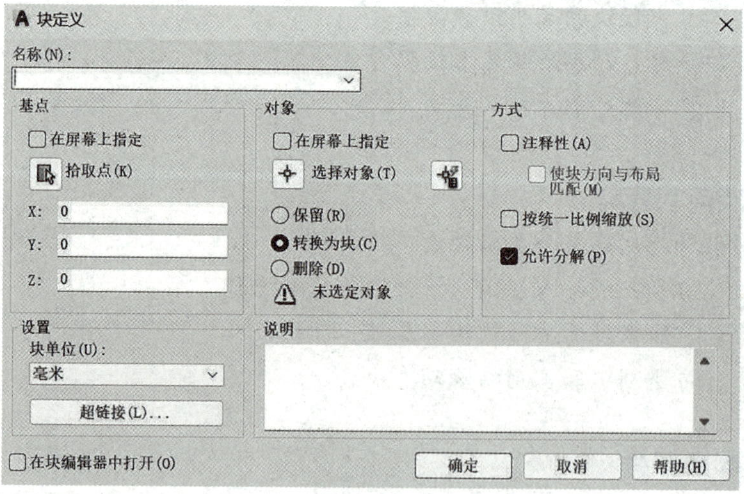

图 7-1 “块定义”对话框

该对话框中各选项组的含义如下。

(1)“基点”选项组:确定块的基点,有两种方法。第一种方法是在“X”“Y”“Z”数值框中输入块的基点坐标值;第二种方法是单击“拾取点(K)”按钮,系统临时切换至绘图区,在绘图区直接拾取基点。

(2)“对象”选项组:用于选择创建块的图形对象,以及设置块的相关属性。“保留(R)”是指创建块后,选中的图形对象保存在绘图区;“转换为块(C)”是指创建块后,选中的图形对象转换为块;“删除(D)”是指创建块后,选中的图形对象从绘图区删除。

(3)“设置”选项组:指定在拖动块时,用于测量块的单位,一般选择“毫米”。

(4)“在块编辑器中打开(O)”复选框:选中此复选框,可以在块编辑器中定义动态块。

(5)“方式”选项组:指定块的相关行为。“注释性(A)”复选框用于控制是否创建带有注释性的块,向图形对象中添加信息,可置空;“按统一比例缩放(S)”复选框用于控制是否将组成块的图形对象按统一比例缩放;“允许分解(P)”复选框用于控制所创建的块能否被分解为单个图形对象。

【例 7-1】将如图 7-2 所示的图形定义为块,并命名为“六角螺母”。

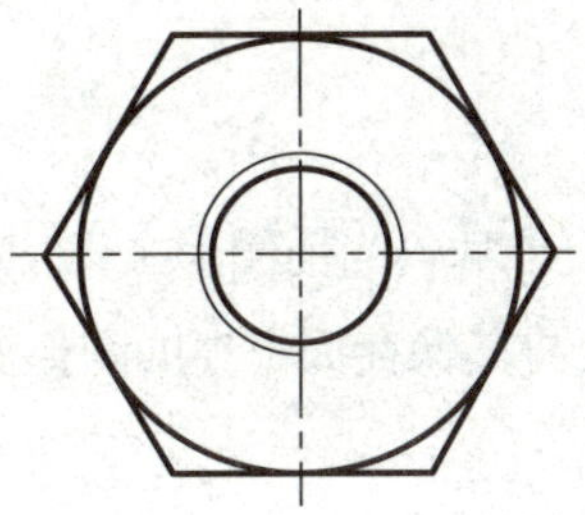

图 7-2　例 7-1 图

解:执行“创建块”命令后,在图 7-1 的“块定义”对话框中进行以下操作。

(1)在“名称(N)”文本框中输入“六角螺母”。

(2)在“基点”选项组中单击“拾取点(K)”按钮,捕捉圆心。

(3)在“对象”选项组中单击“选择对象(T)”按钮,选取图形对象。

(4)选中“转换为块(C)”单选按钮,在“块单位(U)”下拉列表中选择“毫米”选项。

(5)单击“确定”按钮,完成块的创建。

说明

(1)创建块的基点将作为插入块时的插入点,同时也作为插入块时旋转或缩放的基点。一般情况下,基点是通过在绘图区拾取图形特征点来确定的。

(2)为使创建的块能够按照所需比例插入所绘图形文件中,创建块的单位应与图形文件的单位一致。

(3)在“块定义”对话框中,单击“对象”选项组中的“快速选择”按钮,在打开的“快速选择”对话框中,通过设置条件(如颜色、图层等)来过滤选择集。

(4)在绘图区选中图形对象,按“Ctrl+C”组合键并右击,在弹出的快捷菜单中选择“剪贴板”→“粘贴为块(K)”选项,即可将选中的图形对象创建为块,此时块的名称由系统自动生成。

练一练

【练习 7-1】绘制如图 7-3 所示的图形，将其定义为块，并命名为“表面粗糙度”。

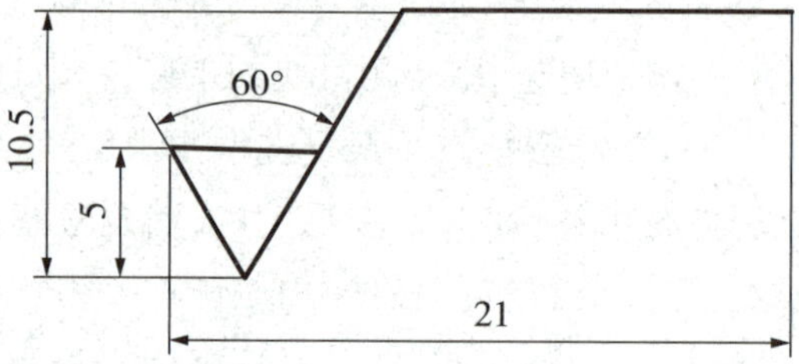

图 7-3 练习 7-1 图

7.1.2 储存块

使用“BLOCK”命令创建的块，只能插入当前图形文件，而不能插入其他图形文件。但是有些块在许多图形文件中经常用到，需要将其保存为单独的图形文件（又称外部块），以便在其他图形文件中调用。

有以下两种方式执行“存储块”命令。

（1）功能区：“插入”选项卡→“块定义”面板→“写块”按钮。

（2）命令行：输入“WBLOCK”（命令别名“W”），按“Enter”键。

执行上述任意一种操作后，打开“写块”对话框，如图 7-4 所示。利用此对话框可把图形对象保存为图形文件（扩展名为.dwg）或把块转换成图形文件。

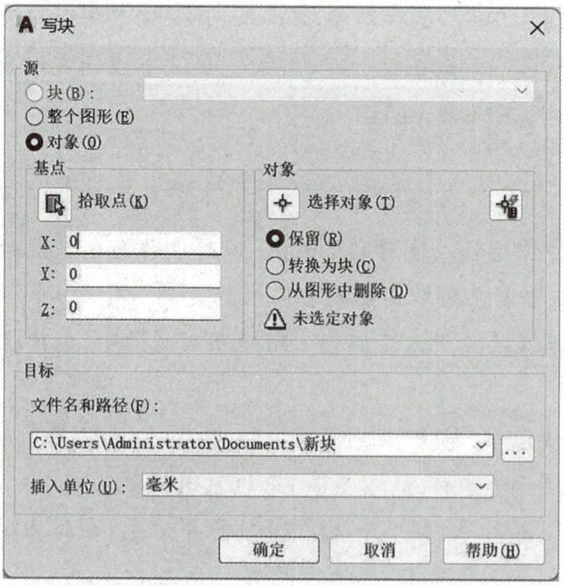

图 7-4 “写块”对话框

该对话框中各选项组的含义如下。

(1)“源”选项组:确定要保存为图形文件的块或图形对象。若选中“块(B)”单选按钮,打开右侧的下拉列表,从中选择一个块名称,则将其保存为图形文件。若选中“整个图形(E)”单选按钮,则把当前的图形定义为块,并保存为图形文件。若选中“对象(O)”单选按钮,则从绘图区中选取图形对象并制定基点来创建外部块。

(2)“目标”选项组:指定图形文件的文件名、保存路径和插入其他图形文件时所使用的单位。

说明

在绘制工程图时,通常将一些常用而又相对独立的图形对象定义为外部块(如机械制图中的表面粗糙度符号、建筑图中的门等),可以减少同类图形的重复绘制,提高绘图效率。

7.1.3 插入块

在绘图过程中,可根据需要随时把定义好的块或图形文件插入当前图形的任意位置。在插入的同时还可以改变块的比例因子、旋转角度或把块分解。

有以下 4 种方式执行“插入块”命令。

(1)菜单栏:“插入(I)”→“块选项板(B)...”。

(2)功能区:“默认”选项卡→“块”面板→“插入”下拉列表。

(3)功能区:“插入”选项卡→“块”面板→“插入”下拉列表。

(4)命令行:输入“INSERT”(命令别名“I”),按“Enter”键。

执行“INSERT”命令后,打开“块”选项板,如图 7-5 所示。

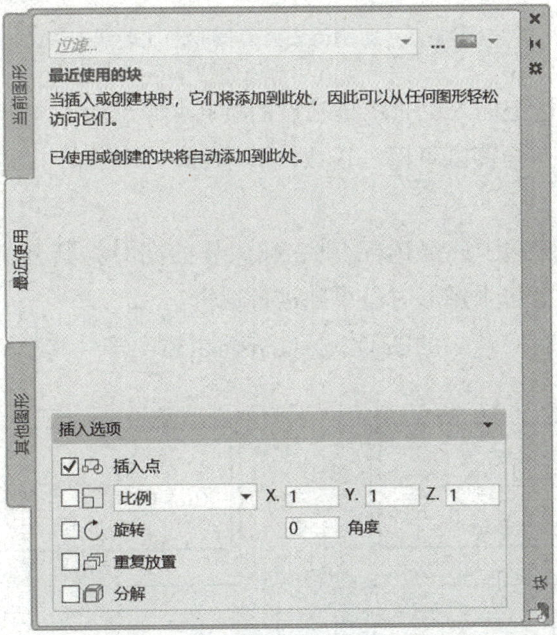

图 7-5 “块”选项板

该选项板中主要复选框的含义如下。

(1)“插入点”复选框:指定插入点,插入点与创建块的基点重合,一般在绘图区中指定该点。

(2)“比例”复选框:确定插入块时的比例因子。当块被插入当前图形中时,可以按任意比例放大或缩小,如图 7-6 所示为不同比例因子的块。其中,如图 7-6(a)所示块的比例因子均为 1;如图 7-6(b)所示块的比例因子均为 1.5;如图 7-6(c)所示块的比例因子均为 0.5。*X* 轴、*Y* 轴方向比例因子也可以分别赋值,如图 7-6(d)所示块的 *X* 轴方向比例因子为 1、*Y* 轴方向比例因子为 1.5。另外,比例因子还可以设置成负值,此时将插入块的镜像,其效果如图 7-7 所示。

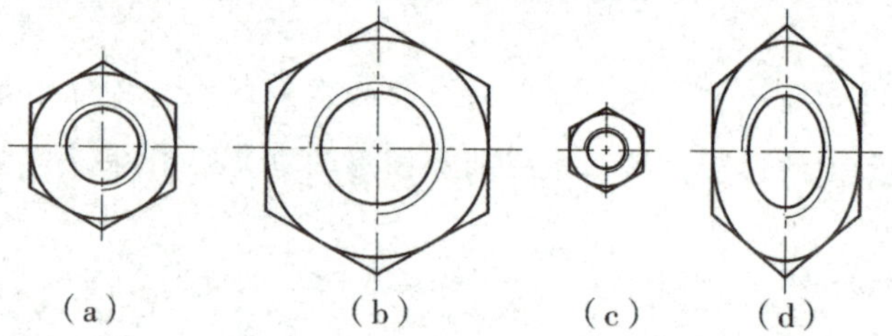

图 7-6　不同比例因子的块

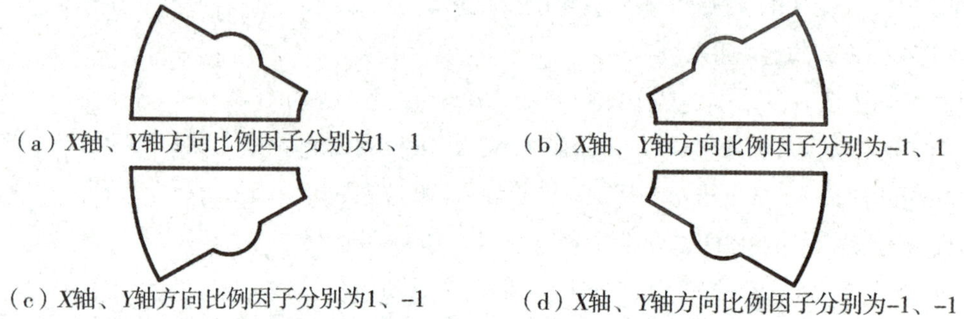

图 7-7　比例因子为负值时的块效果

(3)“旋转”复选框:指定插入块时块绕基点的旋转角度。当块被插入当前图形中时,可以绕基点旋转一定的角度,该角度既可以是正数(沿逆时针方向旋转),也可以是负数(沿顺时针方向旋转)。

(4)“分解”复选框:若选中此复选框,则在插入块的同时将其分解。这时,组成块的图形对象不再是一个整体,可对每个图形对象单独进行编辑。

【例 7-2】在如图 7-8(a)所示的图形上标注表面粗糙度符号,结果如图 7-8(b)所示。

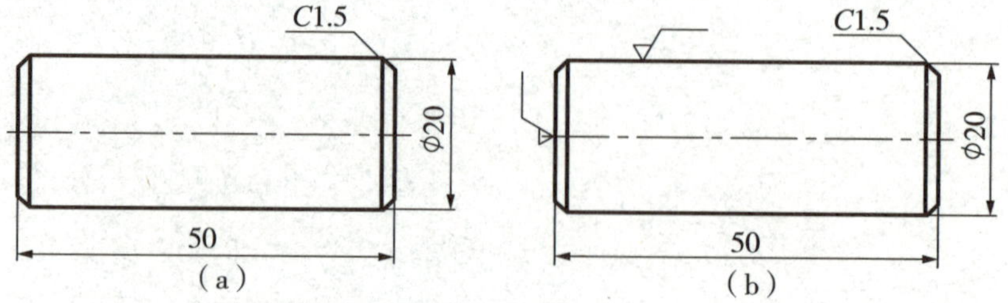

图 7-8　例 7-2 图

解：(1)绘制图 7-3 的图形，将其定义为块，并命名为“表面粗糙度”。

(2)执行“插入块”命令，打开“块”选项板，如图 7-9 所示。在“插入选项”选项组中，选中“插入点”“统一比例”和“旋转”复选框，在“最近使用的块”选项组中选择“表面粗糙度”选项。

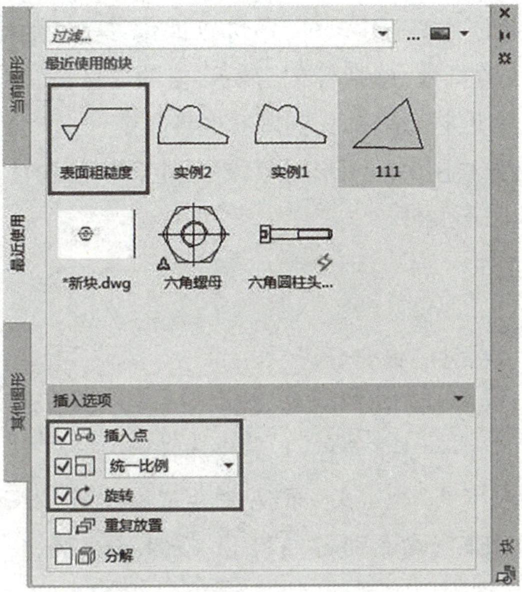

图 7-9　“块”选项板

(3)在绘图区拾取插入块的基点，命令行显示操作如下：

```
命令:                                                    //用光标拾取基点
指定插入点或 [基点(B)/比例(S)/旋转(R)]: 指定比例因子 <1>: 0.5  //指定插入块的比例
指定旋转角度 <0>: 0                                      //插入点绕基点的旋转角度
命令:                                                    //用光标拾取基点
指定插入点或 [基点(B)/比例(S)/旋转(R)]: 指定比例因子 <1>: 0.5
指定旋转角度 <0>: 90
```

说明

(1)“块”选项板包括“当前图形”“最近使用”和“其他图形”3 个选项卡。在“当前图形”选项卡中，显示在当前图形文件中创建的块，这些块以图像方式显现；在“最近使用”选项卡中，显示用户最近使用的块，这些块也以图像方式显现；在“其他图形”选项卡中，用户可以调用其他任何路径的图形文件作为块插入。

(2)插入块时块在各方向的比例因子既可以相同，也可以不同。如果块在各方向的比例因子不同，就要在创建块时取消“统一比例”复选框。

(3)在 AutoCAD 2020 中，可以利用“MINSERT”命令一次插入呈矩形排列的多个块。

7.2 创建和使用带属性的块

在 AutoCAD 2020 中,除创建普通块以外,还可以创建带属性的块。块属性是附加在块上的非图形信息,用于描述块的特性,包括标记、提示、值的信息、文字格式、位置等。当插入块时,其属性也一起插入;当对块进行编辑时,其属性也将改变。

要创建带属性的块,首先绘制块的图形对象,然后定义块的属性,最后选中图形对象及属性,将其定义为块或保存为图形文件。

7.2.1 定义块属性

有以下 4 种方式执行“块属性”命令。

(1)菜单栏:“绘图(D)”→“块(K)”→“定义属性(D)...”。

(2)功能区:“默认”选项卡→“块”面板→“定义属性”按钮。

(3)功能区:“插入”选项卡→“块定义”面板→“定义属性”按钮。

(4)命令行:输入“ATTDEF”(命令别名“ATT”),按“Enter”键。

执行上述任意一种操作后,打开“属性定义”对话框,如图 7-10 所示。

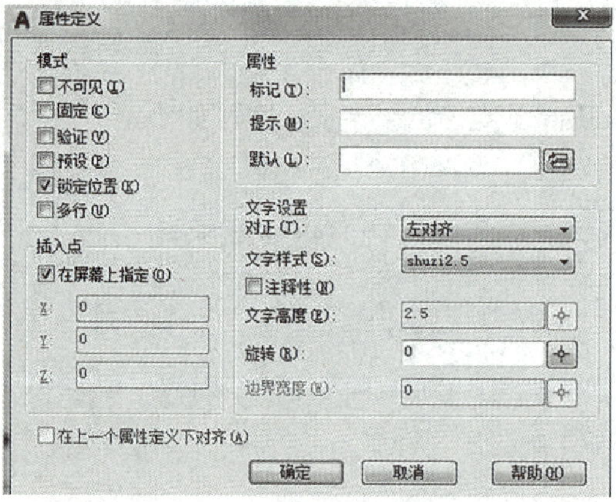

图 7-10 “属性定义”对话框

该对话框中各选项组的含义如下。

(1)“模式”选项组用于设置属性模式。

①“不可见(I)”复选框:插入块时是否显示或打印属性值。

②“固定(C)”复选框:插入块时是否赋予固定属性值。

③“验证(V)”复选框:插入块时检验所输入的属性值是否正确(若属性值不正确,则可以重新修改)。

④“预设(P)”复选框:插入包含预设属性值的块时,将默认值设置为块的属性值。

⑤“锁定位置(K)”复选框:确定属性值是否可以相对块的其他部分移动。

⑥“多行(U)”复选框:插入块时属性值是否可以通过多行文字输入。

(2)“属性”选项组用于设置属性数据。

①“标记(T)”文本框:输入标识属性的名称。

②“提示(M)”文本框:输入插入包含该属性定义的块时,系统显示的提示信息。该文本框中的内容仅起提示作用,可不输入内容。

③“默认(L)”文本框:输入属性的默认值,该文本框中可不输入内容。

(3)“插入点”选项组用于指定块属性的位置,一般选中“在屏幕上指定(O)”复选框,在绘图区中指定插入点。

(4)“文字设置”选项组用于设置属性文字的对正、样式、高度和旋转角度。

(5)“在上一个属性定义下对齐(A)”复选框:若选中该复选框,则将属性标记置于所定义的上一个属性下面。若之前没有创建属性标记,则此复选框不可用。

【例 7-3】创建带属性的基准符号块,如图 7-11 所示。

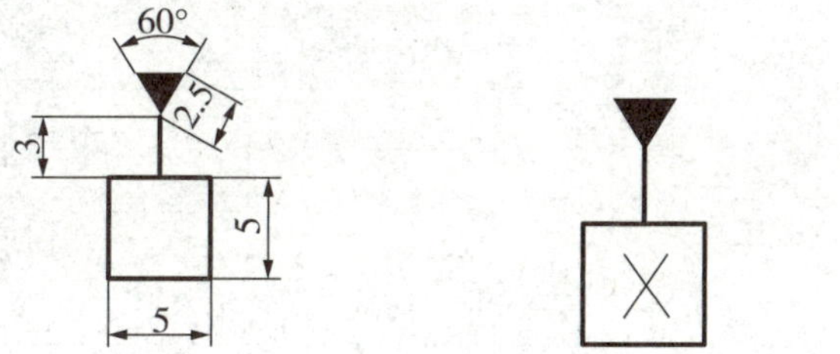

(a)基准符号尺寸　　(b)带属性的基准符号块

图 7-11　例 7-3 图

解:(1)按照如图 7-11(a)所示的基准符号尺寸创建带属性的基准符号块。

(2)打开“属性定义”对话框,按照如图 7-12 所示进行设置。

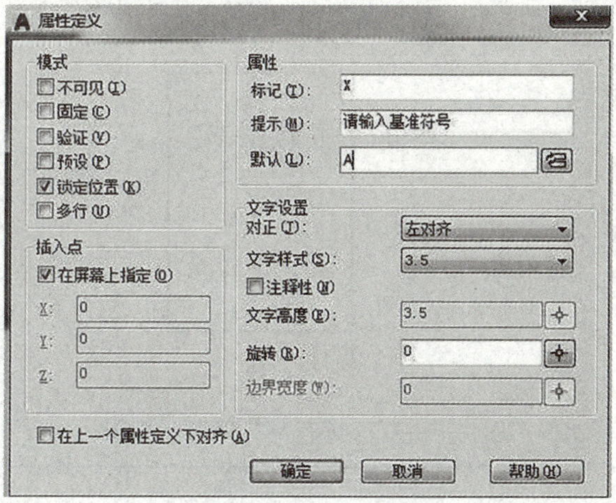

图 7-12　“属性定义”对话框的设置

(3)单击“确定”按钮,返回绘图区,在 5×5 方框内的适当位置拾取属性标记“X”。

(4)执行“创建块”命令后,在图 7-1 的“块定义”对话框中进行以下操作。

①在“名称(N)”文本框中输入“基准符号”。

②在“基点”选项组中单击“拾取点(K)”按钮，捕捉最上端水平线的中点。

③在“对象”选项组中单击“选择对象(T)”按钮，选取图形对象及属性标记。

④在“对象”选项组中选中“保留(R)”单选按钮，其他选项采用默认设置。

⑤单击“确定”按钮，完成创建。

说明

(1)在创建带属性的块时需要注意，在选取图形对象的过程中，要将图形对象和属性标记一起选中。

(2)当需要创建多个属性时，既可以按照上述步骤依次创建，也可以利用“复制”命令，先将已创建的属性复制到指定位置，再双击该属性，在打开的“编辑属性定义”对话框中修改相关内容，如图 7-13 所示。

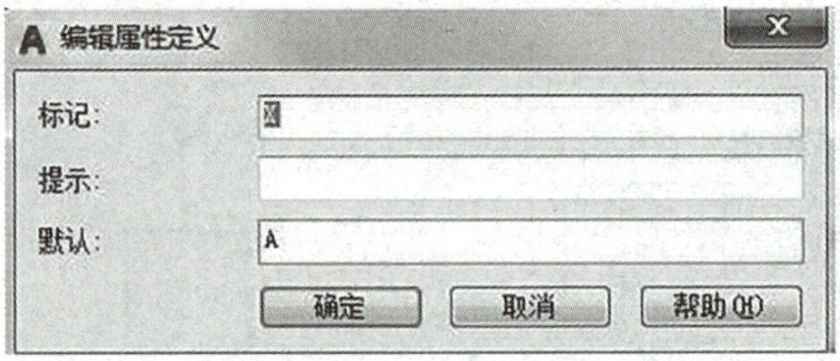

图 7-13 “编辑属性定义”对话框

练一练

【练习 7-2】将如图 7-14 所示的办公室信息牌创建为带属性的块，办公室信息牌包含办公室编号、办公室名称，文字高度为 3.5。

练习7-2

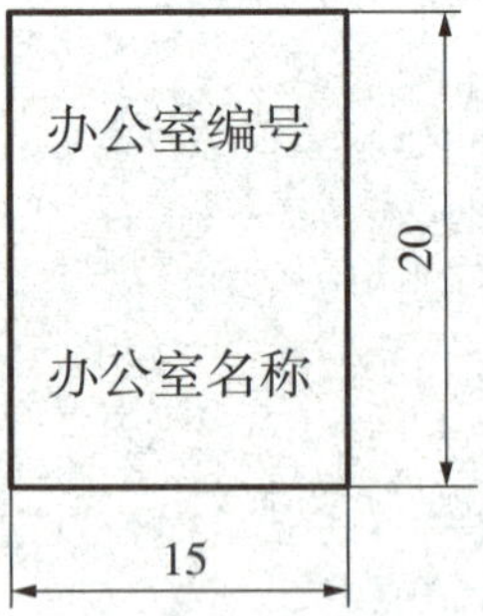

图 7-14 练习 7-2 图

7.2.2 插入带属性的块

插入带属性的块与插入普通块的操作方法完全相同，只是在指定插入点后，绘图区会打开

“编辑属性”对话框,用户可在该对话框中对属性值进行编辑。

【例 7-4】在例 7-3 创建的带属性的基准符号块中插入图 7-8 的零件,如图 7-15 所示。

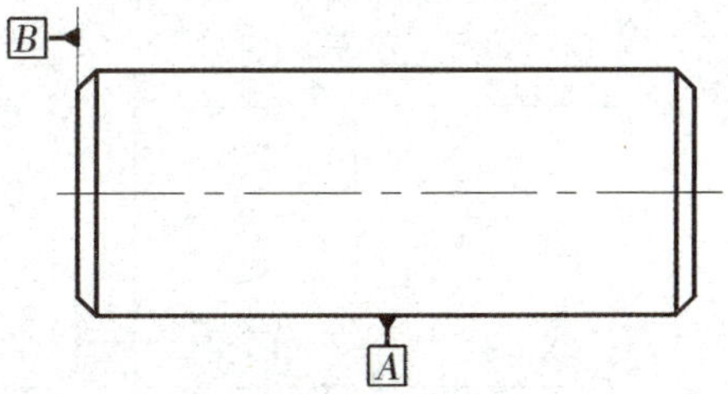

图 7-15　例 7-4 图

解:(1)执行“插入块”命令后,打开“块”选项板,如图 7-16 所示。在“插入选项”选项组中,选中“插入点”“统一比例”和“旋转”复选框,在“最近使用的块”选项组中选择“基准符号”选项。

(2)指定基准符号 *A* 的插入点,指定比例因子 0.5,旋转 0°。打开如图 7-17 所示的“编辑属性”对话框,在“请输入基准字母”文本框中输入“A”,采用默认属性值,单击“确定”按钮,完成创建。

(3)指定基准符号 *B* 的插入点,指定比例因子 0.5,旋转-90°。在“编辑属性”对话框的“请输入基准字母”文本框中输入“B”,单击“确定”按钮,完成创建。

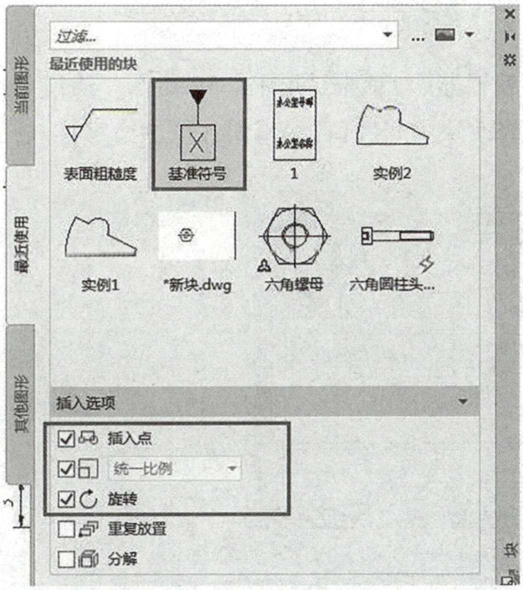

图 7-16　“块”选项板

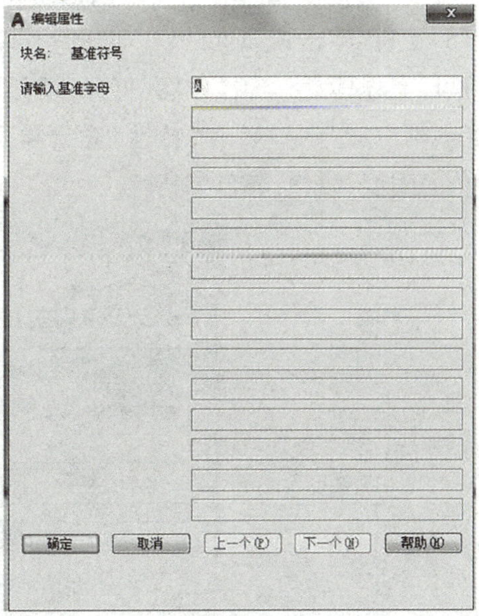

图 7-17　“编辑属性”对话框

说明

在插入带属性的块时,属性值和块不能分解。如果在插入时将二者进行分解,那么属性值将被属性标记代替。

练一练

【练习 7-3】创建如图 7-18 所示的办公室信息牌。

练习7-3

图 7-18 练习 7-3 图

7.2.3 编辑块属性

如果插入绘图区的块带属性，那么可对其属性进行编辑。

有以下 5 种方式执行“块属性”命令。

(1) 菜单栏：“修改(M)”→“对象(O)”→“属性(A)”→“单个(S)...”。

(2) 功能区：“默认”选项卡→“块”面板→“编辑属性”按钮。

(3) 功能区：“插入”选项卡→“块”面板→“编辑属性”按钮。

(4) 命令行：输入“EATTEDIT”，按“Enter”键。

(5) 鼠标：双击带属性的块。

执行上述任意一种操作后，打开“增强属性编辑器”对话框，如图 7-19 所示。通过该对话框的“属性”“文字选项”和“特性”选项卡，可以修改块的属性值，编辑属性值的文字样式，设置属性值的图层、线型、颜色等特性。

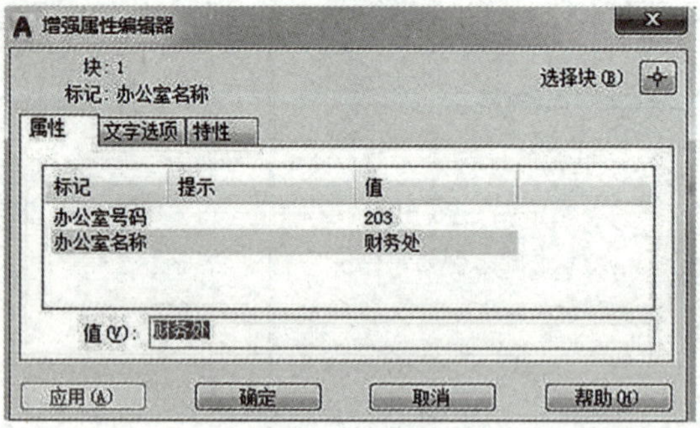

图 7-19 “增强属性编辑器”对话框

7.3 分解块、删除块与清理块

在有的设计场合中，可能需要分解块，修改其组成对象，从而获得符合要求的图形。也可能需要将插入的多余块删除,或者清理图形中未使用的块。

7.3.1　分解块

在图形中插入内部块或外部块时,由于这些块属于一个整体,所以无法直接对其进行修改,这给实际操作带来极大不便。此时,需要通过分解功能将块分解为各自独立的状态。常用的分解功能有插入时分解块和插入后分解块两种,操作方法如下。

(1)插入时分解块:在“块”选项板中选中“分解”复选框,单击“确定”按钮。插入的块会自动分解为各自独立的状态。

(2)插入后分解块:选择要分解的块,执行“分解”命令后,按 “Enter”键。

7.3.2　删除块

在绘图过程中,用户如果要删除创建的块,那么可以执行“删除”命令,在绘图区选择要删除的块,按“Enter”键,即可删除选中的块。

7.3.3　清理块

利用插入块功能可以极大提高工作效率,但是过多未使用的块会使图形文件体积过大,降低编辑效率。此时需要清理图形文件中未使用的块。

有以下两种方式执行“清理块”命令。

(1)“应用程序”按钮:A→图形实用工具→。

(2)命令行:输入“PURGE”,按“Enter”键。

执行上述任意一种操作后,打开“清理”对话框,如图 7-20 所示。在“命名项目未使用”列表框中选择要清理的块,单击“清除选中的项目(P)”按钮,打开如图 7-21 所示的“清理-确认清埋”对诂框,选择“清理此项目(T)”或“清除所有选中项(A)”选项,即可删除单个或全部块。

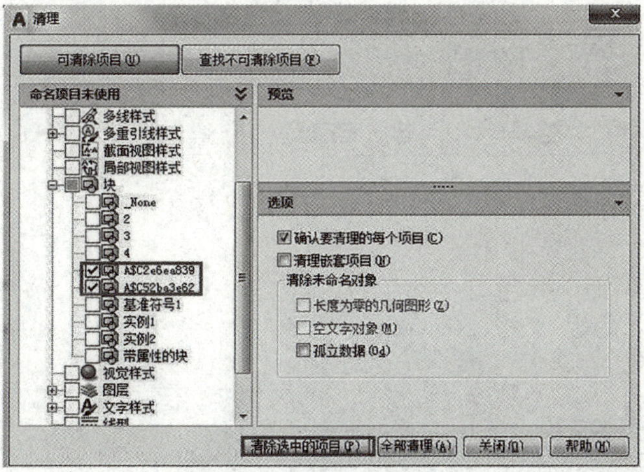

图 7-20　“清理”对话框

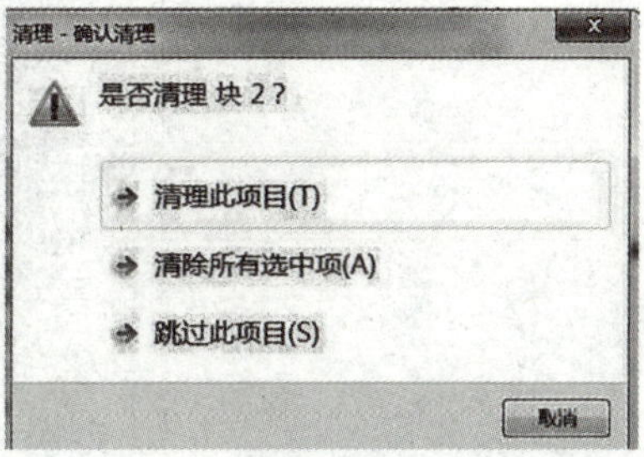

图 7-21　“清理-确认清理”对话框

说明

(1)在“清理”对话框中,如果单击“全部清理(A)”按钮,则清理图形文件中所有未使用的块,大大减小图形文件体积。

(2)执行“清理块”命令后,当进行插入块操作时只会保留图形文件中使用的块,从而有效地管理和清理图形文件,优化图纸的管理和维护。

7.4 动态块

在绘图过程中,经常遇到块的整体结构基本相同,仅有部分区域不同的情况。动态块是“会动”的块,用户可以根据需要对块的整体或局部进行动态调整。动态块不但像普通块一样有整体操作的优势,而且有普通块所没有的局部调整功能。它可以把大量具有相同特性的块进行合并,比普通块多了长度、角度、查寻等特性。在插入动态块时,只要调整一些参数就可以得到一个新块。

要使块成为动态块,必须至少添加一个参数和动作,并使该动作与参数相关联。添加到块定义中的参数和动作类型决定了块参照在图形中的作用方式。利用“块编辑器”可以创建动态块。

有以下5种方式执行“块编辑器”命令。

(1)菜单栏:“工具(T)”→“块编辑器(B)”。

(2)功能区:“默认”选项卡→“块”面板→“编辑”按钮。

(3)功能区:“插入”选项卡→“块定义”面板→“块编辑器”按钮。

(4)命令行:输入“BEDIT”,按“Enter”键。

(5)鼠标:双击动态块特征。

执行上述任意一种操作后,打开“编辑块定义”对话框,如图7-22所示。在该对话框中,选择当前图形文件中需要编辑的块,单击“确定”按钮。系统进入“块编辑器”界面,如图7-23所示。

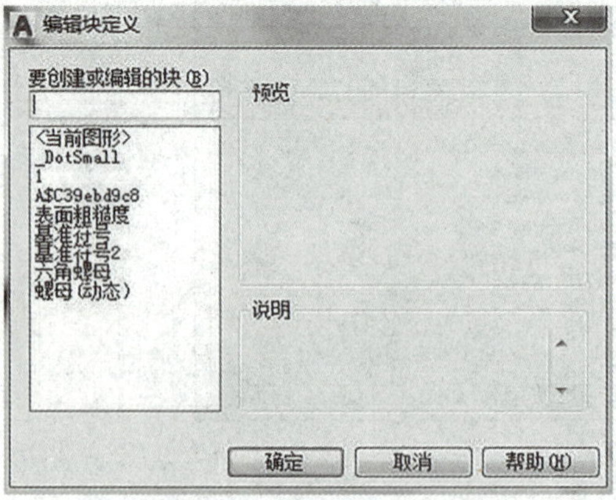

图7-22 “编辑块定义”对话框

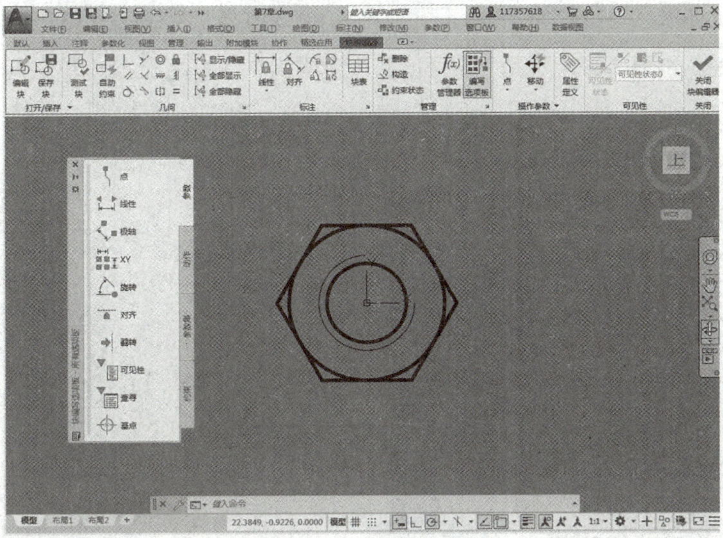

图 7-23　“块编辑器”界面

在“块编辑器”界面的左侧显示“块编写”选项板，该选项板包括“参数”“动作”“参数集”和“约束”选项卡。使用该选项板的不同选项卡，即可为块添加所需的各种参数和对应的动作。

【例 7-5】创建一个包含多种规格螺母的动态块，如图 7-24 所示。

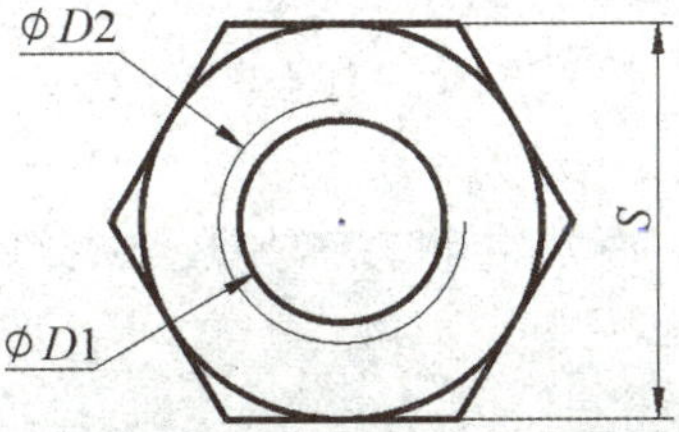

（a）

规格	D1	D2	S
M8	6.647	8	13
M10	8.376	10	16
M12	10.106	12	18

（b）

图 7-24　例 7-5 图

解：（1）按照规格尺寸为 M8 的螺母绘制图形。

（2）将上述图形定义为块，并命名为“螺母（动态）”。

（3）执行“块编辑器”命令后，打开“编辑块定义”对话框，选择“螺母（动态）”选项，单击“确定”按钮，进入“块编辑器”界面。

（4）创建线性参数，如图 7-25 所示。

①在“参数”选项卡中单击“线性”图标，命令行显示操作如下：

```
命令：_BParameter 线性
指定起点或[名称(N)/标签(L)/链(C)/说明(D)/基点(B)/选项板(P)/值集(V)]:
                                   //捕捉 φD1 圆的左象限点，指定线性参数起点
指定端点：                          //捕捉 φD1 圆的右象限点，指定线性参数端点
指定标签位置：                      //在合适位置单击，线性参数标签为“距离 1”
```

②选中并右击线性参数标签“距离 1”,在弹出的快捷菜单中选择“特性”选项,打开线性参数的“特性”选项板,如图 7-26 所示。在“值集”选项组的“距离类型”下拉列表中选择“列表”选项。选中“距离值列表”数值框后,单击右侧出现的按钮,打开如图 7-27 所示的“添加距离值”对话框,依次添加“8.376”“10.106”两个数值。

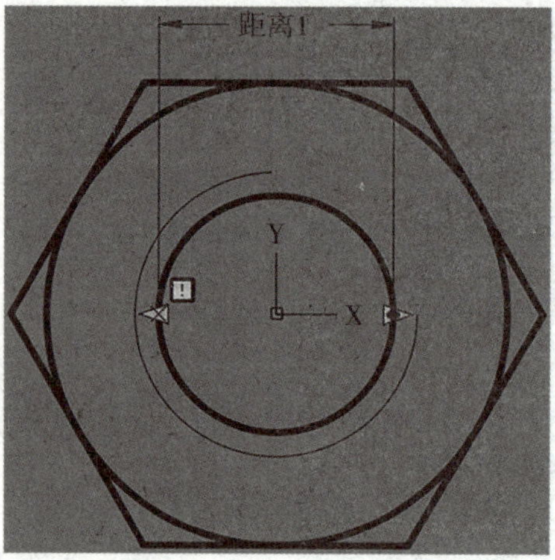

图 7-25　创建线性参数

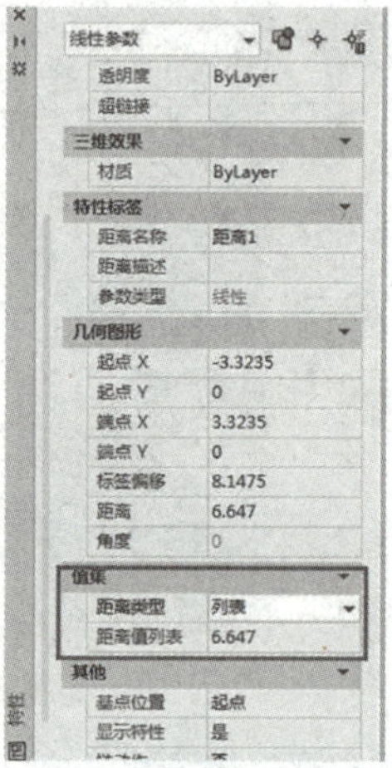

图 7-26　线性参数的“特性”选项板

③重复步骤①和②,依次为 $\phi D2$ 圆和正六边形添加一个线性参数,在“值集”选项组的“距离类型”下拉列表中选择“列表”选项,分别添加“10”“12”和“16”“18”两组数值。线性参数最终效果如图 7-28 所示。

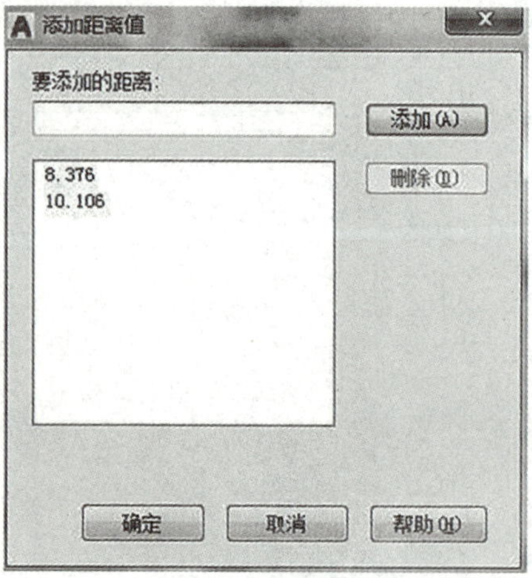

图 7-27　“添加距离值”对话框

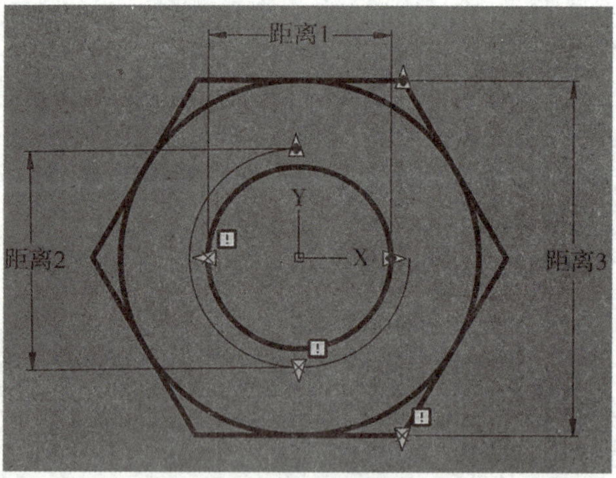

图 7-28　线性参数最终效果

(5)定义缩放动作。

①在“动作”选项卡中单击“缩放”按钮,命令行显示操作如下:

```
命令: _BActionTool 缩放
选择参数:                              //拾取线性参数标签“距离 1”
```

```
指定动作的选择集
选择对象：找到 1 个                              //拾取 φD1 圆
选择对象：                                      //按"Enter"键结束选择
```

②选中添加到图形的缩放动作，打开“特性”选项板，在“替代”选项组的“基准类型”下拉列表中选择“独立”选项，并在“基准 X”和“基准 Y”数值框中输入“0”，即用圆心作为缩放的基准点，如图 7-29 所示。

③重复步骤①和②，依次为 $\phi D1$ 圆和正六边形（包括相切圆）添加缩放动作，设置同上。

（6）定义查寻参数。

在“参数”选项卡中单击“查寻”按钮，命令行显示操作如下：

```
命令：_BParameter 查寻
指定参数位置或［名称(N)/标签(L)/说明(D)/选项板(P)］：
                                  //在空白位置单击，添加"查寻"按钮
```

（7）定义查寻动作。

①在“动作”选项卡中单击“查寻”按钮，命令行显示操作如下：

```
命令：_BActionTool 缩放
选择参数：                                      //拾取"查寻"按钮
```

②打开“特性查寻表”对话框，如图 7-30 所示。单击“添加特性(A)...”按钮，打开如图 7-31 所示的“添加参数特性”对话框。选中所有的参数，单击“确定”按钮，返回“特性查寻表”对话框。在“输入特性”区域，单击“距离 1”下方的空格，在下拉列表中选择“6.647”，其他空格数值用相同方法输入。在“查寻特性”区域，依次输入“M8”“M10”“M12”，单击“确定”按钮。输入特性和查寻特性输入结果如图 7-32 所示。

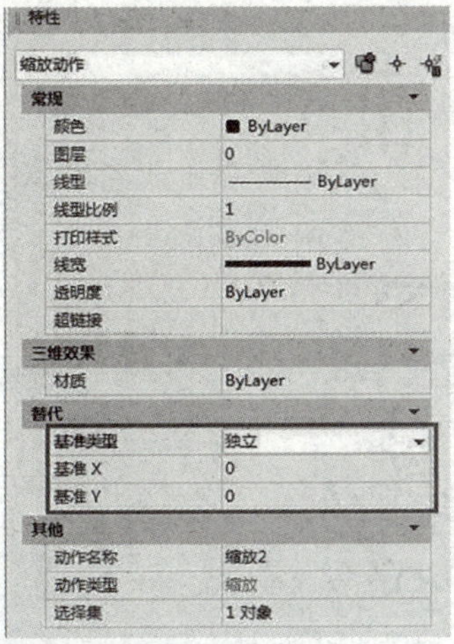

图 7-29 缩放动作“特性”选项板

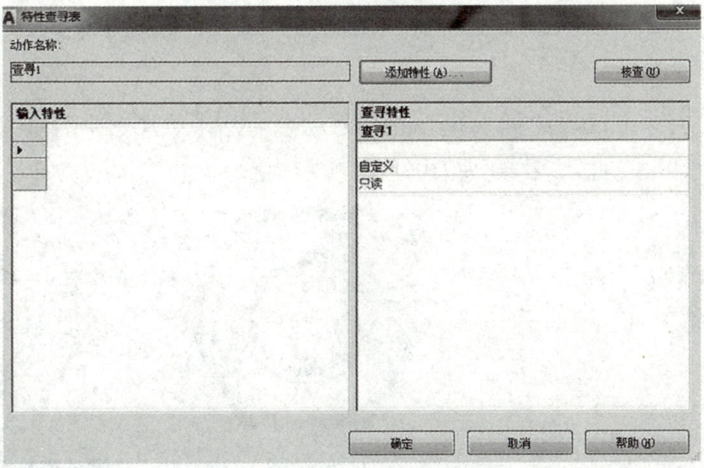

图 7-30 “特性查寻表”对话框

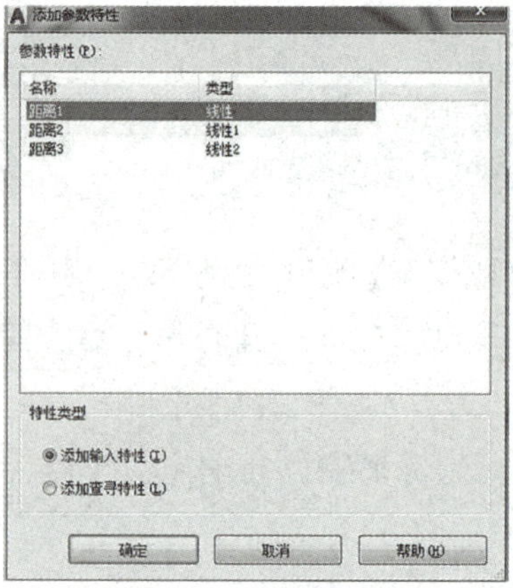

图 7-31 “添加参数特性”对话框

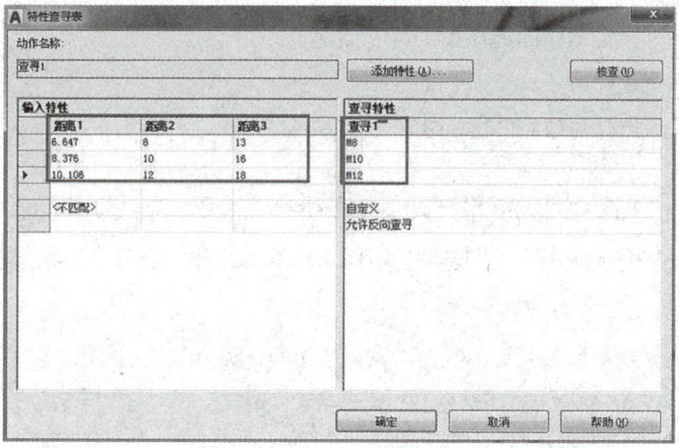

图 7-32 输入特性和查寻特性输入结果

(8)分别选中线性参数“距离 1”“距离 2”“距离 3”，在“特性”选项板中将“夹点数”设置为“0”。

(9)在功能区单击“关闭块编辑器”按钮，打开如图 7-33 所示的“块-是否保存参数更改?”对话框。选择“保存更改(S)”选项，退出“块编辑器”界面，完成动态块的创建。

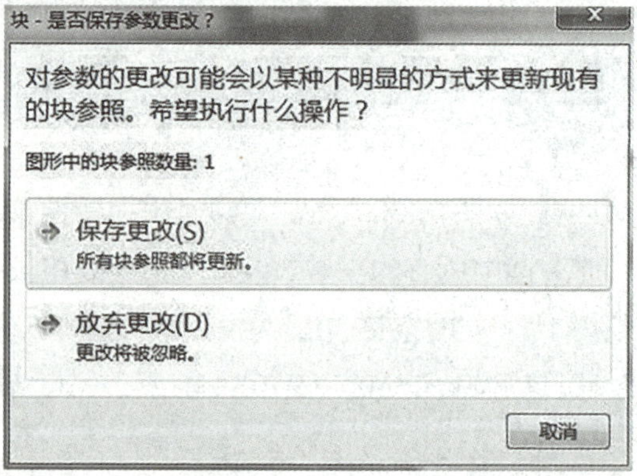

图 7-33 “块-是否保存参数更改?”对话框

(10)执行“插入块”命令，将动态块插入绘图区。选中该动态块，单击夹点并拖动鼠标，即可测试动态块效果，如图 7-34 所示。

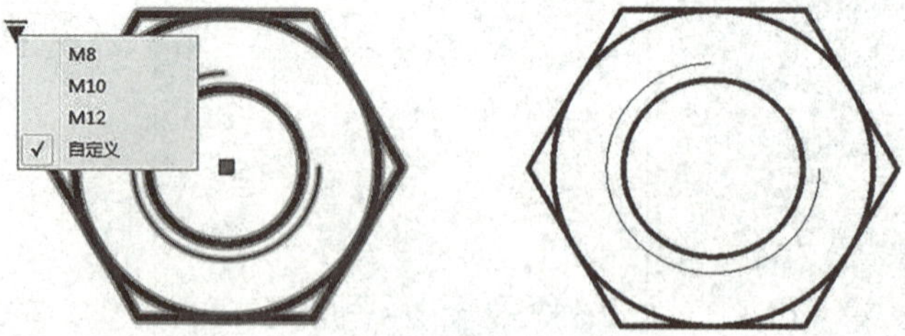

图 7-34 动态块测试效果

说明

(1) 参数和动作是实现动态块动态功能的两个内部因素，通过参数和动作的配合，动态块可以实现旋转、翻转、查寻等动态功能。

(2) 为得到质量较好的动态块，提高块的编辑效率，避免重复修改，一般可以通过以下4个步骤完成动态块的创建。

①规划。在创建动态块之前，对动态块进行必要的规划，包括动态块需要实现的功能、外观需求、在图形中的使用方式，以及实现预期功能需要哪些参数和动作等。

②创建块。创建动态块中所包含的基本图元，创建普通块。

③添加参数和动作。这是动态块创建过程中最关键的环节。参数和动作的编辑不但要考虑动态块动态功能的实现，而且要考虑动态块的可读性及修改的方便性。应尽可能将参数的作用点吸附在对应的图元上，且动作应摆放在其关联参数附近，参数和动作较多时还需要为其重命名，以便理解、编辑和修改。

④测试动态块。保存并退出"块编辑器"界面后，对动态块进行效果测试，检测动态块是否达到预期的效果。

(3) 创建动态块，必须包含一个或多个参数，以及该参数所对应的动作。当参数添加到动态块定义中后，夹点将添加到该参数的关键点，关键点是用于操作块参照的参数部分。例如，线性参数在其基点或端点具有关键点，拖动任意一个关键点都可操作参数的距离。

添加到动态块的参数类型决定了所添加的夹点类型。每种参数类型仅支持特定类型的动作。参数与夹点样式、动作的关系如表7-1所示。

表7-1 参数与夹点样式、动作的关系

参数	夹点样式	夹点在图形中的操作方式	可与参数关联的动作
点	■(正方形)	平面内任意方向	移动、拉伸
线性	▶(三角形)	按规定方向或沿某一条轴移动	移动、缩放、拉伸、阵列
极轴	■(正方形)	按规定方向或沿某一条轴移动	移动、缩放、拉伸、极轴拉伸、阵列
XY	■(正方形)	按规定方向或沿某一条轴移动	移动、缩放、拉伸、阵列
旋转	●(圆点)	围绕某一条轴旋转	旋转
对齐	➡(五边形)	平面内任意方向。如果在某个对象上移动，则可使块参照与该对象对齐	无
翻转	➜(箭头)	单击以翻转动态块	翻转
查寻	▼(三角形)	单击以显示项目列表	查寻
可见性	▼(三角形)	平面内任意方向	无

(4)动作用于定义在图形中操作动态块参照的自定义特性时,块参照的几何图形将按该动作移动或修改,动态块至少包含一个动作。通常情况下,当动作添加到动态块定义中后,必须将该动作与参数、参数上的关键点以及几何图形相关联。动态块中的动作类型及其相关联的参数如表7-2所示。

表7-2 动态块中的动作类型及其相关联的参数

动作类型	参数
移动	点、线性、极轴、XY
缩放	线性、极轴、XY
拉伸	点、线性、极轴、XY
极轴拉伸	极轴
旋转	旋转
翻转	翻转
阵列	线性、极轴、XY
查寻	查寻

练一练

【练习7-4】绘制一个如图7-35所示的笑脸图和哭脸图(尺寸自拟),并将其创建为动态块,要求插入该动态块后,可通过控制点转换两种表情。

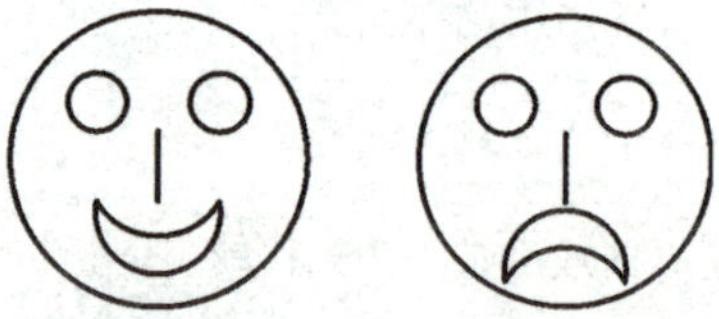

图7-35 练习7-4图

7.5 外部参照

AutoCAD 2020将外部参照作为一种块定义。与块一样,外部参照也可以提高绘图效率,但外部参照与块有重要的区别。当原始图形作为块插入当前图形时,外部参照存储在当前图形中,不随原始图形的改变而更新;当原始图形作为外部参照附着在当前图形中时,该原始图形相当于链接到当前图形,当前图形中的外部参照会随原始图形的改变而更新。既可以将单个图形作为外部参照同时附着在多个图形中,也可以将多个图形作为外部参照附着在单个图形中。

7.5.1 外部参照的定义

外部参照的命令为“XREF”,用户可以将整个图形作为外部参照附着在当前图形中,而无须插入。通过在图形中参照其他图形来协调用户之间的工作,查看当前图形是否与其他图形相匹配。

当前图形记录外部参照的位置和名称,以便参考,但外部参照并不是当前图形的一部分。和块一样,用户可以捕捉外部参照中的对象,从而使用它作为图形处理的参考文件。此外,用户还可以改变外部参照图层的可见性。

外部参照非常适合用作参考文件。例如,需要依据现有的箱盖图形设计一块垫片,绝大多数设计师都会采取先将现有的箱盖图形复制到新建图纸中,再设计垫片的方法。这种方法方便、快捷,但缺点是新建图纸与原来的箱盖图形没有关联性,如果设计师对原来的箱盖图形进行更改,那么新建图纸中不会更新。而如果采用外部参照的方式附着箱盖图形,就可以实时更新,避免对照底图进行修改的麻烦。

使用外部参照时要注意以下 3 点。

(1)确保显示参照图形的最新版本。当打开图形时,将自动重载每个参照图形,从而反映参照图形的最新状态。

(2)不要在当前图形中使用参照图形的图层名、标注样式、文字样式和其他命名元素。

(3)当工程完成,准备归档时,要将附着的参照图形和当前图形合并(绑定)到一起。

7.5.2 外部参照的使用

外部参照的使用方法有以下 3 种。

1.附着

在命令行中输入“XREF”,按“Enter”键,打开“外部参照”选项板,如图 7-36 所示。单击“附着 DWG”按钮,选择需要的参照图形。

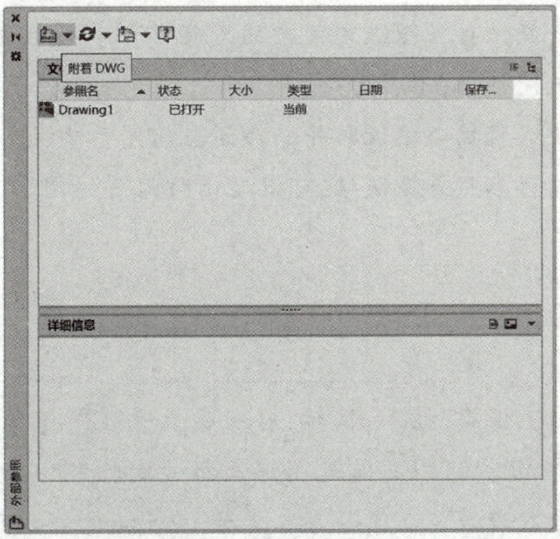

图 7-36 “外部参照”选项板

2.拆离

如果要从图形中完全删除外部参照，就要进行拆离而不是删除操作。这是因为删除外部参照不会删除与其关联的图层。只有使用“拆离”命令，才能删除外部参照和所有关联信息。打开“外部参照”选项板，在“文件参照”选项组中选中并右击需要删除的外部参照，在弹出的快捷菜单中选择“拆离”选项，即可删除所选的外部参照。

3.绑定

绑定外部参照，将指定的外部参照与原图形文件的链接断开，使外部参照成为内部块，原来的“|”符号被“$ n $”代替（*n* 表示索引号的数字）。打开“外部参照”选项板，在“文件参照”选项组中选中并右击需要绑定的外部参照，在弹出的快捷菜单中选择“绑定”选项，外部参照的图层前面会显示外部参照的图名，如图 7-37 所示。

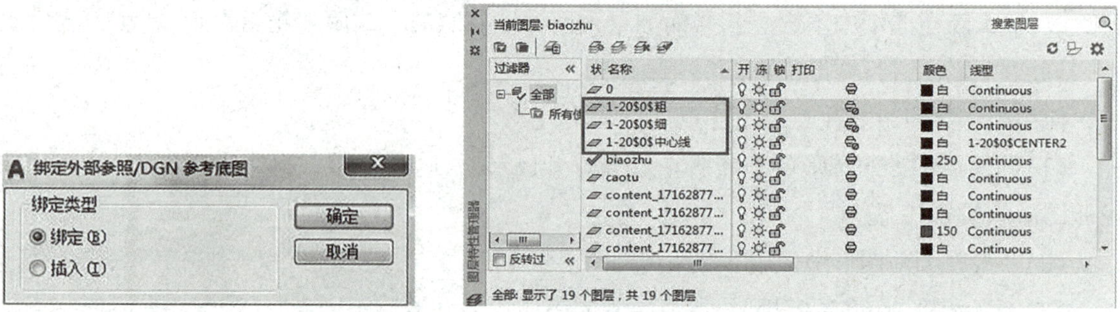

图 7-37 “绑定”外部参照

说明

（1）在给别人发送图纸文件时，既可以先绑定参照文件再发送，也可以将参照文件和图纸文件放在同一文件夹中一同发送，两种方式都可以保证图纸正常显示。

（2）外部参照和块的区别如下。

①块是绘制在图纸上，且保存在图纸文件中的。而外部参照只是借用（或引用）独立的图纸文件，且仅仅显示在图纸文件中，不占内存。

②在插入块时，块的所有数据会被读取并保存到当前图形中，占用内存较大。在附着外部参照时，当前图纸文件中保存参照文件链接，可以显示所附着的图形，但保存的只是路径，占用内存较小。

本章小结

本章主要学习块的创建、保存、插入、编辑，以及属性管理等操作，强调块在提高绘图效率和数据管理方面的重要性。用户可以将常见图形及符号制作成块并分类保存，以便减少重复工作，确保图形的一致性和准确性。在学习完本章后，应重点掌握以下内容。

（1）赋予块清晰、有意义的名称，方便识别和调用。可以根据块的功能或类型命名，如“门-单扇”“齿轮-斜齿轮”等。同时将不同类型的块分别放置在不同的图层或块文件夹中,便于查找和管理。可以创建专门的图层用于存放特定类型的块,如电气图块、机械图块等。

(2)为块添加属性(如零件编号、规格尺寸等),可以在插入块时自动输入相关信息,提高绘图效率和准确性。动态块可以根据需要调整大小、形状或参数,从而提高块的灵活性和适用性。

(3)可直接调用“工具”选项板和“设计中心”对话框中的块。若块的部分结构不能满足绘图要求,则可双击该块,在打开的“块编辑器”界面进行修改。

(4)随着绘图过程的进行,可能会积累一些未使用的块。定期清理这些无用块可以减小文件所占空间,提高绘图效率。可以使用“PURGE”命令来清理未使用的块、图层、线型等。对于一些重要的块,应定期进行备份,防止文件损坏或丢失。可以将块保存为单独的文件或备份到外部存储设备中。

思考与练习

一、填空题

1.如果需要插入块的镜像图形,那么在插入块时,应将__________设置成负数。

2.在 AutoCAD 2020 中,可以利用__________命令一次插入呈矩形排列的多个块。

3.当需要删除图形文件中未使用的块时,可执行__________命令。

4.__________和__________是实现动态块动态功能的两个内部因素。

5.__________可断开外部参照与原图形文件的链接,使外部参照成为内部块。

二、选择题

1.当插入块时,需要指定 4 组参数,即块的名称、插入点位置、比例因子和(　　)。

A.块的坐标　　B.块的大小　　C.旋转角度　　D.块的方向

2.打开“设计中心”对话框的组合键是(　　)。

A.Ctrl+1　　B.Ctrl+2　　C.Ctrl+3　　D.Ctrl+4

3.下面不属于“工具”选项板中“动态块”部分的是(　　)。

A.土木工程　　B.机械　　C.建筑　　D.命令工具

4.从“工具”选项板的“机械”界面中拖动图形时,如果将它们拖动到当前图形中,那么被拖动的图形将作为(　　)。

A.外部参照　　B.光栅图像　　C.几何对象　　D.块

5.动态块中与线性参数所对应的动作不包括(　　)。

A.移动　　B.缩放　　C.旋转　　D.阵列

三、操作题

1.完成以下任务。

(1)按照如图 7-38 所示绘制标题栏,将其创建为带属性的块(命名为“标题栏”)。块的属性设置信息如表 7-3 所示。

表 7-3 块的属性设置信息

属性标记	提示	默认
属性 A	请输入制图人员姓名	—
属性 B	请输入审核人员姓名	—
属性 C	请输入绘图比例信息	1∶1
属性 D	请输入零件材料信息	45

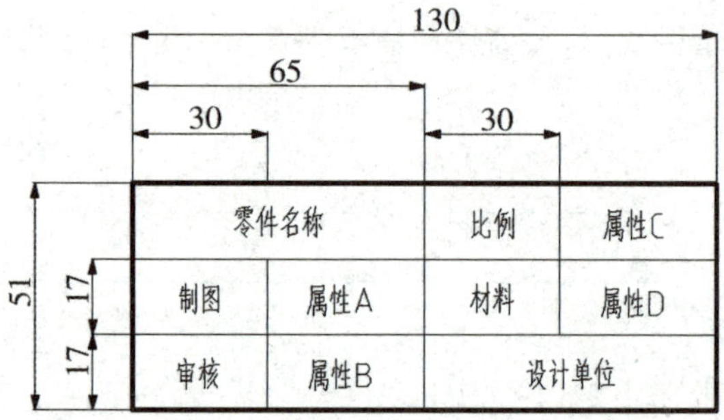

图 7-38 标题栏信息

(2)插入所创建的“标题栏”块,输入属性信息,插入块效果如图 7-39 所示。

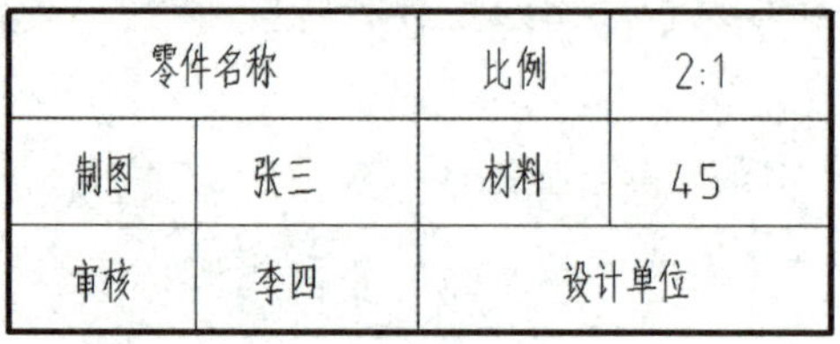

图 7-39 插入块效果

2.绘制如图 7-40 所示的挂钟图形,并将其创建为动态块。要求插入动态块后能实现分针和时针的任意转动。

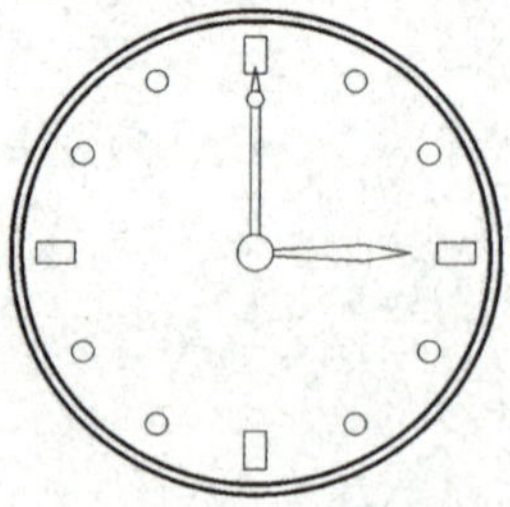

图 7-40 挂钟图形

第8章　三维模型的绘制

习近平总书记指出："我们要做一个强国，就一定要把装备制造业搞上去，把大飞机搞上去，起带动作用、标志性作用。"2024 年 9 月 10 日 13 时，中国国际航空股份有限公司（简称国航）CA1523 航班从北京首都国际机场飞抵上海虹桥机场，标志着国航首架 C919 飞机成功首航，并正式投入运营。在国航 C919 飞机的制造过程中，无数工程师精心完成零部件的三维建模和设计优化，体现了团队合作、精益求精的工匠精神。我们要学习先进榜样，为我国装备制造业的发展贡献自己的力量。

【知识目标】

（1）掌握查看三维实体模型的基本知识和命令。

（2）掌握用户坐标系 UCS 的基本知识。

（3）掌握拉伸、旋转、扫掠等基本建模命令。

（4）掌握布尔运算、实体编辑的相关命令。

（5）熟悉三维实体模型尺寸标注的方法。

【技能目标】

（1）能使用视觉样式、动态观察等功能观察和编辑三维实体模型。

（2）能变换用户坐标系 UCS 的位置。

（3）能应用基本实体命令绘制简单的三维实体模型。

（4）能应用实体编辑命令绘制复杂的三维实体模型。

（5）能完成三维实体模型的尺寸标注。

【素养目标】

（1）强调在模型设计与绘制过程中应保证精确性和实用性，培养学生的敬业精神和社会责任感。

（2）通过分析和评估不同建模方案的优缺点，培养学生的辩证思维。

8.1 三维建模基础

当利用 AutoCAD 2020 创建三维模型时，需要将工作空间切换至“三维建模”工作空间，该工作空间仅包含三维建模相关的选项卡和面板，便于三维模型的创建和编辑，切换“三维建模”工作空间的方法如图 8-1 所示。

打开快速访问工具栏中的“工作空间”下拉列表，从中选择“三维建模”选项。或者单击 AutoCAD 2020 操作界面右下角状态栏中的“切换工作空间”按钮 ⚙ ·，在打开的下拉列表中选择“三维建模”选项，此时的功能区如图 8-1(b)所示。

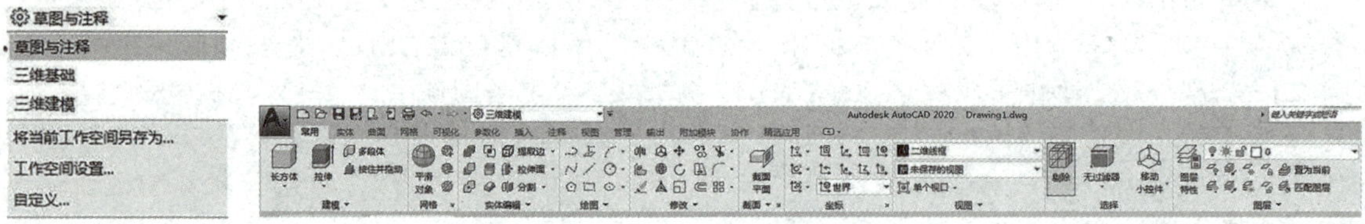

（a）　　（b）

图 8-1　切换“三维建模”工作空间的方法

8.1.1　设置视觉样式

为让三维模型呈现不同的视觉效果，AutoCAD 2020 利用视觉样式来设置三维模型的显示方式。

有以下 3 种方式执行“视觉样式”命令。

(1)菜单栏：“视图(V)”→“视觉样式(S)”。

(2)功能区：“常用”选项卡→“视图”面板→“视觉样式”下拉列表，如图 8-2(a)所示。

(3)命令行：输入“VSCURRENT”，按“Enter”键。

如果选择一种视觉样式，系统就会使当前的三维模型显示相应的视觉效果，常见的视觉样式效果如图 8-2 所示。

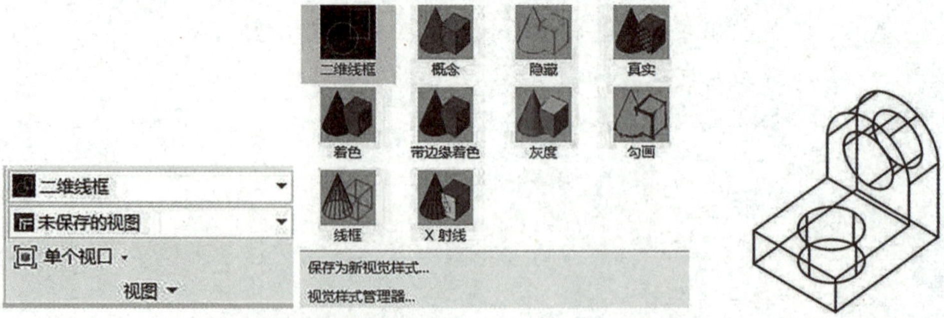

（a）“视觉样式” 下拉列表　　（b）二维线框

图 8-2　常见的视觉样式效果

（c）概念

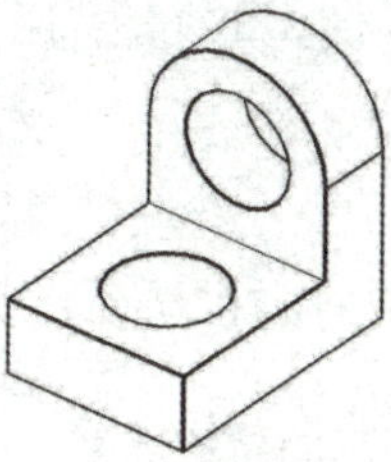

（d）隐藏

（e）真实

续图 8-2 常见的视觉样式效果

说明

（1）常见的视觉样式含义如下。

①二维线框：使用直线和曲线表示边界的对象。此视觉样式针对高保真度的二维绘图环境进行了优化，其光栅和 OLE 对象、线型和线宽都是可见的。

②概念：使用平滑着色和古氏面样式显示三维对象。由于古氏面样式是在冷、暖色而不是在明、暗效果之间转换的，所以该视觉样式缺乏真实感，但是可以更方便地查看模型的细节。

③隐藏：使用三维线框显示三维对象，并隐藏三维对象中被遮挡的直线。

④真实：显示着色后的三维对象，并使对象的边平滑化，同时显示已经附着在对象上的材质效果。

（2）当采用“概念”和“真实”视觉样式时，模型的颜色取决于模型所在图层的颜色，可以通过更改图层颜色来改变模型颜色。

8.1.2 动态观察三维模型

在创建三维模型的过程中，常常要通过不同视角观察模型的方向。AutoCAD 2020 默认视角是 *XY* 平面，观察方向为 *Z* 轴正方向（垂直于屏幕），仅能看到模型在 *XY* 平面上的投影，看不到模型的高度。如果调整观察方向为当前坐标系的左上方，就能看到模型的高度。例如，圆柱体在不同视角下显示的效果如图 8-3 所示。

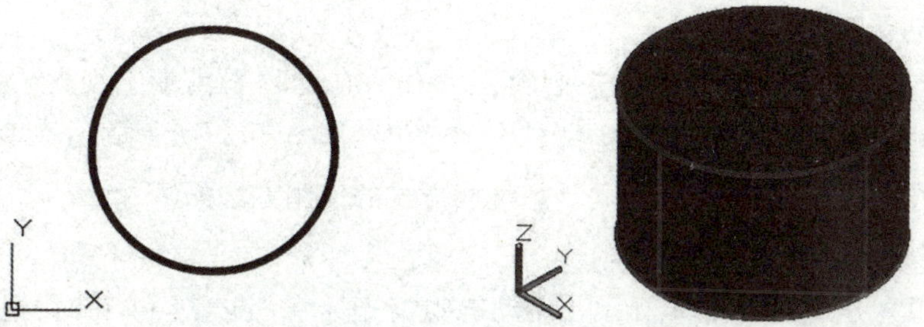

图 8-3 圆柱体在不同视角下显示的效果

AutoCAD 2020 提供了多种创建三维模型的方法，用于沿不同的方向观察模型，常用标准视图观察和动态观察两种方法较为常见。

1. 常用标准视图观察

为便于观察和编辑三维模型，AutoCAD 2020 预定义了 6 个标准正交视图和 4 个等轴测视图。

有以下两种方式执行“标准视图”命令。

（1）菜单栏：“视图（V）”→“三维视图（D）”。

（2）功能区：“常用”选项卡→“视图”面板→“视图”下拉列表，如图 8-4 所示。

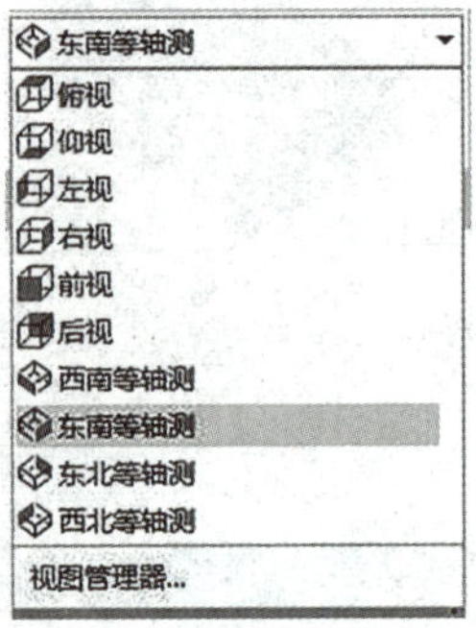

图 8-4 “视图”下拉列表

上述标准视图用于显示三维模型的主要特征视图，控制观察三维模型时的方向以及视点位置。用户在变换视角时，尽量用 10 个预定义的标准视图，这样可以节省绘图时间。

说明

（1）上述 10 个预定义的标准视图是相对于世界坐标系（WCS）设定的，与用户坐标系（UCS）无关。

（2）用户如需自行设定观察方向的视图，可通过视图管理器（通过“视图”下拉列表打开）设定并命名保存，所命名的视图将出现在“视图（V）”工具栏的下拉列表中。

2. 动态观察

动态观察是视点围绕目标移动，而目标保持静止的观察方式。使用“动态观察”命令既可以查看模型在任意方向的结构和形状，也可以让模型在空间中连续旋转。

AutoCAD 2020 提供具有交互控制功能的三维动态观察器实时控制和改变当前三维视图的观察方向，得到较好的效果。动态观察包括动态观察、自由动态观察和连续动态观察 3 种方式。

有以下 3 种方式执行“动态观察”命令。

（1）菜单栏：“视图（V）”→“动态观察（B）”。

（2）功能区：“视图”选项卡→“导航”面板→“动态观察”按钮、“自由动态观察”按钮或“连续动态观察”按钮。

（3）命令行：输入“3DORBIT”（动态观察）、“3DFORBIT”（自由动态观察）或“3DCORBIT”（连续动态观察），按“Enter”键（或空格键）。

动态观察方式如图 8-5 所示，不同动态观察方式的使用方法如下。

（1）动态观察。

启用动态观察方式，在屏幕上显示三维动态观察光标。在观察视图时，视图的目标位置保持不动，相机位置（视点）围绕目标移动。通过按住鼠标左键并拖动，可沿水平方向或垂直方向旋转视图，如图 8-5（a）所示。

(2)自由动态观察。

启用自由动态观察方式,进入三维动态观察器后,在屏幕中间显示绿色导航球和均匀分布的4个小圆,如图8-5(b)所示。指针移动到不同位置,将变成不同形状。指针移动到导航球的上、下小圆内,将变成竖直椭圆状⊖,此时按住鼠标左键并拖动,可沿垂直方向旋转视图;指针移动到导航球的左、右小圆内,将变成水平椭圆状⦶,此时按住鼠标左键并拖动,可沿水平方向旋转视图;指针移动到导航球的大圆内,将变成球状⊕,此时按住鼠标左键并拖动,可沿任意方向旋转视图;指针移动到导航球的大圆外,将变成圆状⊙,此时按住鼠标左键并拖动,可绕视点中心旋转视图。

(3)连续动态观察。

启用连续动态观察方式,指针将变成由两条线包围的球体⊗,如图8-5(c)所示。在绘图区按住左键,沿任意方向拖动鼠标后释放左键,三维模型将沿拖动方向连续自动旋转。指针的移动速度决定了模型的旋转速度。在绘图区单击或按“Esc”键,退出连续自动旋转状态。

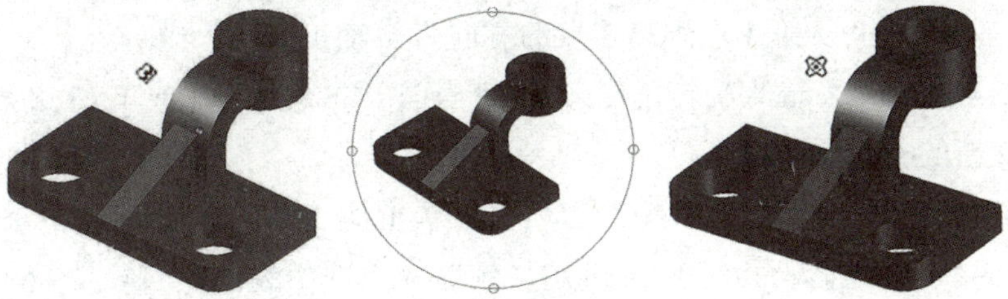

(a)动态观察　(b)自由动态观察　(c)连续动态观察

图8-5　动态观察方式

说明

(1)除上述方式以外,还可以先按住“Shift”键,再按住鼠标滚轮并拖动来旋转模型。这种方式的观察效果与使用“动态观察”命令一样。

(2)通过单击或拖动绘图区右上角“ViewCube”工具的棱边、顶点和面,模型将按照指定的视角和方向进行旋转,“ViewCube”工具如图8-6所示。

图8-6　“ViewCube”工具

8.1.3　用户坐标系

在三维空间中,世界坐标系(WCS)是唯一的,其原点位置和坐标轴的方向都是固定不变的。在绘制三维模型时,三维模型的复杂性使得WCS非常不方便。为方便建模,用户需要在不同位置建立自己的坐标系,即将WCS变换为用户坐标系(UCS)。

UCS是用于输入坐标、平面绘图和查看对象的可移动坐标系,正确地建立UCS是绘制三维模型的关键。可以将UCS的原点放置在任何位置,坐标轴的方向可以倾斜任意角度。大多数

AutoCAD 2020 的几何编辑命令依据 UCS 的原点位置和坐标轴方向，特别是平面图形和尺寸标注将绘制在当前 UCS 的 *XY* 平面上。

有以下 3 种方式执行“UCS”命令。

（1）菜单栏：“工具(T)”→“新建 UCS(W)”。

（2）功能区：“常用”选项卡→“坐标”面板，如图 8-7 所示。

（3）命令行：输入“UCS”，按“Enter”键。

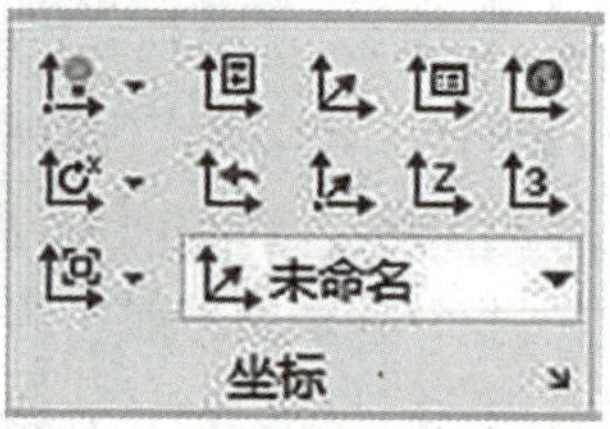

图 8-7　“坐标”面板

“坐标”面板的常见功能如下。

（1）世界：坐标系状态从当前 UCS 恢复到默认的 WCS。

（2）原点：通过指定 UCS 的原点、*X* 轴上的点（确定 *X* 轴正方向）、*XY* 平面上的点（确定 *Y* 轴正方向）来定义新的 UCS。

（3）三点：通过指定 3 个点来定义新的 UCS。第 1 点为新建 UCS 的原点；从第 1 点到第 2 点的方向为 *X* 轴正方向，从第 1 点到第 3 点的方向为 *Y* 轴正方向。

（4）绕坐标轴旋转：输入旋转角度，系统将当前 UCS 绕 *X* 轴（或 *Y* 轴、*Z* 轴）旋转指定的角度，从而定义新的 UCS。

（5）面：选择三维实体表面，系统将以所选的表面为 *XY* 平面，定义新的 UCS。系统会高亮显示被选中的表面，并显示临时 UCS 供用户预览。当选中表面时，新 UCS 的 *X* 轴将与所选表面上离指针最近的边对齐。

（6）视图：UCS 的原点保持不变，以平行于当前屏幕的平面为 *XY* 平面，定义新的 UCS。

（7）上一个：将当前 UCS 恢复为上一个 UCS（AutoCAD 2020 会保存所创建的最后 10 个 UCS）。

“UCS”命令的用法和“坐标”面板基本相同，用户可自行对照。

另外，通过“UCS”命令中的“对象(OB)”命令，可以用所选对象来定义新的 UCS，新 UCS 的 *Z* 轴与所选对象相同。UCS 的原点与 *X* 轴正方向如表 8-1 所示。可选取的对象包括圆弧、圆、标注、线段、点、二维多段线、实体和三维面等。不能用于选取三维实体、三维多段线、三维网格、视口、多线、面域、样条曲线、椭圆、射线、构造线、引线、多行文字等对象。

表 8-1　UCS 的原点与 *X* 轴正方向

对象	原点	*X* 轴正方向
圆弧	圆弧的圆心	从圆心指向圆弧时，距离拾取点最近的圆弧端点
圆	圆的圆心	从圆心指向拾取点
标注	标注文字的中点	平行于绘制该标注时生效的 UCS 的 *X* 轴
线段	离拾取点最近的端点	沿线段指向离拾取点较远的端点
点	点的位置	任意
二维多段线	多段线的起点	起点到下一顶点的线段延伸

续表

对象	原点	X 轴正方向
实体	实体上的第 1 点	沿第 1 点到第 2 点的连线方向
三维面	三维面上的第 1 点	沿第 1 点到第 2 点的连线方向
文本/参照/属性	对象的插入点	指向对象的旋转角

【例 8-1】 利用“UCS”命令，在三维线框模型的斜面中心位置绘制一个圆，结果如图 8-8(b)所示。

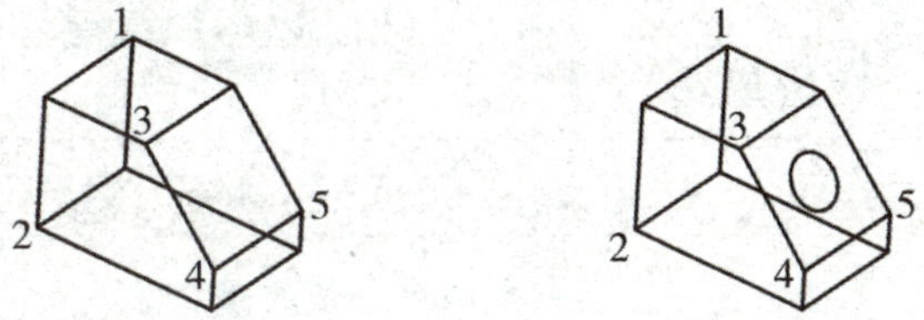

（a）三维线框模型（原始）　（b）三维线框模型（最终）

图 8-8　例 8-1 图

解：在命令行中输入“UCS”，按“Enter”键，命令行显示操作如下：

```
命令：UCS
指定 UCS 的原点或 [面(F)/命名(NA)/对象(OB)/上一个(P)/视图(V)/世界(W)/X/Y/Z/Z 轴
(ZA)] <世界>:                              //在屏幕上拾取第 4 点作为 UCS 的原点
指定 X 轴上的点或 <接受>:                   //拾取第 5 点，确定 UCS 中 X 轴正方向
指定 XY 平面上的点或 <接受>:                //拾取第 3 点，确定 UCS 中 Y 轴正方向
------------------------------------------------------------------------
命令：CIRCLE
指定圆的圆心或 [三点(3P)/两点(2P)/切点、切点、半径(T)]:
                                            //确定圆的圆心位置
指定圆的半径或 [直径(D)] <11.8873>:         //确定圆的大小
```

说明

(1) AutoCAD 2020 中的三维坐标系采用的是笛卡尔坐标系，各坐标轴方向的判断遵循“右手定则”：将右手拇指和食指张开，分别对齐 X 轴和 Y 轴，中指背离手心方向翘起，则中指所指方向为 Z 轴正方向。

(2) 通过“绕坐标轴旋转方式”创建 UCS，旋转方向的判断也遵循“右手定则”：用右手“握住”旋转时所围绕的坐标轴，大拇指指向坐标轴的正方向，其余四指弯曲，则四指弯曲的方向为旋转方向。

(3) 在绘制三维图形时，可以使用“极轴捕捉”“对象捕捉追踪”等辅助绘图工具来定位特殊点位置。在“草图设置”对话框的“三维对象捕捉”选项卡中，选中“启用三维对象捕捉(F4)(O)”

复选框，设置相应的对象捕捉模式，即可完成特殊点的定位，如图 8-9 所示。

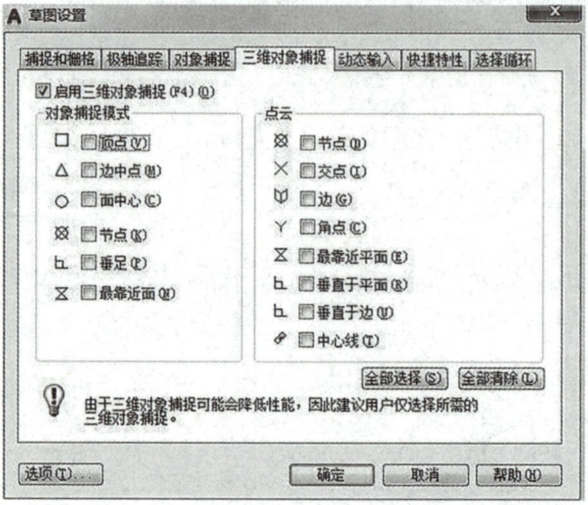

图 8-9 “三维对象捕捉”选项卡功能设置

练一练

【练习 8-1】利用“UCS”命令创建如图 8-10 所示的三维线框模型。

练习8-1

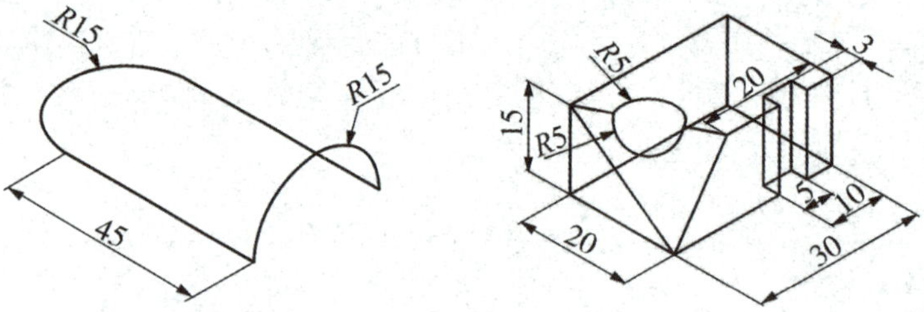

(a) (b)

图 8-10 练习 8-1 图

8.2 创建三维实体模型

三维实体模型是实心的，用户既可以对三维实体模型进行各种编辑，如切割、倒角、布尔运算等，也可以分析三维实体模型的质量、体积、重心、惯性矩等物理特征，还可以对三维实体模型进行隐藏、着色、渲染等操作。

在 AutoCAD 2020 中创建三维实体模型主要有两种方法，一种是创建基本实体，如多段体、长方体、圆柱体、圆锥体、球体、棱锥体、楔体、圆环体；另一种是通过对二维图形进行拉伸、旋转、扫掠、放样等操作创建复杂的三维实体模型。

8.2.1　基本实体

AutoCAD 2020 提供了 8 种创建基本实体的命令：多段体、长方体、圆柱体、圆锥体、球体、棱锥体、楔体、圆环体，如图 8-11 所示。

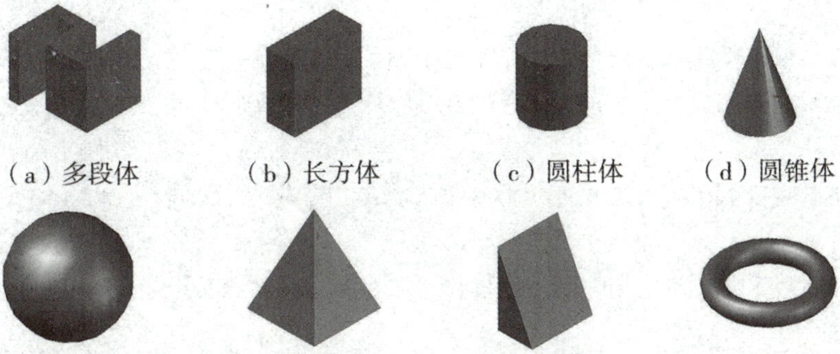

（a）多段体　（b）长方体　（c）圆柱体　（d）圆锥体

（e）球体　（f）棱锥体　（g）楔体　（h）圆环体

图 8-11　AutoCAD 2020 创建基本实体的命令

1. 多段体

“多段体”命令适用于创建类似三维墙体的多段体结构，尤其是具有特定尺寸和形状的墙体框架、结构框架等。

有以下两种方式执行“多段体”命令。

（1）菜单栏：“绘图（D）”→“建模（M）”→“多段体（P）”。

（2）命令行：输入“POLYSOLID”，按“Enter”键。

【例 8-2】利用“多段体”命令创建如图 8-12 所示的墙体框架。

图 8-12　例 8-2 图

解：执行“多段体”命令后，命令行显示操作如下：

```
命令: _Polysolid 高度=30.0000, 宽度=5.0000, 对正=居中
指定起点或 [对象(O)/高度(H)/宽度(W)/对正(J)] <对象>: h        //切换至高度选项
指定高度 <50.0000>: 15                                          //指定多段体高度为 15
指定起点或 [对象(O)/高度(H)/宽度(W)/对正(J)] <对象>: w        //切换至宽度选项
指定宽度 <20.0000>: 5                                           //指定多段体宽度为 5
```

```
指定起点或 [对象(O)/高度(H)/宽度(W)/对正(J)] <对象>:任选一点    //设置起点
指定下一个点或 [圆弧(A)/放弃(U)]: 30                            //设置极轴追踪 180°,输入长度 30
指定下一个点或 [圆弧(A)/放弃(U)]: 40                            //设置极轴追踪 90°,输入长度 40
指定下一个点或 [圆弧(A)/闭合(C)/放弃(U)]: a                     //切换至圆弧选项
指定圆弧的端点或 [闭合(C)/方向(D)/直线(L)/第二个点(S)/放弃(U)]: //通过极轴追踪捕捉圆弧端点位置
指定圆弧的端点或 [闭合(C)/方向(D)/直线(L)/第二个点(S)/放弃(U)]: l
                                                                //切换至直线选项
指定下一个点或 [圆弧(A)/闭合(C)/放弃(U)]: 30                    //设置极轴追踪 270°,输入长度 30
指定下一个点或 [圆弧(A)/闭合(C)/放弃(U)]:                       //按"Enter"键结束命令
```

说明

(1)在进行多段体绘制之前,需要设置好多段体的高度和宽度。

(2)多段体每段实际输入的数值,会根据不同的对正方式有所变化。

(3)在多段体轮廓中可以增加圆弧,圆弧的默认起始方向与上一线段相切。可以在命令行中输入“D”,按“Enter”键,指定圆弧不同的起始方向。

2.长方体

“长方体”命令可以创建具有规则形状的长方体或正方体等实体,如零件的底座、支撑板等。

有以下 3 种方式执行“长方体”命令。

(1)菜单栏:“绘图(D)”→“建模(M)”→“长方体(B)”。

(2)功能区:“常用”选项卡→“建模”面板→“长方体”按钮。

(3)命令行:输入“BOX”,按“Enter”键(或空格键)。

【例 8-3】利用“长方体”命令创建如图 8-13 所示的长方体模型。

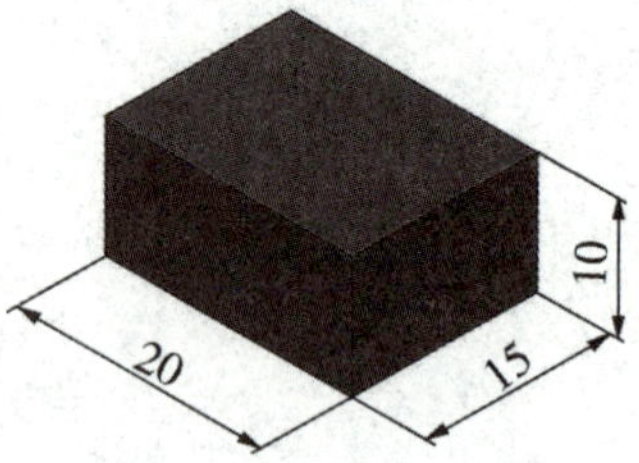

图 8-13　例 8-3 图

解:执行“长方体”命令后,命令行显示操作如下:

```
命令: _box
指定第一个角点或 [中心(C)]:                       //指定第一点位置
指定其他角点或 [立方体(C)/长度(L)]: @ 20,15       //指定对角点位置
指定高度或 [两点(2P)] <10.0000>: 10               //指定长方体高度,按"Enter"键结束命令
```

说明

(1)在指定长方体的对角点时,若该点与第一个角点不在同一平面内,则系统自动计算长方体的长、宽、高。若在同一平面内,则系统要求输入长方体的高度。

(2)长方体的长、宽、高分别与当前 UCS 的 X、Y、Z 轴平行。当长、宽、高的数值为正时,长方体沿 X、Y、Z 轴正方向生成;反之,长方体则沿 X、Y、Z 轴负方向生成。

3.圆柱体

“圆柱体”命令可以创建圆柱体或椭圆柱体等实体,如存储罐、发动机气缸等柱状模型。

有以下 3 种方式执行“圆柱体”命令。

(1)菜单栏:“绘图(D)”→“建模(M)”→“圆柱体(C)”。

(2)功能区:“常用”选项卡→“建模”面板→“圆柱体”按钮。

(3)命令行:输入“CYLINDER”(命令别名“CYL”),按“Enter”键。

【例 8-4】利用“圆柱体”命令创建如图 8-14 所示的实体模型。

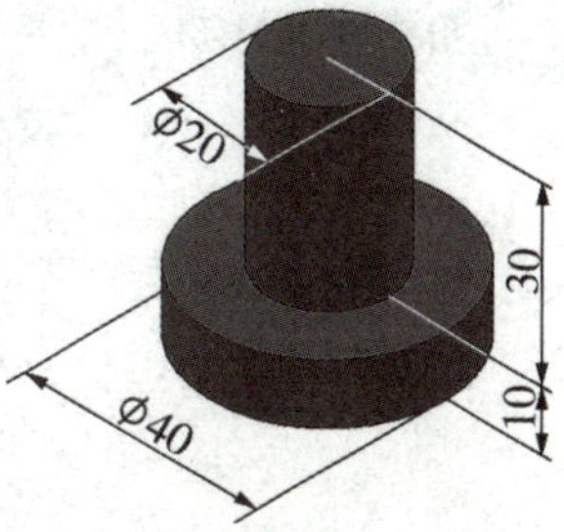

图 8-14　例 8-4 图

解:执行“圆柱体”命令后,命令行显示操作如下:

```
命令: _cylinder
指定底面的中心点或[三点(3P)/两点(2P)/切点、切点、半径(T)/椭圆(E)]:
                                          //拾取点作为圆柱体下底面圆的中心
指定底面半径或[直径(D)] <10.0000>: 20         //指定下底面半径
指定高度或[两点(2P)/轴端点(A)] <30.0000>: 10   //指定高度,按“Enter”键结束命令
命令: _cylinder
指定底面的中心点或[三点(3P)/两点(2P)/切点、切点、半径(T)/椭圆(E)]:
                                          //拾取点作为圆柱体上底面圆的中心
指定底面半径或[直径(D)] <20.0000>: 10         //指定上底面半径
指定高度或[两点(2P)/轴端点(A)] <10.0000>: 30   //指定高度,按“Enter”键结束命令
```

说明

(1)除了上述方式,还可以通过“椭圆(E)”命令创建椭圆柱体。

(2)若输入的高度值为正,则以当前 UCS 的 Z 轴正方向创建实体;否则以当前 UCS 的 Z 轴负方向创建实体。

4.圆锥体

“圆锥体”命令可以创建圆锥体或椭圆锥体等实体,如导向零件、中心孔定位零件等。

有以下 3 种方式执行“圆锥体”命令。

(1)菜单栏:“绘图(D)”→“建模(M)”→“圆锥体(O)”。

(2)功能区:“常用”选项卡→“建模”面板→“圆锥体”按钮。

(3)命令行:输入“CONE”,按“Enter”键。

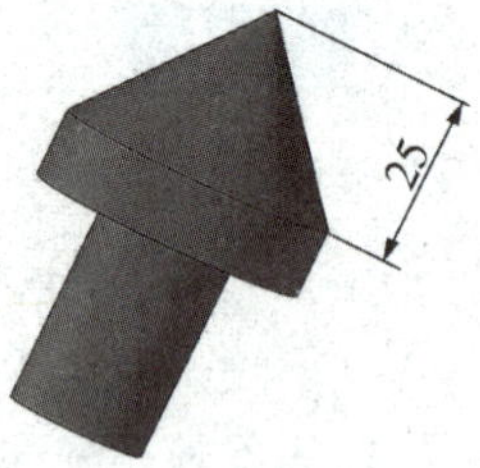

图 8-15　例 8-5 图

【例 8-5】在例 8-4 创建的实体模型基础上,利用“圆锥体”命令创建如图 8-15 所示的实体模型。

解:执行“圆锥体”命令后,命令行显示操作如下:

```
命令: _cone
指定底面的中心点或 [三点(3P)/两点(2P)/切点、切点、半径(T)/椭圆(E)]:
                                                  //捕捉圆锥体底面圆的中心
指定底面半径或 [直径(D)] <20.0000>: 20              //指定底面半径
指定高度或 [两点(2P)/轴端点(A)/顶面半径(T)] <25.0000>: 25//指定高度,按“Enter”键结束命令
```

说明

“圆锥体”命令还可以创建圆台,通过“顶面半径(T)”命令指定顶面半径数值来创建。

5.球体

“球体”命令可以创建三维球体,广泛应用于机械、建筑等制图中,如挡位控制杆、球形屋顶等。

有以下 3 种方式执行“球体”命令。

(1)菜单栏:“绘图(D)”→“建模(M)”→“球体(S)”。

(2)功能区:“常用”选项卡→“建模”面板→“球体”按钮。

(3)命令行:输入“SPHERE”,按“Enter”键。

图 8-16　例 8-6 图

【例 8-6】在例 8-5 创建的实体模型基础上,利用“球体”命令创建如图 8-16 所示的实体模型。

解:执行“球体”命令后,命令行显示操作如下:

```
命令: _sphere
指定中心点或 [三点(3P)/两点(2P)/切点、切点、半径(T)]: //指定球体的中心
指定半径或 [直径(D)] <10.0000>: 10               //指定半径,按“Enter”键结束命令
```

说明

AutoCAD 2020 中的实体均是以线框形式显示的,线框的密度由系统变量 ISOLINES 定义。变量 ISOLINES 的默认值为 4,有效整数值为 0~2 047。该值越大,线框越密,占用系统资源也越多,如图 8-17 所示为变量 ISOLINES 取不同值时模型线框的显示效果。

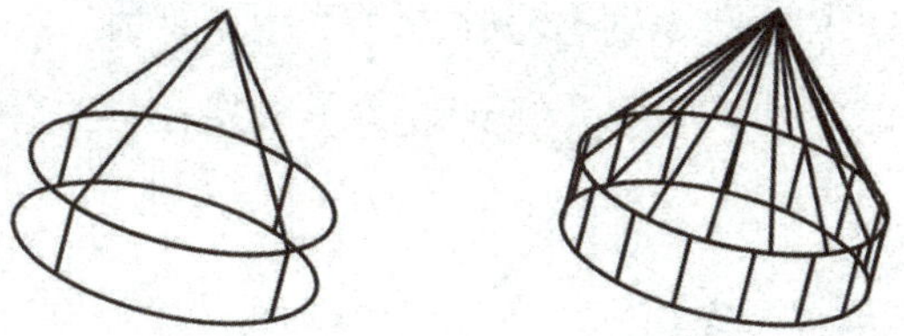

（a）ISOLINES=4　　（b）ISOLINES=15

图 8-17　变量 ISOLINES 取不同值时模型线框的显示效果

6.棱锥体

“棱锥体”命令可以创建正多边形棱锥体，广泛应用于机械、建筑等制图中，如挡位控制杆、球形屋顶等。

有以下 3 种方式执行“棱锥体”命令。

（1）菜单栏：“绘图（D）”→“建模（M）”→“棱锥体（Y）”。

（2）功能区：“常用”选项卡→“建模”面板→“棱锥体”按钮。

（3）命令行：输入“PYRAMID”，按“Enter”键。

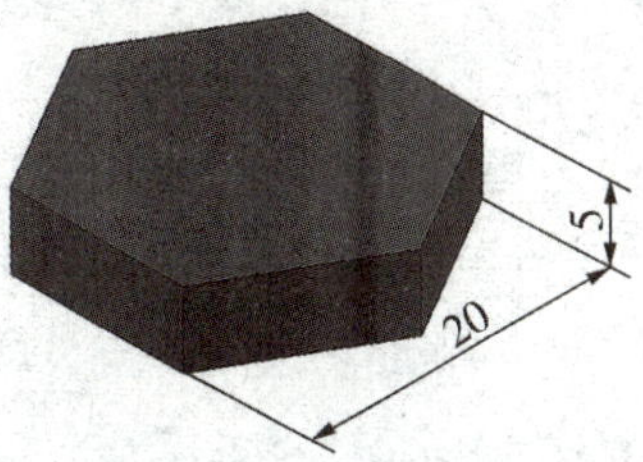

图 8-18　例 8-7 图

【例 8-7】利用“棱锥体”命令创建如图 8-18 所示的实体模型。

解：执行“棱锥体”命令后，命令行显示操作如下：

```
命令: _pyramid
指定底面的中心点或 [边(E)/侧面(S)]: s
输入侧面数 <4>: 6                                              //指定棱锥侧面数量
指定底面的中心点或 [边(E)/侧面(S)]:                              //指定底面中心
指定底面半径或 [内接(I)] <11.5470>: 10                           //指定底面正多边形的外切圆半径
指定高度或 [两点(2P)/轴端点(A)/顶面半径(T)] <5.0000>: t          //切换至顶面半径选项
指定顶面半径 <11.5470>: 10                                       //指定顶面外切圆半径
指定高度或 [两点(2P)/轴端点(A)] <5.0000>: 5                      //指定高度,按"Enter"键结束命令
```

说明

（1）在创建棱锥体模型时，通过“侧面（S）”命令设置棱锥体的侧面数量，可以输入 3~22 的整数值。

（2）在指定棱锥体的侧面数量、底面中心和底面半径后，还可以通过“顶面半径（T）”命令指定顶面半径，创建棱锥台模型。

7.楔体

“楔体”命令可以创建三维楔体，有以下 3 种方式执行“楔体”命令。

（1）菜单栏：“绘图（D）”→“建模（M）”→“楔体（W）”。

（2）功能区：“常用”选项卡→“建模”面板→“楔体”按钮。

(3)命令行:输入“WEDGE”(命令别名“WE”),按“Enter”键。

【例 8-8】利用“楔体”命令创建如图 8-19(a)所示的实体模型(薄板厚度为 3 mm,楔块位于中间位置)。

例8-8

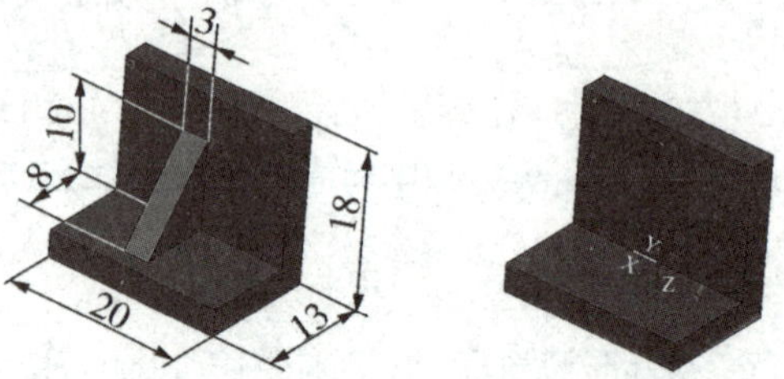

(a)　　　　　　(b)

图 8-19　例 8-8 图

解:(1)执行“多段体”命令,创建如图 8-19(b)所示的多段体。

(2)执行“用户坐标系”命令,UCS 的原点位于模型相交线的中点,*X* 轴正方向指向楔体斜面。

(3)执行“楔体”命令后,命令行显示操作如下:

```
命令: WEDGE
指定第一个角点或 [中心(C)]: 0,1.5                    //指定楔体底面第一个角点位置
指定其他角点或 [立方体(C)/长度(L)]: @ 8,-3           //指定楔体底面对角点位置
指定高度或 [两点(2P)] <-10.0000>: -10                //指定高度,按“Enter”键结束命令
```

说明

(1)楔体的倾斜方向始终沿 UCS 的 *X* 轴正方向,在创建楔体时要考虑 UCS 是否符合要求。在没有指定高度方向时,输入正值将沿当前 UCS 的 *Z* 轴正方向绘制高度,输入负值将沿当前 UCS 的 *Z* 轴负方向绘制高度。

(2)楔体也可以通过“长度(L)”命令来指定长、宽、高。长度与 *X* 轴对应,宽度与 *Y* 轴对应,高度与 *Z* 轴对应。此外,还要指定楔体在 *XY* 平面上的旋转角度。

8.圆环体

“圆环体”命令可以创建圆环形的实体。圆环体有两个半径值,一个是圆管半径;另一个是圆环体半径,即从圆环体中心到圆管中心的距离。

有以下 3 种方式执行“圆环体”命令。

(1)菜单栏:“绘图(D)”→“建模(M)”→“圆环体(T)”。

(2)功能区:“常用”选项卡→“建模”面板→“圆环体”按钮。

(3)命令行:输入“TORUS”,按“Enter”键。

【例 8-9】利用“圆环体”命令创建型号为 20×2.4 的 O 型密封圈(O 型密封圈的内径为 20 mm,胶圈的截面直径为 2.4 mm),如图 8-20 所示。

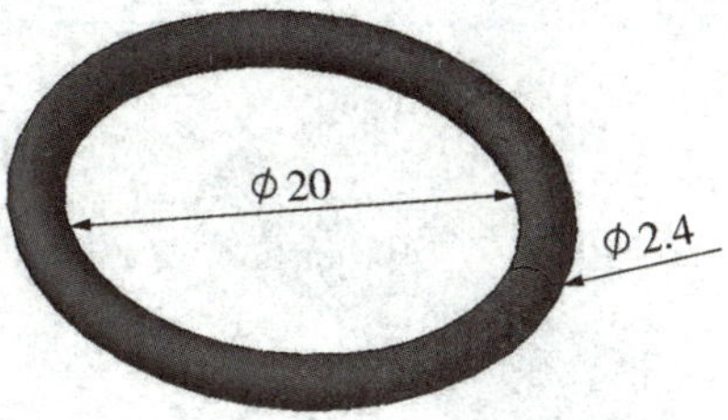

图 8-20　例 8-9 图

解：执行“圆环体”命令后，命令行显示操作如下：

```
命令：_torus
指定中心点或 [三点(3P)/两点(2P)/切点、切点、半径(T)]：//指定圆环体的中心
指定半径或 [直径(D)] <11.2000>: 11.2                //指定圆环体半径
指定圆管半径或 [两点(2P)/直径(D)] <1.2000>: 1.2 //指定圆管半径，按“Enter”键结束命令
```

说明

（1）“圆环体”命令还可以创建自相交圆环体，如图 8-21 所示。自相交圆环体没有中心孔，圆管半径比圆环体半径大。如果圆管半径和圆环体半径的数值都为正，那么所创建的圆环体是一个两极凹陷的球体，如图 8-21(a) 所示。如果圆管半径的数值为正，圆环体半径的数值为负，那么所创建的圆环体是一个两极尖锐突出的美式橄榄球实体，如图 8-21(b) 所示。

（2）可以通过系统变量 FACETRES 控制着色或隐藏视觉样式的曲线式三维实体（如圆环体）的平滑度。变量 FACETRES 的初始值为 0.5，有效值为 0.01~10.0。该值越大，三维实体越平滑，占用系统资源也越多。图 8-21(b) 和图 8-21(c) 分别是变量 FACETRES 取 0.5 和 10.0 时的显示效果。

(a)　(b)　(c)

图 8-21　自相交圆环体

练一练

【练习 8-2】利用基本实体命令创建如图 8-22 所示的三维实体模型。

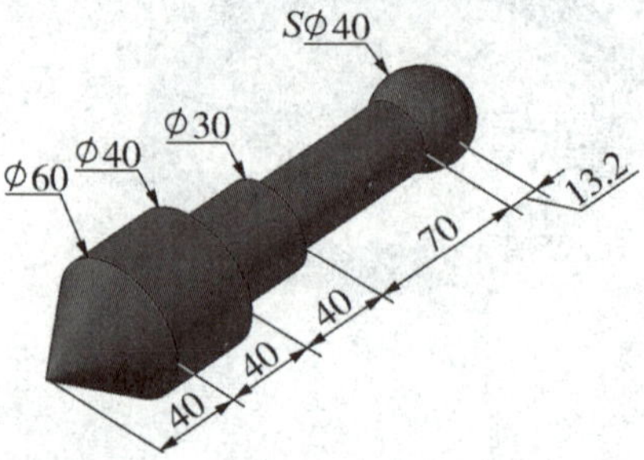

图 8-22　练习 8-2 图

8.2.2　由二维图形生成三维实体

使用基本实体命令只能创建一些结构简单的实体，如果要创建结构复杂的实体，就要先创建相应的二维图形。AutoCAD 2020 提供了将二维图形转换为实体的命令，如拉伸、旋转、放样和扫掠等。

1.拉伸

通过“拉伸”命令可以将封闭的二维平面对象或面域沿 Z 轴或某个路径拉伸指定距离，从而创建三维实体。二维平面对象又称为截面，它由线段、矩形、圆弧、圆、椭圆、多段线等构成。

有以下 3 种方式执行“拉伸”命令。

(1)菜单栏：“绘图(D)”→“建模(M)”→“拉伸(X)”。

(2)功能区：“常用”选项卡→“建模”面板→“拉伸”按钮。

(3)命令行：输入“EXTRUDE”(命令别名“EXT”)，按“Enter”键。

【例 8-10】现有如图 8-23(a)所示的二维封闭图形，利用“拉伸”命令创建如图 8-23(b)所示的实体。

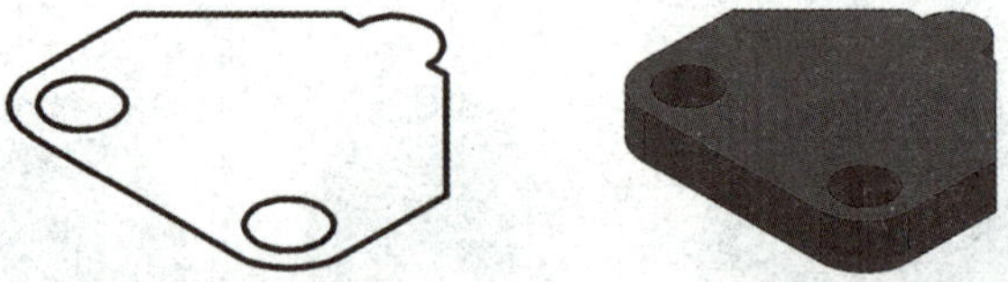

(a)二维封闭图形　　(b)拉伸后实体

图 8-23　例 8-10 图

解：执行“拉伸”命令后，命令行显示操作如下：

```
命令: _extrude
当前线框密度: ISOLINES=15,闭合轮廓创建模式=实体
选择要拉伸的对象或 [模式(MO)]: 找到 1 个                    //选择拉伸对象
选择要拉伸的对象或 [模式(MO)]:                             //按“Enter”键结束选择
指定拉伸的高度或 [方向(D)/路径(P)/倾斜角(T)/表达式(E)] <5.0000>: 5
```

说明

(1)对于由多个图形对象组成的二维封闭图形，如果要将其拉伸成三维实体，就要将其转换成面域。

(2)在默认情况下，二维平面对象沿 Z 轴方向进行拉伸，拉伸的高度可以为正值或负值，表示拉伸方向。既可以通过“方向(D)”命令拾取两点，指定拉伸方向和距离，也可以通过“路径(P)”命令选择一条拉伸路径。

(3)在拉伸过程中，可以通过“倾斜角(T)”命令设置倾斜角，不同倾斜角的拉伸效果如图 8-24 所示。当倾斜角为正值时，实体的外轮廓表面向内倾斜，产生内锥度；当倾斜角为负值时，实体的外轮廓表面向外倾斜，产生外锥度。如果设置的倾斜角或拉伸高度较大，那么拉伸对象或拉伸对象的一部分会在达到拉伸高度之前汇聚到一点，导致拉伸失败。

(a)倾斜角0°　(b)倾斜角10°　(c)倾斜角-10°

图 8-24　不同倾斜角的拉伸效果

练一练

【**练习 8-3**】利用“拉伸”命令创建如图 8-25 所示的三维实体模型。

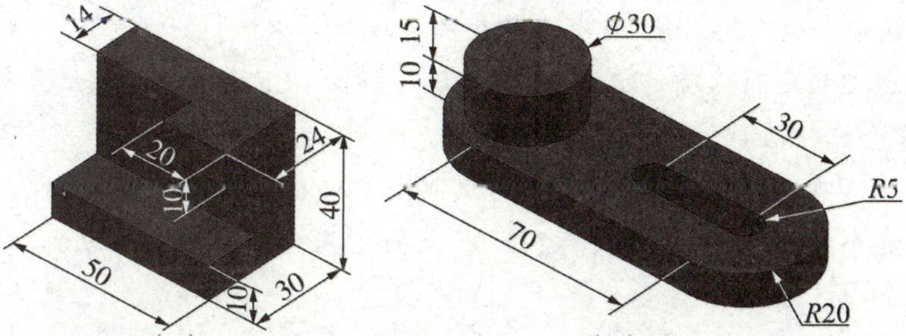

(a)　(b)

图 8-25　练习 8-3 图

2.旋转

通过“旋转”命令可以将封闭的二维平面对象或面域绕轴线旋转，从而创建三维实体。

有以下 3 种方式执行“旋转”命令。

(1)菜单栏：“绘图(D)”→“建模(M)”→“旋转(R)”。

(2)功能区：“常用”选项卡→“建模”面板→“旋转”按钮。

(3)命令行：输入“REVOLVE”(命令别名“REV”)，按“Enter”键。

在执行“旋转”命令的过程中，需要确定旋转对象、轴起点、轴端点和旋转角度等参数。

【**例 8-11**】现有如图 8-26(a)所示的二维封闭图形,利用“旋转”命令将其绕 *AB* 轴线旋转 180°,创建如图 8-26(b)所示的实体。

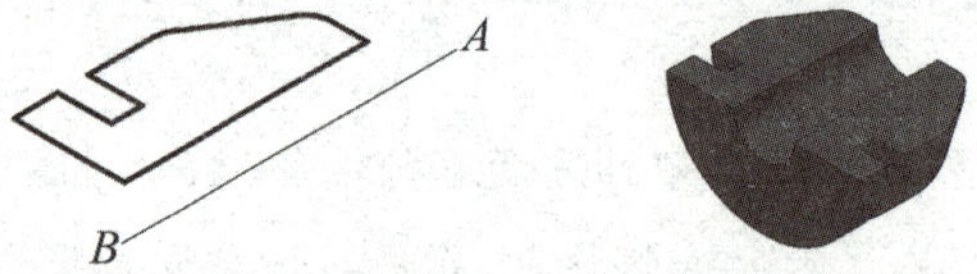

(a)二维封闭图形　　　(b)旋转后的实体

图 8-26　例 8-11 图

解:执行“旋转”命令后,命令行显示操作如下:

```
命令: _revolve
当前线框密度: ISOLINES=15,闭合轮廓创建模式=实体
选择要旋转的对象或[模式(MO)]: 找到 1 个                              //选择旋转对象
选择要旋转的对象或[模式(MO)]:                                         //按“Enter”键结束选择
指定轴起点或根据以下选项之一定义轴[对象(O)/X/Y/Z]<对象>:            //定义轴起点,即 A 点
指定轴端点:                                                           //定义轴端点,即 B 点
指定旋转角度或[起点角度(ST)/反转(R)/表达式(EX)]<360>: 180          //输入旋转角度
```

说明

(1)“旋转”命令可用于闭合多段线、多边形、圆、椭圆、闭合样条曲线、圆环和面域等,不可用于三维对象、包含在块中的对象、具有自相交的多段线等。

(2)既可以通过指定两点确定旋转轴,也可以将当前 UCS 的 *X* 轴、*Y* 轴、*Z* 轴、直线对象、实体的线性边等作为旋转轴。

(3)通过指定两点确定旋转轴,旋转轴的正方向是从拾取的第一点指向第二点的方向,且旋转方向遵循“右手定则”,即右手“握住”轴线,大拇指指向旋转轴的正方向,四指所指方向即为旋转角度的正方向。

练一练

【**练习 8-4**】利用“旋转”命令创建如图 8-27 所示的三维实体模型。

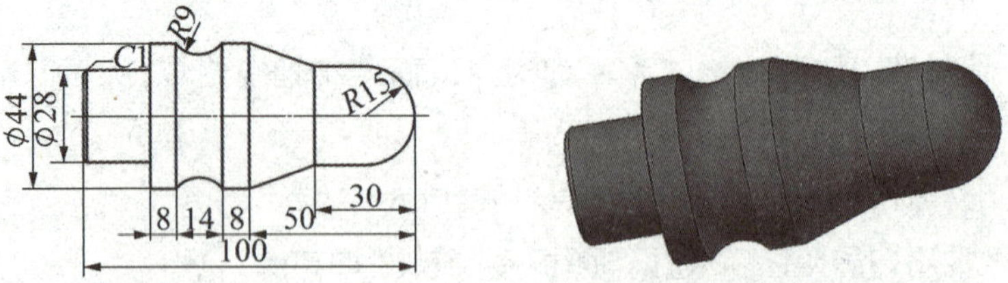

(a)　　　(b)

图 8-27　练习 8-4 图

3.放样

通过“放样”命令可以将两个或两个以上的横截面进行平滑过渡，从而创建三维实体。

有以下 3 种方式执行“放样”命令。

(1)菜单栏：“绘图(D)”→“建模(M)”→“放样(L)”。

(2)功能区：“常用”选项卡→“建模”面板→“放样”按钮。

(3)命令行：输入“LOFT”，按“Enter”键。

在执行“放样”命令的过程中，需要确定横截面、导向和路径等参数。

【例 8-12】(1)现有如图 8-28(a)所示的 3 个横截面，利用“放样”命令创建如图 8-28(b)所示的实体。

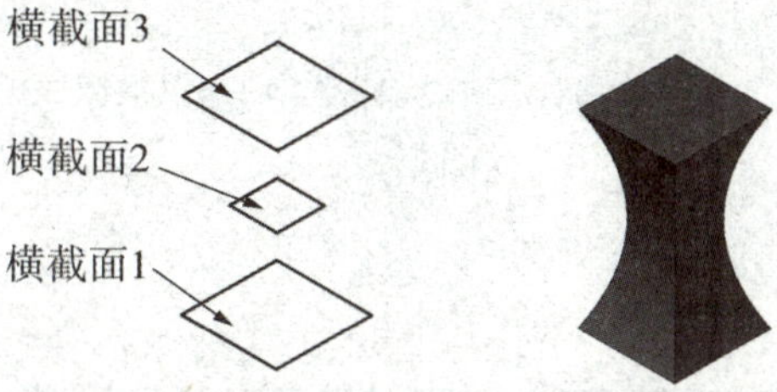

(a)　　(b)

图 8-28　例 8-12 图(1)

(2)现有如图 8-29(a)所示的两个横截面和 1 条路径，利用“放样”命令创建如图 8-29(b)所示的实体。

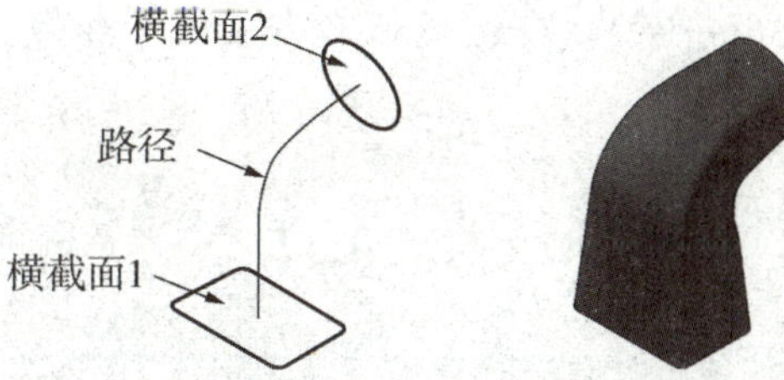

(a)　　(b)

图 8-29　例 8-12 图(2)

解：(1)执行“放样”命令后，命令行显示操作如下：

```
命令: _loft
当前线框密度: ISOLINES=15,闭合轮廓创建模式=实体
按放样次序选择横截面或 [点(PO)/合并多条边(J)/模式(MO)]: 找到 1 个    //选择横截面 1
按放样次序选择横截面或 [点(PO)/合并多条边(J)/模式(MO)]: 找到 1 个,总计 2 个 //选择横截面 2
按放样次序选择横截面或 [点(PO)/合并多条边(J)/模式(MO)]: 找到 1 个,总计 3 个 //选择横截面 3
按放样次序选择横截面或 [点(PO)/合并多条边(J)/模式(MO)]:          //按“Enter”键结
                                                                  束选择
```

```
输入选项 [导向(G)/路径(P)/仅横截面(C)/设置(S)] <仅横截面>:          //对横截面进行平滑过渡
```

(2)执行“放样”命令后，命令行显示操作如下：

```
命令: _loft
当前线框密度: ISOLINES=15,闭合轮廓创建模式=实体
按放样次序选择横截面或 [点(PO)/合并多条边(J)/模式(MO)]: 找到 1 个          //选择横截面 1
按放样次序选择横截面或 [点(PO)/合并多条边(J)/模式(MO)]: 找到 1 个,总计 2 个//选择横截面 2
按放样次序选择横截面或 [点(PO)/合并多条边(J)/模式(MO)]:          //按“Enter”键结束选择
输入选项 [导向(G)/路径(P)/仅横截面(C)/设置(S)] <仅横截面>: P          //输入“P”,按“Enter”键
选择路径轮廓:          //选择路径
```

说明

(1)当使用“放样”命令时，必须选择至少两个横截面。选择横截面要注意先后顺序，不同的顺序会创建不同的三维实体。

(2)当执行“放样”命令时，可以使用“导向(G)”“路径(P)”“仅横截面(C)”等命令对所选横截面进行平滑过渡，默认使用“仅横截面(C)”命令对所选横截面进行平滑过渡。当使用“路径(P)”命令时，路径如果由一系列直线、圆弧和多段线等组成，就要将多段对象合并成单个多段线。

练一练

【练习 8-5】利用“放样”命令创建如图 8-30 所示的三维实体模型。

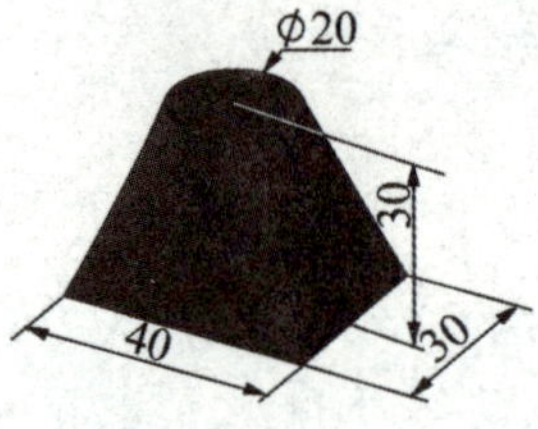

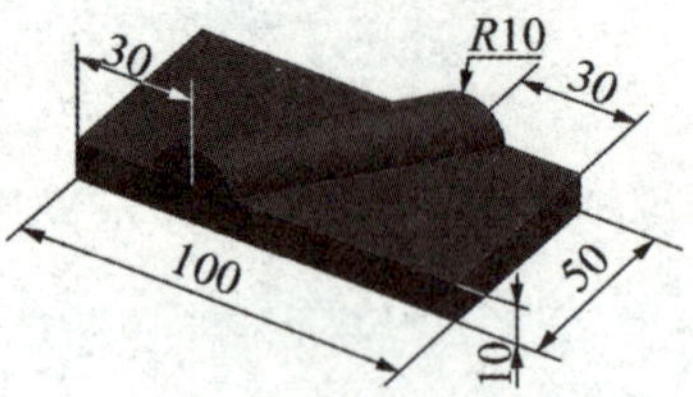

图 8-30　练习 8-5 图

4.扫掠

通过“扫掠”命令可以将二维封闭图形沿指定的路径扫掠成三维实体。

有以下 3 种方式执行“扫掠”命令。

（1）菜单栏：“绘图（D）”→“建模（M）”→“扫掠（P）”。

（2）功能区：“常用”选项卡→“建模”面板→“扫掠”按钮。

（3）命令行：输入“SWEEP”，按“Enter”键。

在执行“扫掠”命令的过程中，需要确定横截面和扫掠路径等参数。

【例 8-13】现有如图 8-31（a）所示的二维封闭图形和路径，利用“扫掠”命令创建如图 8-31（b）所示的实体。

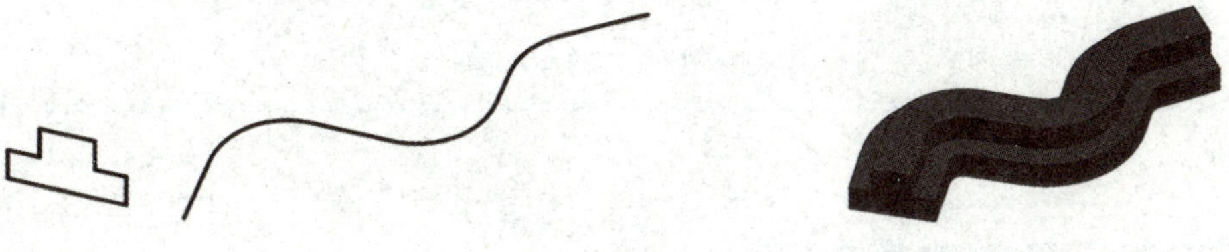

（a）　　（b）

图 8-31　例 8-13 图

解：执行“扫掠”命令后，命令行显示操作如下：

```
命令：_sweep
当前线框密度：ISOLINES=15，闭合轮廓创建模式=实体
选择要扫掠的对象或［模式(MO)］：找到 1 个                 //选择横截面 1
选择要扫掠的对象或［模式(MO)］：                          //按“Enter”键结束选择
选择扫掠路径或［对齐(A)/基点(B)/比例(S)/扭曲(T)］：       //选择路径
```

说明

（1）扫掠路径如果由一系列直线、圆弧和多段线等组成，就要将多段对象合并成单个多段线。

（2）不同设置的扫掠效果如图 8-32 所示。当执行“扫掠”命令时，可通过“比例（S）”命令设置比例因子，横截面在扫掠的过程中会按照设置的比例因子均匀变化，如图 8-32（b）所示；也可通过“扭曲（T）”命令设置扭曲角度，扭曲角度为沿整个扫掠路径的旋转角度，如图 8-32（c）所示。

（a）横截面和扫掠路径　（b）比例因子为0.2　（c）扭曲角度为180°

图 8-32　不同设置的扫掠效果

练一练

【练习 8-6】利用“扫掠”命令创建如图 8-33 所示的弹簧实体。

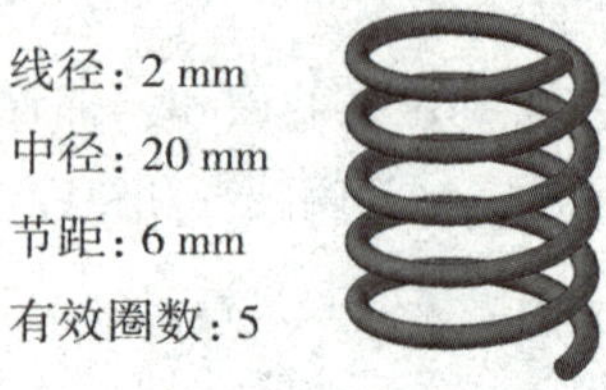

图 8-33　练习 8-6 图

8.2.3　布尔运算创建复杂实体

复杂的三维实体模型一般由两个或两个以上的三维实体进行相加、相减或相交等运算构成。AutoCAD 2020 提供了 3 种布尔运算，即并集运算、差集运算、交集运算。利用这 3 种布尔运算，可以将多个简单的三维实体以不同方式组合，从而得到复杂的三维实体。

1. 并集运算

使用并集运算可以将两个或两个以上的三维实体合并成一个新的实体。

有以下 3 种方式执行“并集运算”命令。

(1)菜单栏：“修改(M)”→“实体编辑(N)”→“并集(U)”。

(2)功能区：“常用”选项卡→“实体编辑”面板→“并集”按钮。

(3)命令行：输入“UNION”(命令别名“UNI”)，按“Enter”键。

【例 8-14】现有如图 8-34(a)所示的两个相交实体，利用“并集运算”命令将其合并成一个新的实体，如图 8-34(b)所示。

(a) 并集运算前　　(b) 并集运算后

图 8-34　例 8-14 图

解：执行“并集运算”命令后，命令行显示操作如下：

```
命令: _union
选择对象: 找到 1 个                        //选择第一个实体
选择对象: 找到 1 个,总计 2 个               //选择第二个实体
选择对象:                                  //按“Enter”键结束选择,完成并集运算
```

说明

进行并集运算的多个实体既可以是相交的，也可以是不相交的。对相交实体进行并集运算后，实体相交处会产生交线；对不相交实体进行并集运算后，模型外观无变化，但所有参与并集运算的实体将成为一个整体。

2. 差集运算

使用差集运算可以从选取的第一个实体中减去一个或多个实体，从而创建一个新的实体。

在执行“差集运算”命令时，需要确定被减去的实体（选择的第一个实体）和需要减去的实体。

有以下3种方式执行“差集运算”命令。

（1）菜单栏：“修改（M）”→“实体编辑（N）”→“差集（S）”。

（2）功能区：“常用”选项卡→“实体编辑”面板→“差集”按钮。

（3）命令行：输入“SUBTRACT”（命令别名“SU”），按“Enter”键。

【例8-15】现有如图8-35（a）所示的3个相交实体，利用“差集运算”命令创建如图8-35（b）所示的实体。

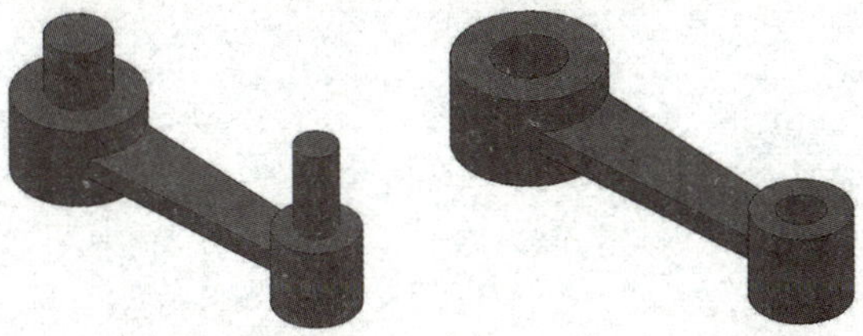

（a）差集运算前　　（b）差集运算后

图8-35　例8-15图

解：执行“差集运算”命令后，命令行显示操作如下：

```
命令：_subtract 选择要从中减去的实体、曲面和面域...
选择对象：找到 1 个                //选择要被减去的实体，按“Enter”键结束选择
选择对象：选择要减去的实体、曲面和面域...
选择对象：找到 1 个                //选择要减去的第一个小圆柱体
选择对象：找到 1 个，总计 2 个      //选择要减去的第二个小圆柱体，按“Enter”键结束选择
选择对象：                        //按“Enter”键结束选择，完成差集运算
```

说明

如果参与差集运算的实体不相交，那么在进行差集运算后，系统将自动删除要减去的实体。

3.交集运算

使用交集运算可以由两个或两个以上实体的公共部分创建一个新的实体。

有以下 3 种方式执行“交集运算”命令。

(1)菜单栏:“修改(M)”→“实体编辑(N)”→“交集(I)”。

(2)功能区:“常用”选项卡→“实体编辑”面板→“交集”按钮。

(3)命令行:输入“INTERSECT”(命令别名“IN”),按“Enter”键。

【例 8-16】现有如图 8-36(a)所示的两个相交实体,利用“交集运算”命令创建如图 8-36(b)所示的实体。

(a)交集运算前　　(b)交集运算后

图 8-36　例 8-16 图

解:执行“交集运算”命令后,命令行显示操作如下:

```
命令: _intersect
选择对象: 找到 1 个                    //选择第一个实体
选择对象: 找到 1 个,总计 2 个           //选择第二个实体
选择对象:                              //按“Enter”键结束选择,完成交集运算
```

练一练

【练习 8-7】利用实体命令创建如图 8-37 所示的三维实体模型,并利用布尔运算创建一个新的实体。

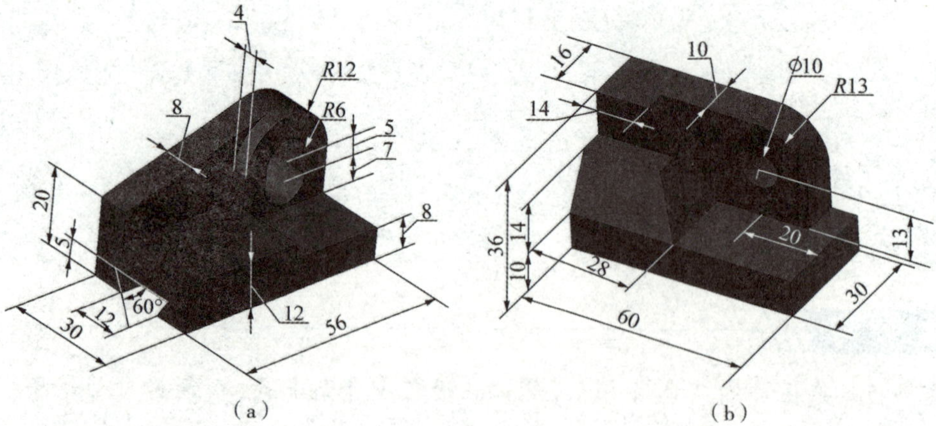

(a)　　(b)

图 8-37　练习 8-7 图

8.3 编辑三维实体模型

8.3.1 编辑三维对象

为快速创建复杂的三维实体模型，除前文所述的命令外，AutoCAD 2020 还提供了诸多三维实体模型的编辑命令，如三维阵列、三维旋转、三维镜像、三维对齐等。

1.三维阵列

使用“三维阵列”命令可以在三维空间按照矩形阵列或环形阵列方式，创建指定对象的多个副本。

有以下 3 种方式执行“三维阵列”命令。

(1)菜单栏：“修改(M)”→“三维操作(3)”→“三维阵列(3)”。

(2)功能区：“常用”选项卡→“修改”面板→“矩形阵列”按钮、“路径阵列”按钮或“环形阵列”按钮。

(3)命令行：输入“3DARRAY”(命令别名“3A”)，按“Enter”键。

【例 8-17】现有如图 8-38(a)所示的三维实体，利用“矩形阵列”命令创建如图 8-38(b)所示的实体。

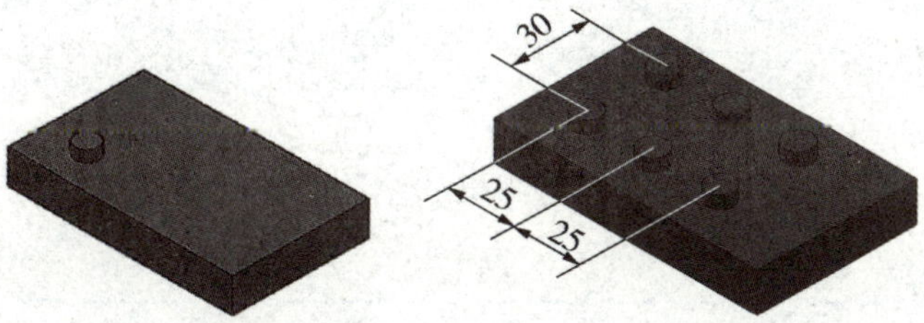

(a) 阵列前　　(b) 阵列后

图 8-38　例 8-17 图

解：执行“矩形阵列”命令后，命令行显示操作如下：

```
命令：_3darray
选择对象：找到 1 个                                  //选择小圆柱体
选择对象：                                           //按“Enter”键结束选择
输入阵列类型 [矩形(R)/环形(P)] <矩形>：r             //选择矩形阵列方式
输入行数 (---) <1>：2                                //指定阵列行参数
输入列数 (|||) <1>：3                                //指定阵列列参数
输入层数 (...) <1>：1                                //指定阵列层参数
指定行间距 (---)：30                                 //指定阵列行间距
指定列间距 (|||)：25                                 //指定阵列列间距
```

【例 8-18】现有如图 8-39(a)所示的三维实体,利用“环形阵列”命令创建如图 8-39(b)所示的实体。

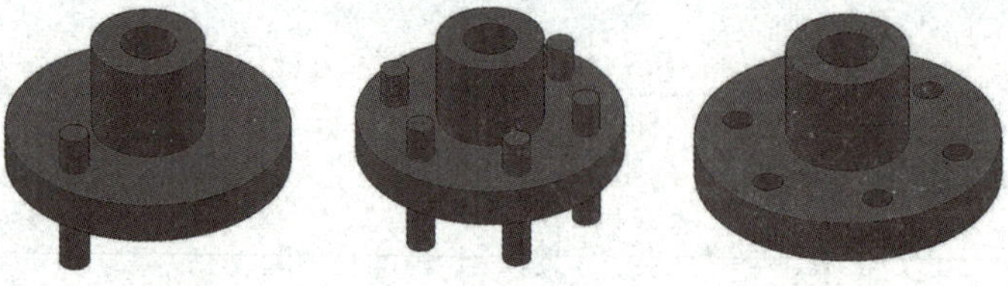

(a)阵列前　　(b)阵列后　　(c)差集运算

图 8-39　例 8-18 图

解:(1)执行“环形阵列”命令后,命令行显示操作如下:

```
命令: _3darray
选择对象: 找到 1 个                                    //选择小圆柱体
选择对象:                                              //按“Enter”键结束选择
输入阵列类型 [矩形(R)/环形(P)] <矩形>: p                //选择环形阵列方式
输入阵列中的项目数目: 6                                 //选择阵列数量
指定要填充的角度 (+=逆时针, -=顺时针) <360>:            //指定填充角度
旋转阵列对象? [是(Y)/否(N)] <Y>:                        //指定阵列对象是否绕中心轴线旋转
指定阵列的中心点:                                       //指定中心轴上的第一点
指定旋转轴上的第二点:                                   //指定中心轴上的第二点
```

(2)对多个实体执行“差集运算”命令,结果如图 8-39(c)所示。

说明

(1)三维矩形阵列与二维矩形阵列的不同之处是,需要指定层数和对应 Z 轴正方向的复制数量。

(2)对于三维环形阵列,由于所选对象将围绕一条指定的轴进行环形阵列复制,因此需要通过指定两点来确定旋转轴。

2.三维旋转

使用“三维旋转”命令可以使实体绕旋转轴旋转一定的角度。旋转轴可以通过两点、X 轴、Y 轴、Z 轴、当前视图的 Z 轴正方向、对象等来定义。“三维旋转”命令比“三维阵列”命令更具灵活性。

有以下 3 种方式执行“三维旋转”命令。

(1)菜单栏:“修改(M)”→“三维操作(3)”→“三维旋转(R)”。

(2)功能区:“常用”选项卡→“修改”面板→“三维旋转”按钮⊕。

(3)命令行：输入“3DROTATE”，按“Enter”键。

【例 8-19】现有如图 8-40(a)所示的三维实体，利用“三维旋转”命令创建如图 8-40(b)所示的实体。

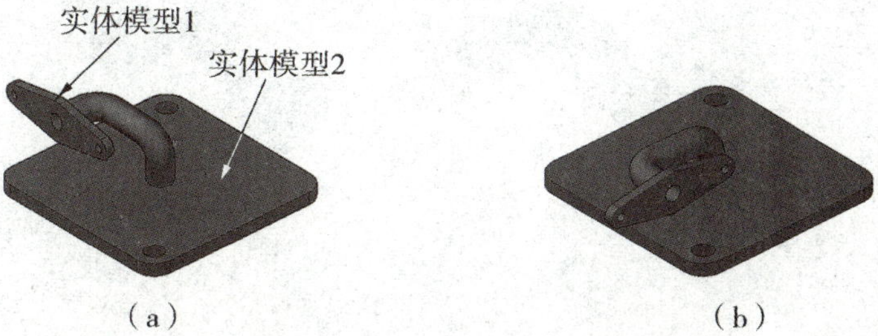

图 8-40　例 8-19 图

解：执行“三维旋转”命令后，命令行显示操作如下：

```
命令：_3drotate
UCS 当前的正角方向：ANGDIR=逆时针 ANGBASE=0
选择对象：找到 1 个                  //选择实体模型 1
选择对象：                           //按“Enter”键结束选择
基点：                               //拾取旋转中心点，即实体模型 1 和实体模型 2 相交的圆心点
拾取旋转轴：                         //拾取旋转轴，即 Z 轴
指定角的起点或键入角度：90           //输入旋转角度
```

说明

(1)使用“ROTATE”命令只能使对象在 *XY* 平面内旋转，即旋转轴只能是 *Z* 轴；而使用“3DROTATE”命令可以使对象绕三维空间中的任意轴旋转。

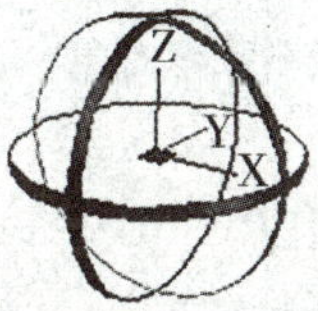

8-41　三维旋转小控件

(2)当拾取旋转轴时，基点位置会出现三维旋转小控件，如图 8-41 所示。在默认情况下，*X* 轴、*Y* 轴、*Z* 轴与坐标轴颜色一致，分别为红色、绿色、蓝色。将十字光标移动到某一个轴上，待该轴变为黄色时单击，即可选取该轴作为旋转轴。

3.三维镜像

使用“三维镜像”命令可以将某一平面作为镜像平面来复制三维实体。

有以下 3 种方式执行“三维镜像”命令。

(1)菜单栏：“修改(M)”→“三维操作(3)”→“三维镜像(D)”。

(2)功能区：“常用”选项卡→“修改”面板→“三维镜像”按钮。

(3)命令行：输入“MIRROR3D”，按“Enter”键。

【例 8-20】现有如图 8-42(a)所示的三维实体,利用"三维镜像"命令创建如图 8-42(b)所示的实体。

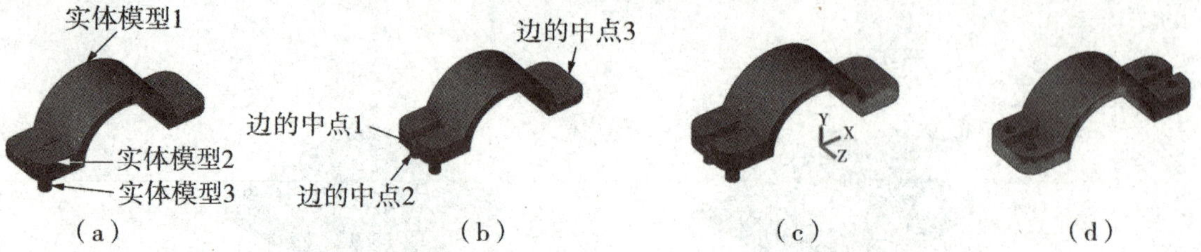

图 8-42　例 8-20 图

解:(1)执行"三维镜像"命令后,命令行显示操作如下:

```
命令: MIRROR3D
选择对象: 找到 1 个                                          //选择实体模型 2
选择对象: 找到 1 个,总计 2 个                                 //选择实体模型 3
选择对象:                                                    //按"Enter"键结束选择
指定镜像平面 (三点) 的第一个点或 [对象(O)/最近的(L)/Z 轴(Z)/视图(V)/XY 平面(XY)/YZ
平面(YZ)/ZX 平面(ZX)/三点(3)] <三点>: 3                       //通过三点来定义镜像平面
在镜像平面上指定第一点:                                       //定义镜像平面的第一个点,
                                                               即边的中点 1
在镜像平面上指定第二点:                                       //定义镜像平面的第二个点,
                                                               即边的中点 2
在镜像平面上指定第三点:                                       //定义镜像平面的第三个点,
                                                               即边的中点 3
是否删除源对象? [是(Y)/否(N)] <否>:                           //源对象是否删除,默认不删除
```

(2)利用"UCS"命令新建如图 8-42(c)所示的 UCS。

(3)继续执行"三维镜像"命令,对图 8-42(c)的实体进行操作。当指定镜像平面时,在命令行中输入"YZ",按"Enter"键,从而指定 *YZ* 平面作为镜像平面。

(4)对多个实体执行"差集运算"命令,结果如图 8-42(d)所示。

说明

在上述步骤(3)中,若输入"YZ"并按"Enter"键后,又指定了其他点,则使用经过指定点且与 *YZ* 平面平行的平面作为镜像平面。

4.三维对齐

使用"三维对齐"命令在源对象和目标对象上分别选取相对应的 6 个点,从而在移动并旋转源对象时,使源对象的基点、*X* 轴、*Y* 轴在三维空间中与目标对象对齐。

有以下 3 种方式执行“三维对齐”命令。

(1)菜单栏:“修改(M)”→“三维操作(M)”→“三维对齐(A)”。

(2)功能区:“常用”选项卡→“修改”面板→“三维对齐”按钮。

(3)命令行:输入“3DALIGN”,按“Enter”键。

【例 8-21】现有如图 8-43(a)所示的三维实体,利用“三维对齐”命令将源对象与目标对象对齐,对齐结果如图 8-43(b)所示。

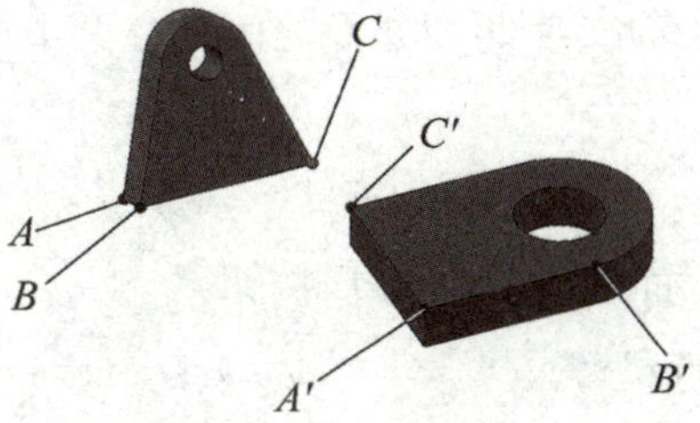

(a)

(b)

图 8-43　例 8-21 图

解:执行“三维对齐”命令后,命令行显示操作如下:

```
命令: _3dalign
选择对象: 找到 1 个                              //选择要对齐的源对象
选择对象:                                        //按“Enter”键结束选择
指定源平面和方向 ...
指定基点或 [复制(C)]:                            //指定源对象的 A 点
指定第二个点或 [继续(C)] <C>:                    //指定源对象的 B 点
指定第三个点或 [继续(C)] <C>:                    //指定源对象的 C 点
指定目标平面和方向 ...
指定第一个目标点:                                //指定目标对象的 A′点
指定第二个目标点或 [退出(X)] <X>:                //指定目标对象的 B′点
指定第三个目标点或 [退出(X)] <X>:                //指定目标对象的 C′点
```

说明

(1)当执行“三维对齐”命令时,需要指定 6 个点。

①基点:指定一个点作为源对象的基点,通过基点移动源对象。

②第二个点:指定源对象 *X* 轴上的点。

③第三个点:指定源对象在 *XY* 平面上的点,设置源平面的 *X* 轴和 *Y* 轴正方向。

④第一个目标点:指定源对象基点的移动目标,基点将与第一个目标点重合。

⑤第二个目标点:在平行于当前 UCS 的 *XY* 平面内,为移动目标指定新的 *X* 轴正方向。

⑥第三个目标点:设置目标平面的 *X* 轴和 *Y* 轴正方向。

(2)“三维对齐”命令的本质是将源平面和目标平面对齐,从而实现实体的对齐。因此,所选的6个点和选择的顺序,决定了实体的对齐结果。

8.3.2 编辑三维实体

1.实体边圆角

使用“圆角边”命令可以对实体棱边进行圆角,使两相邻面之间产生圆滑的过渡面。

有以下3种方式执行“圆角边”命令。

(1)菜单栏:“修改(M)”→“实体编辑(N)”→“圆角边(F)”。

(2)功能区:“实体”选项卡→“实体编辑”面板→“圆角边”按钮。

(3)命令行:输入“FILLETEDGE”,按“Enter”键。

【例8-22】现有如图8-44(a)所示的三维实体,利用“圆角边”命令对其进行圆角,圆角半径为1.5,结果如图8-44(b)所示。

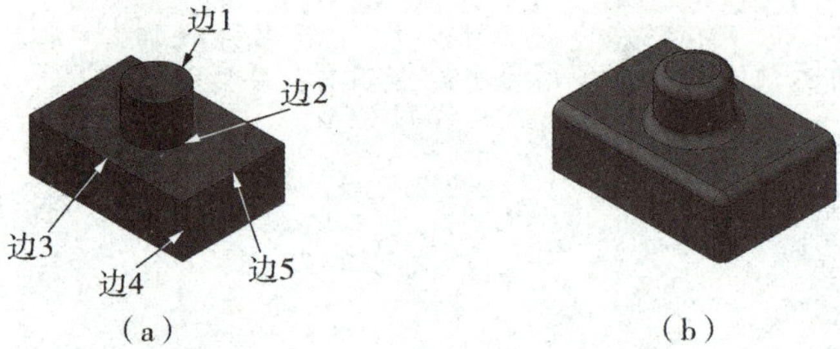

图8-44 例8-22图

解:执行“圆角边”命令后,命令行显示操作如下:

```
命令: _FILLETEDGE
半径=5.0000
选择边或[链(C)/环(L)/半径(R)]: r                    //输入“r”,按“Enter”键
输入圆角半径或[表达式(E)]<5.0000>: 1.5              //输入圆角半径
选择边或[链(C)/环(L)/半径(R)]:                      //拾取边1
选择边或[链(C)/环(L)/半径(R)]:                      //拾取边2
选择边或[链(C)/环(L)/半径(R)]:                      //拾取边3
选择边或[链(C)/环(L)/半径(R)]:                      //拾取边4
选择边或[链(C)/环(L)/半径(R)]:                      //拾取边5
选择边或[链(C)/环(L)/半径(R)]:                      //按“Enter”键结束拾取
已选定 5 个边用于圆角。
按 Enter 键接受圆角或[半径(R)]:                     //按“Enter”键结束圆角边的创建
```

说明

当所选的几条棱边相交于一点时，若各棱边的圆角半径相同，则在棱边的公共点处产生光滑的过渡球面。

2.实体边倒角

使用“倒角边”命令可以对实体棱边进行倒角，使两相邻面之间产生平滑的过渡面。

有以下 3 种方式执行“倒角边”命令。

(1)菜单栏：“修改(M)”→“实体编辑(N)”→“倒角边(C)”。

(2)功能区：“实体”选项卡→“实体编辑”面板→“倒角边”按钮。

(3)命令行：输入“CHAMFEREDGE”，按“Enter”键。

【例 8-23】现有如图 8-45(a)所示的三维实体，利用“倒角边”命令对其进行倒角，结果如图 8-45(b)所示。

(a)　　(b)

图 8-45　例 8-23 图

解：执行“倒角边”命令后，命令行显示操作如下：

```
命令: _CHAMFEREDGE 距离 1=5.0000,距离 2=5.0000
选择一条边或 [环(L)/距离(D)]:                          //选择要倒角的边
选择同一个面上的其他边或 [环(L)/距离(D)]: d              //输入"d",按"Enter"键
指定距离 1 或 [表达式(E)] <5.0000>: 3                   //输入距离
指定距离 2 或 [表达式(E)] <5.0000>: 5
选择同一个面上的其他边或 [环(L)/距离(D)]:
按 Enter 键接受倒角或 [距离(D)]:                        //按"Enter"键结束倒角边的创建
```

说明

如果需要对一个面的所有边进行倒角，那么可通过“环(L)”命令快速完成。

3.实体抽壳

使用“抽壳”命令通过指定厚度，可以将现有的实心实体创建为一个具有均匀厚度的空心薄壁实体。

有以下 3 种方式执行“抽壳”命令。

(1)菜单栏:“修改(M)”→“实体编辑(N)”→“抽壳(H)”。

(2)功能区:“实体”选项卡→“实体编辑”面板→“抽壳”按钮。

(3)命令行:输入“SOLIDEDIT”后,依次输入“B”和“S”,按“Enter”键。

【例 8-24】现有如图 8-46(a)所示的三维实体,利用“抽壳”命令创建厚度为 2 mm 的空心薄壁实体,结果如图 8-46(b)所示。

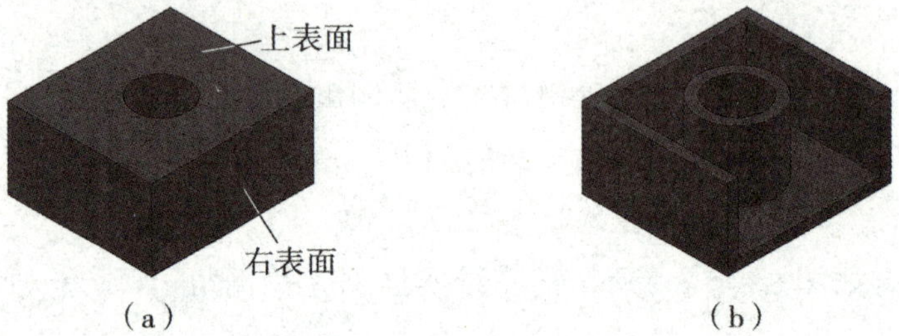

图 8-46　例 8-24 图

解:执行“抽壳”命令后,命令行显示操作如下:

```
命令: _solidedit
选择三维实体:                                                    //选择要抽壳的三维实体
删除面或[放弃(U)/添加(A)/全部(ALL)]: 找到一个面,已删除 1 个。//选择上表面
删除面或[放弃(U)/添加(A)/全部(ALL)]: 找到一个面,已删除 1 个。//选择右表面
删除面或[放弃(U)/添加(A)/全部(ALL)]:                             //按“Enter”键结束选择
输入抽壳偏移距离: 2                                              //输入壁厚
输入实体编辑选项[面(F)/边(E)/体(B)/放弃(U)/退出(X)] <退出>: * 取消*
                                                                 //按“Esc”键取消命令
```

说明

(1)在抽壳过程中,可以根据要求删除不需要的表面。

(2)在执行“抽壳”命令时,如果输入的抽壳偏移距离数值为正,则实体的外表面向内偏置生成壳体,此时实体整体外形不变;如果输入的抽壳偏移距离数值为负,则实体的外表面向外偏置生成壳体,此时实体整体外形变大。

4.创建实体截面

通过获取剖切平面和三维实体的重叠区域,获取三维实体在剖切平面位置的二维截面面域。使用该功能可以查看三维实体的剖面形状。

创建实体截面只有一种执行方式,即在命令行中输入“SECTION”,按“Enter”键。

【例 8-25】现有三维实体及 UCS，如图 8-47(a)所示。利用“SECTION”命令获取 *XZ* 平面与三维实体的剖面形状，结果如图 8-47(b)所示。

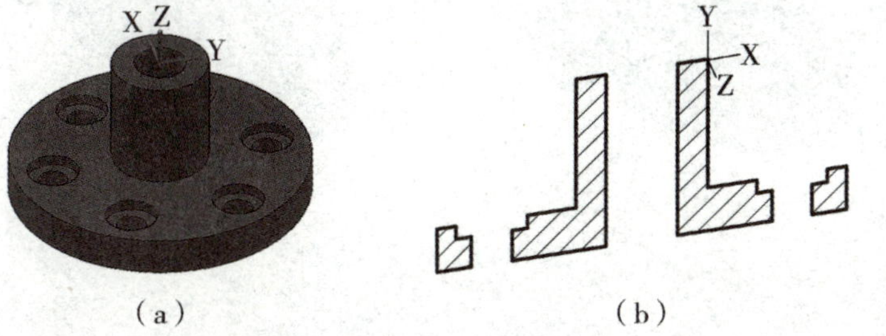

图 8-47　例 8-25 图

解：(1)执行“SECTION”命令后，命令行显示操作如下：

```
命令：SECTION
选择对象：找到 1 个                                    //选择三维实体
选择对象：
指定截面上的第一个点，依照［对象(O)/Z 轴(Z)/视图(V)/XY(XY)/YZ(YZ)/ZX(ZX)/三点(3)］
<三点>：ZX                                            //剖切平面与当前 UCS 的 ZX 平面对齐
指定 ZX 平面上的点 <0,0,0>：                          //指定剖切平面与 ZX 平面的距离
```

(2)利用“移动”命令将所创建的截面从实体中移出。

(3)利用“UCS”命令在截面上新建图 8-47(b)的 UCS。

(4)利用“图案填充”命令完成剖面线的绘制。

说明

当对截面进行剖面线填充时，该截面必须位于当前 UCS 的 *XY* 平面上。

5.移动实体面

使用“移动面”命令可以按指定的高度或距离移动选中的三维实体的面。

有以下 3 种方式执行“移动面”命令。

(1)菜单栏：“修改(M)”→“实体编辑(N)”→“移动面(M)”。

(2)功能区：“常用”选项卡→“实体编辑”面板→“移动面”按钮 移动面。

(3)命令行：输入“SOLIDEDIT”后，依次输入“F”和“M”，按“Enter”键。

【例 8-26】现有如图 8-48(a)所示的三维实体，利用“移动面”命令对部分实体表面进行移动，结果如图 8-48(b)所示。

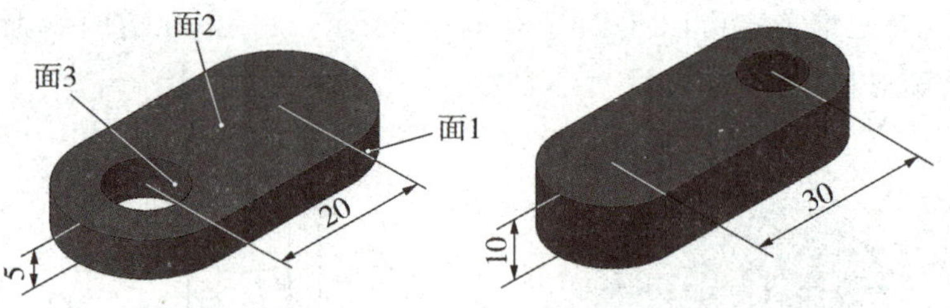

图 8-48　例 8-26 图

解:(1)对面 1 执行“移动面”命令后,命令行显示操作如下:

```
选择面或 [放弃(U)/删除(R)]: 找到一个面。          //选择面 1
选择面或 [放弃(U)/添加(A)/全部(ALL)]:             //按“Enter”键结束选择
指定基点或位移                                    //设置用于移动的基点
指定位移的第二点: 10                              //设置用于指示选中面 1 移动的距离和方向
输入实体编辑选项 [面(F)/边(E)/体(B)/放弃(U)/退出(X)] <退出>: * 取消*
                                                  //按“Esc”键取消命令
```

(2)对面 2 执行“移动面”命令后,命令行显示操作如下:

```
选择面或 [放弃(U)/删除(R)]: 找到一个面。          //选择面 2
选择面或 [放弃(U)/添加(A)/全部(ALL)]:             //按“Enter”键结束选择
指定基点或位移:                                   //设置用于移动的基点
指定位移的第二点: 5                               //设置用于指示选中面 2 移动的距离和方向
输入实体编辑选项 [面(F)/边(E)/体(B)/放弃(U)/退出(X)] <退出>: * 取消*
                                                  //按“Esc”键取消命令
```

(3)对面 3 执行“移动面”命令后,命令行显示操作如下:

```
选择面或 [放弃(U)/删除(R)]: 找到一个面。          //选择面 3
选择面或 [放弃(U)/添加(A)/全部(ALL)]:             //按“Enter”键结束选择
指定基点或位移:                                   //拾取面 3 的圆心位置
指定位移的第二点:                                 //通过两点指定移动距离与方向
输入实体编辑选项 [面(F)/边(E)/体(B)/放弃(U)/退出(X)] <退出>: * 取消*
                                                  //按“Esc”键取消命令
```

说明

“移动面”命令在保持面的法线方向不变的前提下,改变三维实体上所选面的位置,特别适用于改变孔或槽等结构在三维实体表面的位置。

6.拉伸实体面

使用“拉伸面”命令可以沿指定距离或沿一条路径拉伸选中的三维实体的面。

有以下 3 种方式执行“拉伸面”命令。

(1)菜单栏:“修改(M)”→“实体编辑(N)”→“拉伸面(E)”。

(2)功能区:“常用”选项卡→“实体编辑”面板→“拉伸面”按钮 拉伸面。

(3)命令行:输入“SOLIDEDIT”后,依次输入“F”和“E”,按“Enter”键。

【例 8-27】现有如图 8-49(a)所示的三维实体,利用“拉伸面”命令对实体表面进行拉伸,结果如图 8-49(b)所示。

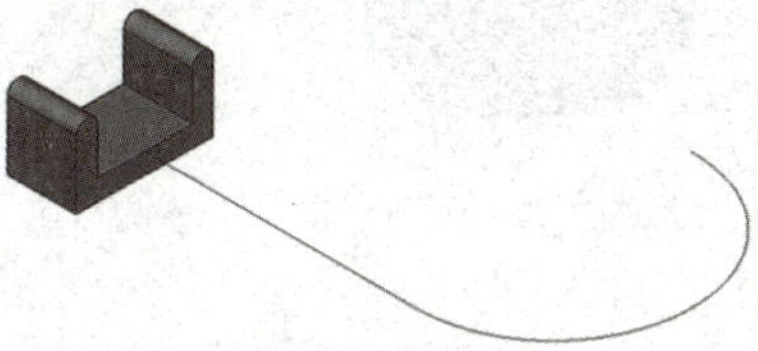

(a)

(b)

图 8-49　例 8-27 图

解:执行“拉伸面”命令后,命令行显示操作如下:

```
选择面或 [放弃(U)/删除(R)]: 找到一个面。                    //选择要拉伸的实体面
选择面或 [放弃(U)/添加(A)/全部(ALL)]:                        //按“Enter”键结束选择
指定拉伸高度或 [路径(P)]: p                                 //输入“p”,按“Enter”键
选择拉伸路径:                                               //选择拉伸路径曲线
输入实体编辑选项 [面(F)/边(E)/体(B)/放弃(U)/退出(X)] <退出>: * 取消*
                                                            //按“Esc”键取消命令
```

说明

(1)“拉伸面”命令只能用于三维实体表面的平面特征,不能用于非平面特征。

(2)拉伸路径的一个端点一般要位于拉伸面上,但拉伸路径既不能与拉伸面处于同一平面,也不能具有曲率过高的部分。

(3)若输入的拉伸高度数值为正,则沿拉伸面的法线向实体表面外拉伸平面(拉伸特征增长);若输入的拉伸高度数值为负,则沿拉伸面的法线向实体表面内拉伸平面(拉伸特征减短)。

(4)在输入拉伸高度后,还可以指定拉伸的倾斜角度,默认倾斜角度为 0°。当倾斜角度为正值时,外轮廓表面向内倾斜,产生内锥度;当倾斜角度为负值时,外轮廓表面向外倾斜,产生外锥度。

7.删除实体面

使用“删除面”命令可以删除选中的三维实体的面。

有以下 3 种方式执行“删除面”命令。

(1)菜单栏:"修改(M)"→"实体编辑(N)"→"删除面(D)"。

(2)功能区:"常用"选项卡→"实体编辑"面板→"删除面"按钮 删除面。

(3)命令行:输入"SOLIDEDIT"后,依次输入"F"和"D",按"Enter"键。

【例 8-28】现有如图 8-50(a)所示的三维实体,利用"删除面"命令对其进行删除,结果如图 8-50(b)所示。

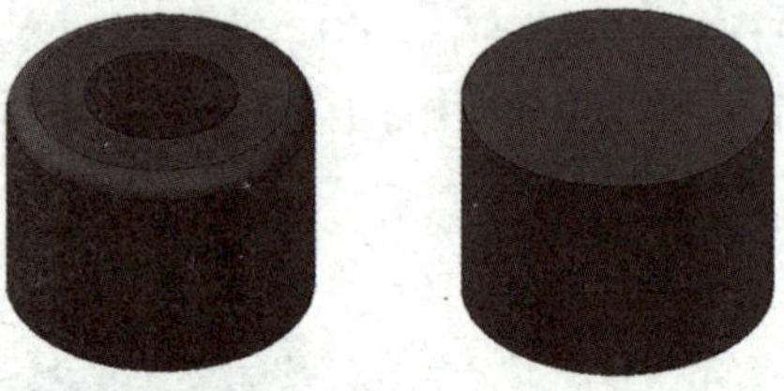

(a) (b)

图 8-50 例 8-28 图

解:执行"删除面"命令后,命令行显示操作如下:

```
选择面或 [放弃(U)/删除(R)]: 找到一个面。                    //选择圆角面
选择面或 [放弃(U)/删除(R)/全部(ALL)]: 找到一个面。          //选择内孔面
选择面或 [放弃(U)/删除(R)/全部(ALL)]:                      //按"Enter"键结束选择
输入面编辑选项
输入实体编辑选项 [面(F)/边(E)/体(B)/放弃(U)/退出(X)] <退出>: * 取消*
                                                            //按"Esc"键取消命令
```

8.偏移实体面

使用"偏移面"命令可以根据指定的距离偏移选中的三维实体的面。

有以下 3 种方式执行"偏移面"命令。

(1)菜单栏:"修改(M)"→"实体编辑(N)"→"偏移面(O)"。

(2)功能区:"常用"选项卡→"实体编辑"面板→"偏移面"按钮 偏移面。

(3)命令行:输入"SOLIDEDIT"后,依次输入"F"和"O",按"Enter"键。

【例 8-29】现有如图 8-51(a)所示的三维实体,利用"偏移面"命令将小圆柱体的直径变为 25 mm,结果如图 8-51(b)所示。

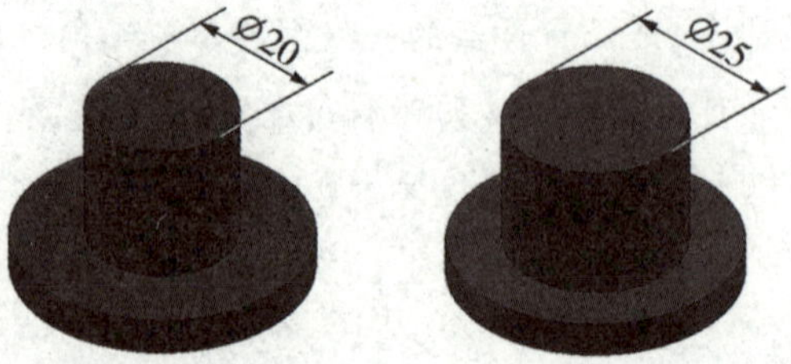

(a) (b)

图 8-51 例 8-29 图

解：执行“偏移面”命令后，命令行显示操作如下：

```
选择面或[放弃(U)/删除(R)]：找到一个面。                    //选择圆柱表面
选择面或[放弃(U)/删除(R)/全部(ALL)]：                      //按“Enter”键结束选择
指定偏移距离：2.5                                          //输入偏移距离
输入面编辑选项
[拉伸(E)/移动(M)/旋转(R)/偏移(O)/倾斜(T)/删除(D)/复制(C)/颜色(L)/材质(A)/放弃
(U)/退出(X)]<退出>：*取消*                                 //按“Esc”键取消命令
```

说明

若偏移距离为正值，则实体外表面沿指定距离均匀增大（外表面尺寸增大），实体内表面沿指定距离均匀减小（内表面尺寸减小）；若偏移距离为负值，则实体外表面沿指定距离均匀减小（外表面尺寸减小），实体内表面沿指定距离均匀增大（内表面尺寸增大）。

练一练

【练习 8-8】利用实体编辑命令创建如图 8-52 所示的三维实体。

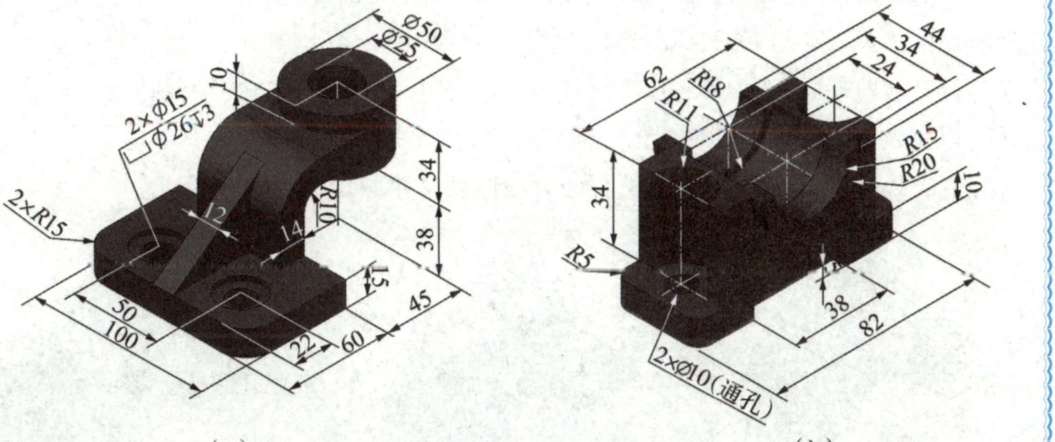

（a）　　　　　　　　　　　（b）

图 8-52　练习 8-8 图

8.4 三维实体模型尺寸标注

三维实体模型虽然能清楚地表达实体的形状和各部分的相互关系，但为明确实体的实际大小和各部分的相对位置，必须准确、清楚地标注尺寸。在 AutoCAD 2020 中，三维实体模型和二维图形的尺寸标注命令一致。但是在“三维建模”工作空间中，所有的尺寸标注都是在当前

UCS 的 *XY* 平面内进行的。因此,在对三维实体模型进行尺寸标注时,需要不断变换 UCS,只有使 UCS 的 *XY* 平面变换到需要进行尺寸标注的实体端面上,才能用二维图形的尺寸标注命令完成尺寸标注。

【例 8-30】通过新建 UCS 对如图 8-53 所示的三维实体模型进行尺寸标注,结果如图 8-54 所示。

例8-30

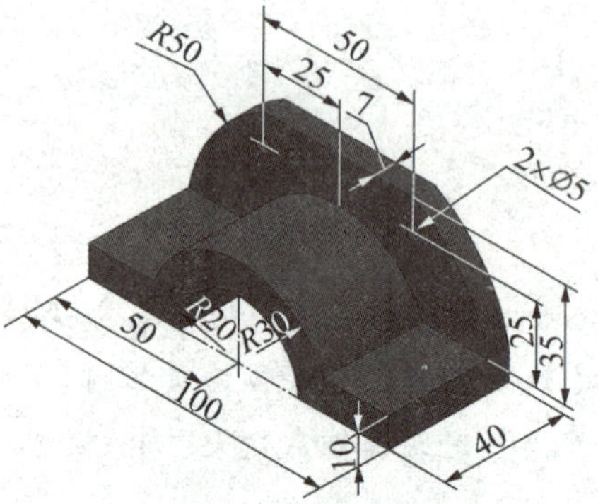

图 8-53　例 8-30 图

解:通过新建 UCS 对三维实体模型进行尺寸标注。

(1)以实体底面新建 UCS,标注底板相关尺寸,如图 8-54(a)所示。

(2)以实体背板新建 UCS,标注背板相关尺寸,如图 8-54(b)所示。

(3)以实体前端面新建 UCS,标注圆柱体及内孔尺寸,如图 8-54(c)所示。

(4)以实体右侧面新建 UCS,标注底板厚度尺寸,如图 8-54(d)所示。

(5)以实体背板上表面新建 UCS,标注背板厚度尺寸,如图 8-54(e)所示。

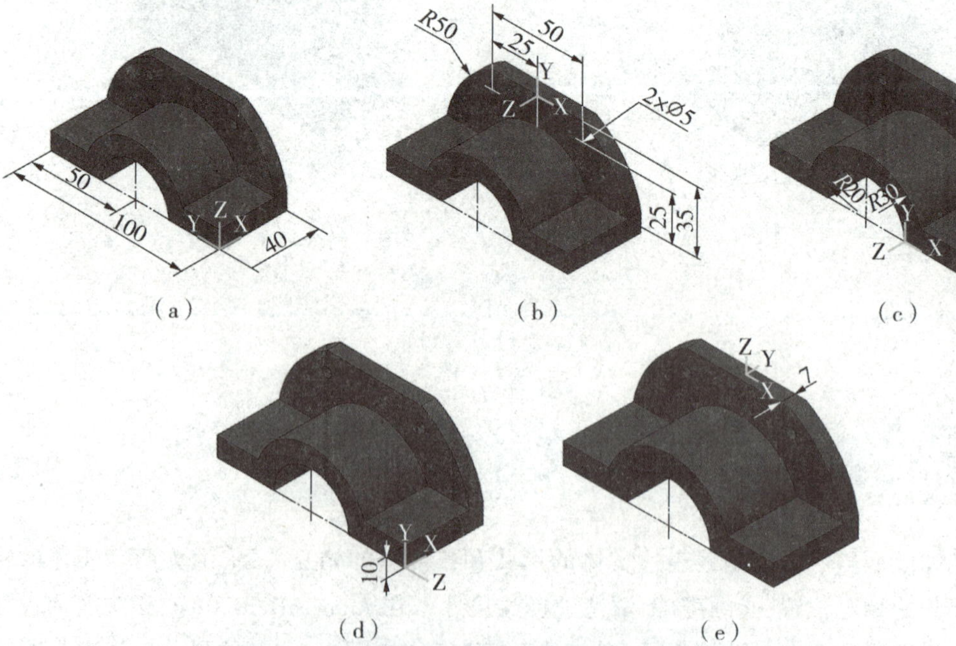

图 8-54　通过新建 UCS 对三维实体模型进行尺寸标注

说明

当尺寸标注的文字对齐方式为“与尺寸线对齐”或“ISO 标准”时，尺寸数字方向总是为 X 轴负方向或 Y 轴正方向。UCS 的 X 轴、Y 轴方向决定了尺寸数字的方向。UCS 的 X 轴、Y 轴方向对尺寸标注的影响如图 8-55 所示。

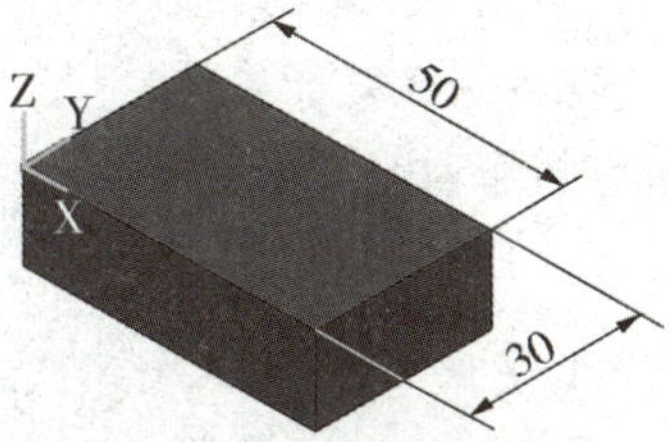

（a）尺寸标准较好

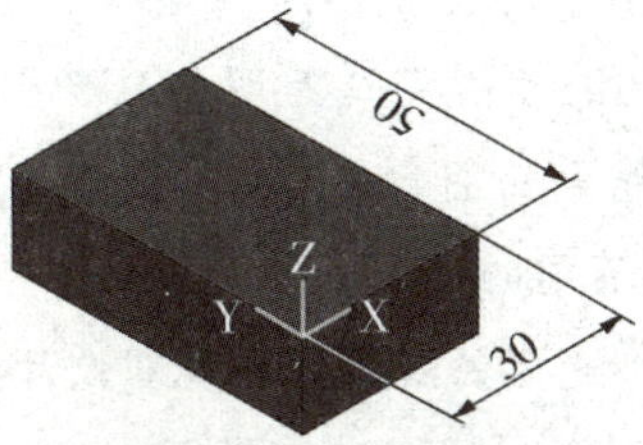

（b）尺寸标准较差

图 8-55 UCS 的 X 轴、Y 轴方向对尺寸标注的影响

练一练

【练习 8-9】完成如图 8-56 所示三维实体模型的尺寸标注。

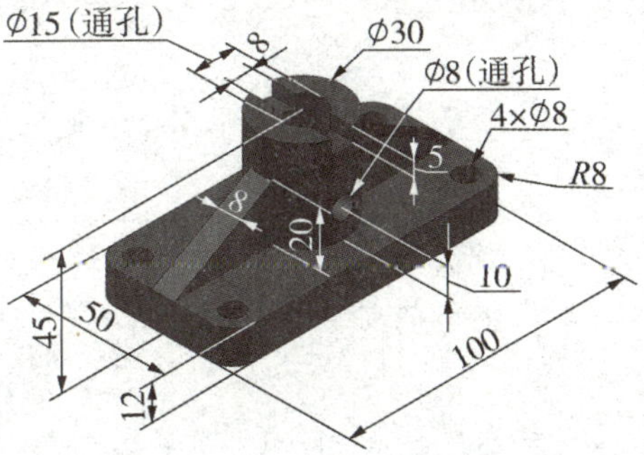

图 8-56 练习 8-9 图

本章小结

本章主要学习利用 AutoCAD 2020 创建三维实体模型的基础知识，包含创建三维实体模型、用户坐标系（UCS）设置、基本实体创建、布尔运算创建复杂实体、编辑三维实体模型、三维实体模型尺寸标注等。在学习完本章后，应重点掌握以下内容。

（1）在进行三维建模时，为便于查看模型的效果，应选择合适的视觉样式或视图。要学会使用不同的视觉样式或视图来观察模型，如二维线框、消隐、真实等视觉样式或俯视图、前视图、侧视图等视图。

（2）用户坐标系（UCS）是 AutoCAD 2020 中的一个重要功能。在“三维建模”工作空间中，所绘制的图形默认位于当前 UCS 的 XY 平面上。要学会如何创建、移动和旋转 UCS，以便在不同方向上进行建模。熟练掌握 UCS 的使用方法，可以提高建模精度和效率。

(3) AutoCAD 2020 提供了长方体、圆柱体、球体、圆环体等创建基本实体的命令。如果要创建一些复杂的三维实体，就要掌握拉伸、旋转、放样、扫掠等命令。布尔运算可以对已有的三维实体进行切割、合并等操作，从而实现更复杂的建模需求。要学会如何使用这些工具来创建复杂的三维实体。

(4) 三维实体模型的尺寸标注位置取决于 UCS，只有使 UCS 的 *XY* 平面变换到需要进行尺寸标注的实体端面上，才能用二维图形的尺寸标注命令完成尺寸标注。

(5) 同绘制二维平面图形一样，合理使用图层可以更好地组织和管理三维实体模型。可以为不同的部分创建不同的图层。

(6) 在进行三维建模之前应做好规划设计，使整个建模过程有序且合理。首先，要规划整个建模过程，如分析模型的结构组成、各结构形成方法以及如何有效管理三维实体模型；然后，建立模型的主要结构特征；最后，逐步添加细节特征，避免过早专注于模型细节，降低建模效率。

思考与练习

一、填空题

1.在 AutoCAD 2020 中，三维坐标系采用的是__________坐标系，判断该坐标系的坐标轴方向遵循__________定则。

2.在进行实体编辑时，从一个实体中减去另一个实体，需通过__________来实现；求两个或两个以上实体的公共部分，需通过__________来实现。

3.在对三维实体执行“抽壳”命令时，如果输入的抽壳偏移距离数值为__________，那么实体的外表面向内偏置生成壳体；如果输入的抽壳偏移距离数值为__________，那么实体的外表面向外偏置生成壳体。

4.在对三维实体执行“三维对齐”命令时，源平面通过选取 3 个点来确定。基点指定__________，第二个点指定__________，第三个点指定__________。

5.在对三维实体模型进行尺寸标注时，所有的尺寸标注都位于__________。因此，在对三维实体模型进行尺寸标注时，需要不断__________。

二、选择题

1.在 AutoCAD 2020 中，WCS 和 UCS 的关系是(　　)。

A.一个概念，两个名称　　B.可以有任意多个 WCS 和 UCS

C.WCS 是绝对的，UCS 是由用户定义的　　D.UCS 包含于 WCS

2.当三维实体模型采用(　　)视觉样式时，可以显示模型内部的所有图形。

A.二维线框　　B.隐藏　　C.真实　　D.概念

3.(　　)对象能够在三维空间自由绘制。

A.直线　　B.圆　　C.文字　　D.标注

4.在查看三维实体模型时，可以先按住(　　)键，再按住鼠标滚轮并拖动鼠标旋转对象。

A.Ctrl　　B.Shift　　C.Alt　　D.Tab

5.拉伸二维平面对象时可以设置倾斜角，当倾斜角为正值时，实体的外轮廓表面________，产生内锥度；当倾斜角为负值时，实体的外轮廓表面________，产生外锥度。横线中应填入的内容为(　　)。

A.向外倾斜、向内倾斜　　　　B.向外倾斜、向外倾斜

C.向内倾斜、向内倾斜　　　　D.向内倾斜、向外倾斜

三、操作题

利用本章所学的实体建模基本知识，创建如图 8-57 所示的三维实体模型并进行尺寸标注。

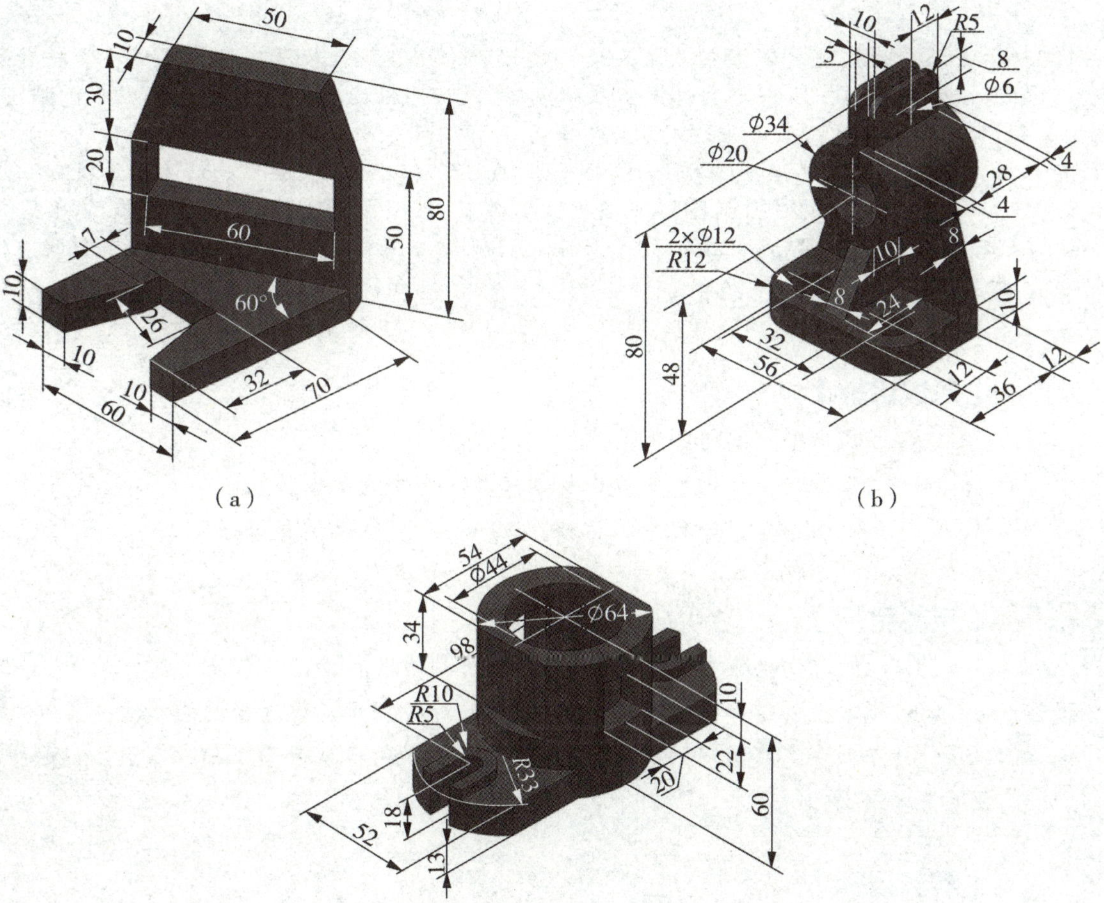

图 8-57　三维实体模型

第9章 图形布局与输出

党的二十大报告指出："高质量发展是全面建设社会主义现代化国家的首要任务。发展是党执政兴国的第一要务。没有坚实的物质技术基础，就不可能全面建成社会主义现代化强国。必须完整、准确、全面贯彻新发展理念，坚持社会主义市场经济改革方向，坚持高水平对外开放，加快构建以国内大循环为主体、国内国际双循环相互促进的新发展格局。"高质量发展注重品质和效率，在 AutoCAD 2020 的图形布局与输出环节，高质量的图形布局和输出能够确保生产的准确性，避免图形错误导致生产失误。精确的图形输出是生产高质量产品的重要保障。

【知识目标】

（1）掌握模型空间与图纸空间的概念及应用。

（2）掌握浮动视口的基本知识及创建打印布局的基本流程。

（3）熟悉图形输出过程中的参数，如分辨率、打印比例和纸张大小等。

【技能目标】

（1）能熟练切换模型空间与图纸空间，并理解其在绘图工作中的实际应用。

（2）能掌握创建和管理打印布局的步骤，能根据需求设置合适的参数。

（3）能独立完成图形的输出，选择正确的打印设备及设置正确的参数，确保输出质量符合标准。

【素养目标】

（1）在图形布局与输出的过程中，注重细节处理，确保图纸的准确性和规范性，培养学生对工作的严谨态度。

（2）面对图形布局与输出过程中出现的问题，引导学生主动分析原因，寻找解决问题的方法，培养学生分析、解决问题的能力。

9.1 模型空间与图纸空间

在 AutoCAD 2020 中有两个工作空间，分别是模型空间和图纸空间。模型空间的功能是提供一个 1∶1 比例的环境，让用户能够精确地绘制和编辑图形。图纸空间是为展示和输出设计而设置，它允许用户把不同比例的视图安排在同一张图纸上，以便进行尺寸标注，添加必要元素，从而为打印输出做准备。

在绘图区左下方可切换“模型”选项卡和“布局”选项卡，如图 9-1 所示。

图 9-1　“模型”选项卡和“布局”选项卡

在实际工作中，可以通过单击绘图区左下方的选项卡实现模型空间与图纸空间的切换。若要进入图纸空间，则选择“布局#”选项卡（#为序号）；若要进入模型空间，则选择“模型”选项卡。在功能区“视图”选项卡的“界面”面板中单击“布局选项卡”按钮，可以隐藏或显示“布局”选项卡和“模型”选项卡。“布局选项卡”按钮的位置如图 9-2 所示。

图 9-2　“布局选项卡”按钮的位置

另外，单击状态栏下方的“模型”按钮，也可以实现模型空间与图纸空间的切换，如图 9-3 所示。

图 9-3　状态栏下方的“模型”按钮

说明

（1）在 AutoCAD 2020 中，模型空间只有一个，图纸空间可以有多个。在图纸空间中输入的内容不会出现在模型空间中，但在模型空间中绘制的图形可通过图纸空间中的浮动视口显示。

（2）图纸空间的优点是可以快速输出标准图纸。

9.2 创建打印布局

在 AutoCAD 2020 中，用户能够创建多个布局，每个布局均具有独特的页面设置，代表一张独立的打印输出图纸。为确保图形在转换和发布过程中的清晰性与准确性，建议每个图形仅创建一个布局。在每个布局中，用户可以按照需求创建多个布局视口，这些布局视口类似模型空间中的线框，允许用户以设定的比例和方向展示模型视图。

当使用图纸空间（布局）时，功能区的“布局”选项卡集中了与布局相关的工具，如图 9-4 所示。

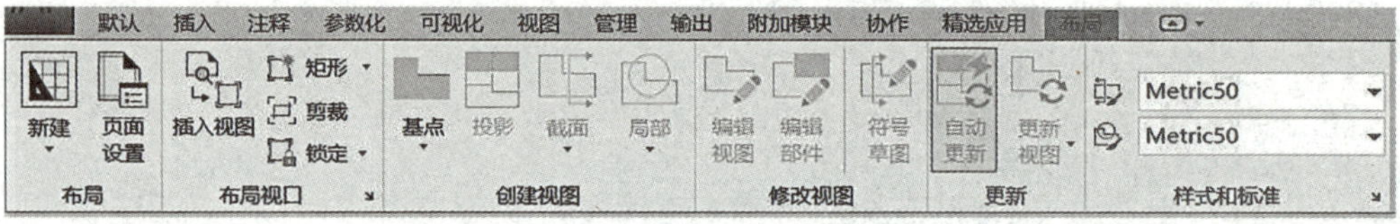

图 9-4　功能区的“布局”选项卡

9.2.1　新建布局

图纸空间是一个图纸布局环境，可以指定图纸大小、添加标题栏、显示模型的多个视图，以及创建图形标注和注释。

有以下两种方式执行“创建布局”命令。

（1）菜单栏：“插入（I）” →“布局（L）” →“创建布局向导（W）”。

（2）命令行：输入“LAYOUTWIZARD”，按“Enter”键。

【例 9-1】利用“创建布局”命令创建“泵体”布局，如图 9-5 所示。

例9-1

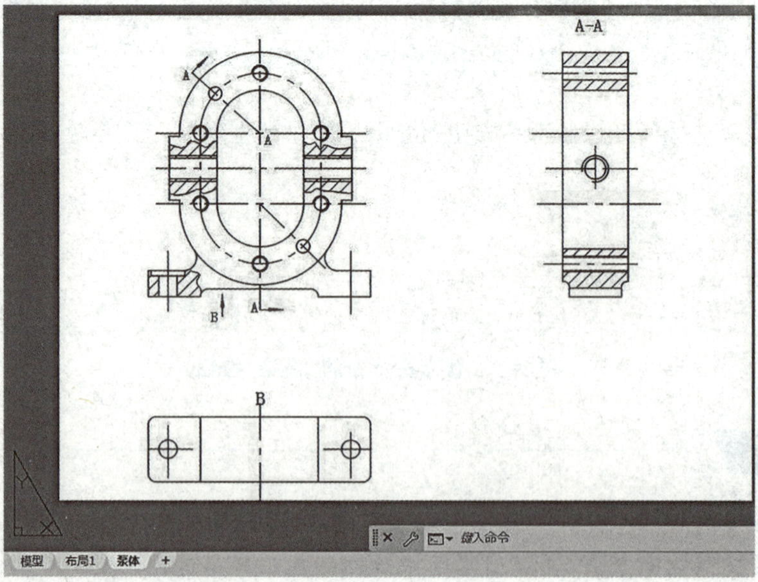

图 9-5　例 9-1 图

解：(1)执行“创建布局”命令后，打开“创建布局-开始”对话框，在“输入新布局的名称(M)”文本框中输入“泵体”，如图 9-6 所示。

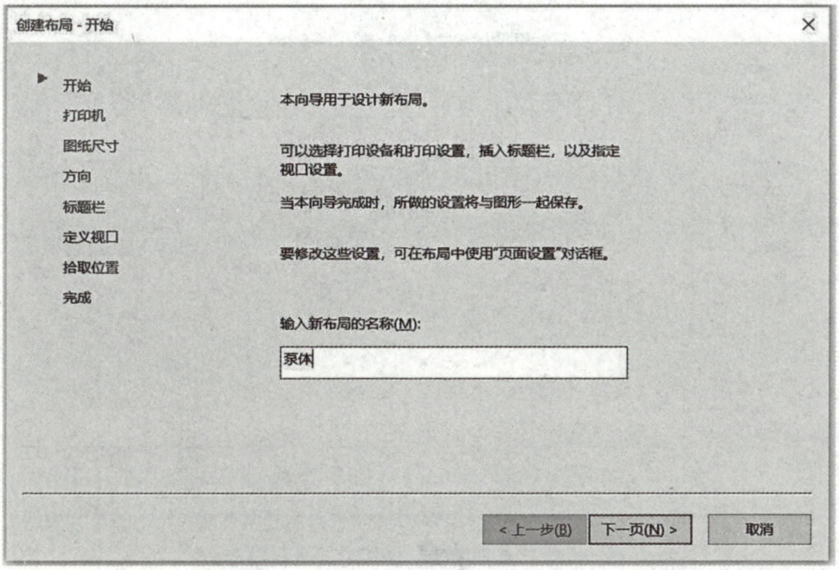

图 9-6　“创建布局-开始”对话框

(2)单击“下一页(N)”按钮，打开“创建布局-打印机”对话框，在中间的列表框中为“泵体”布局选择配置的绘图仪，如图 9-7 所示。

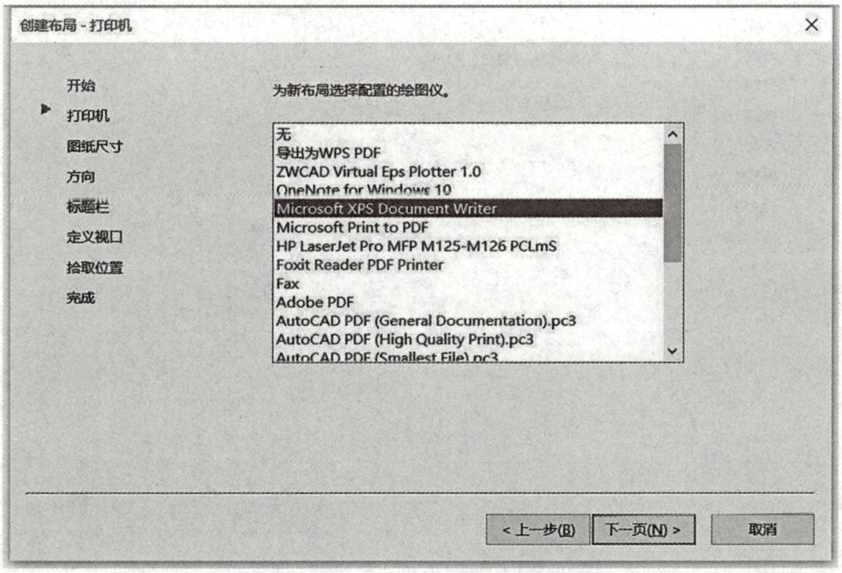

图 9-7　“创建布局-打印机”对话框

(3)单击“下一页(N)”按钮，打开“创建布局-图纸尺寸”对话框，如图 9-8 所示。在“图纸尺寸”下拉列表中可以看到打印设备所支持的各种格式的图纸；在“图形单位”选项组中选择输出图形的单位，可以选中“毫米(M)”“英寸(I)”或“像素(X)”单选按钮；在“图纸尺寸”选项组中选择图纸的大小，如 ISO A4(297.01 毫米×210.02 毫米)。

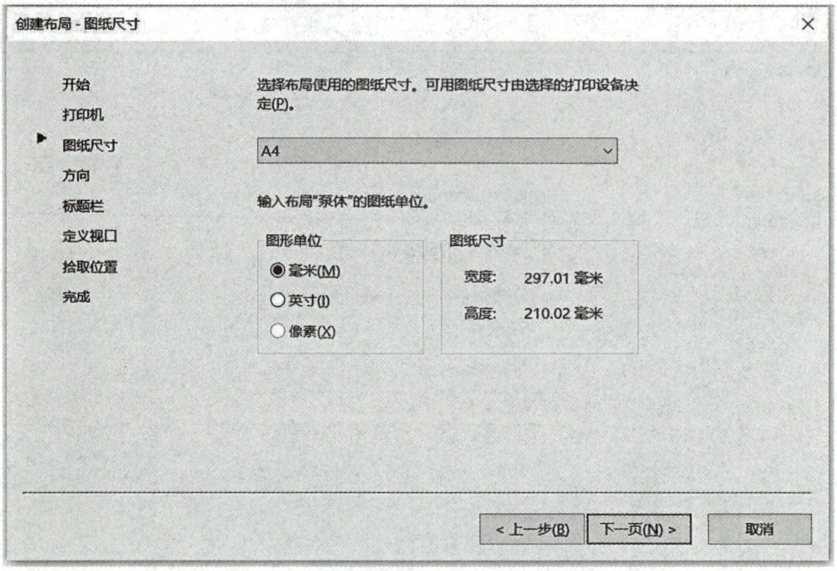

图 9-8 “创建布局-图纸尺寸”对话框

(4)单击“下一页(N)”按钮，打开“创建布局-方向”对话框，如图 9-9 所示。在该对话框中可以选择纵向或横向放置图形，选中“横向(L)”单选按钮。

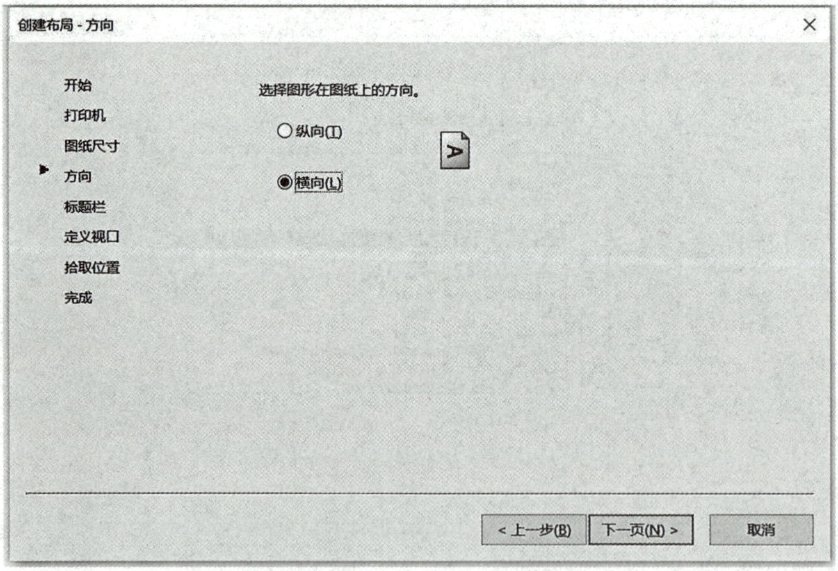

图 9-9 “创建布局-方向”对话框

(5)单击“下一页(N)”按钮，打开“创建布局-标题栏”对话框，如图 9-10 所示。该对话框的“路径”列表框中列出了当前可用的图纸边框和标题栏样式，从中选择一个作为创建布局的图纸边框和标题栏样式，在右侧的“预览”窗口中会显示所选样式。若绘图时已绘制标题栏，则选择“无”选项。在该对话框下方的“类型”选项组中，可以指定所选标题栏图形文件是作为块插入，还是作为外部参照附着在当前图形中。

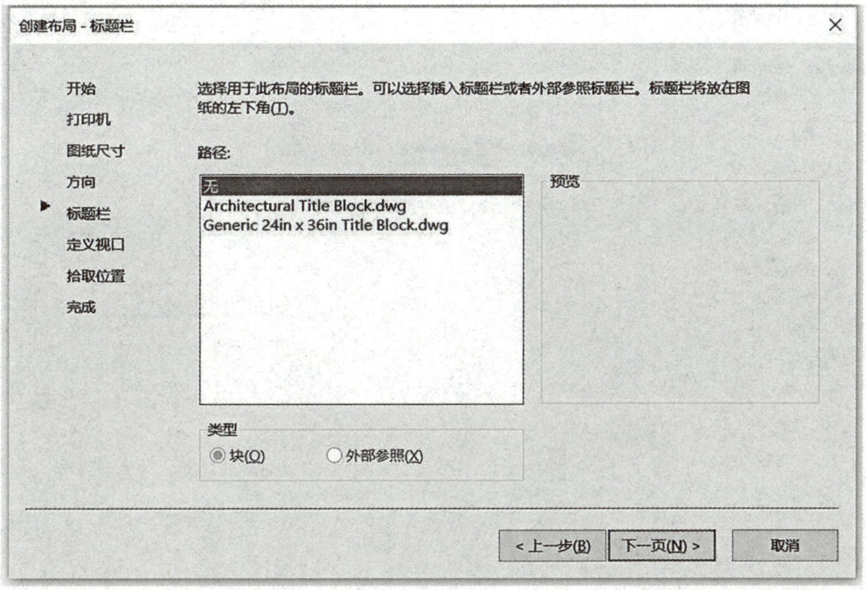

图 9-10　“创建布局-标题栏”对话框

(6)单击“下一页(N)”按钮，打开“创建布局-定义视口”对话框，如图 9-11 所示。在该对话框中，“视口设置”选项组用于设置当前布局的定义视口数，选中“单个(S)”单选按钮。“视口比例(V)”下拉列表用于设置视口比例。只有在选中“阵列(A)”单选按钮后，下方的 4 个数值框才可用。

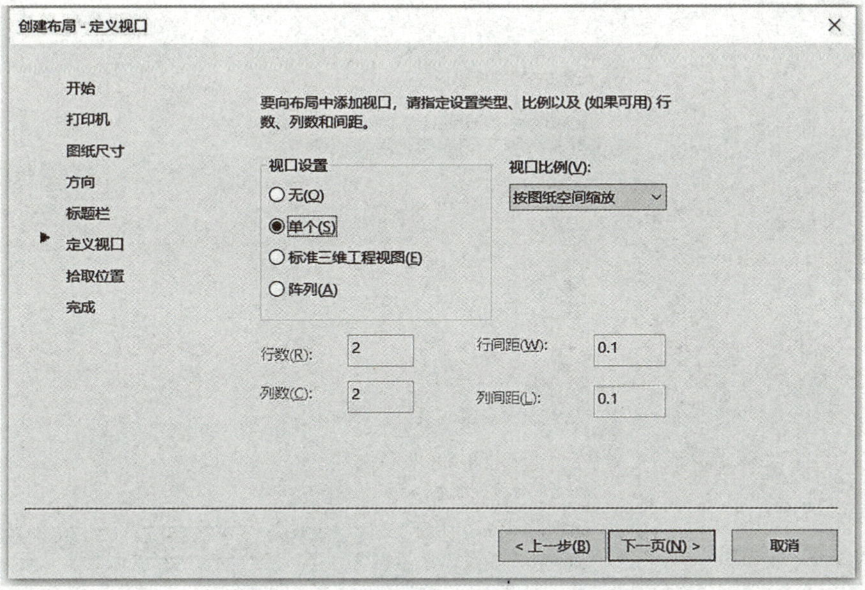

图 9-11　“创建布局-定义视口”对话框

(7)单击"下一页(N)"按钮,打开"创建布局-拾取位置"对话框,如图 9-12 所示。在该对话框中如果单击"选择位置(L)"按钮,则系统将暂时关闭对话框并返回绘图区,用户可在图形中指定视口配置的位置。

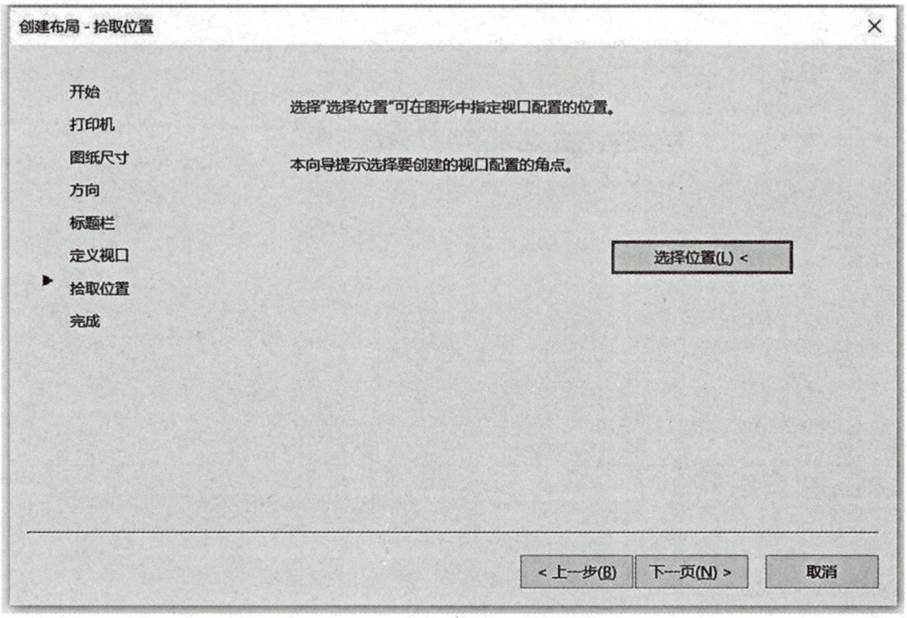

图 9-12 "创建布局-拾取位置"对话框

(8)单击"下一页(N)"按钮,打开"创建布局-完成"对话框,如图 9-13 所示。单击"完成"按钮完成布局创建。系统自动返回图纸空间,并显示名为"泵体"的布局。

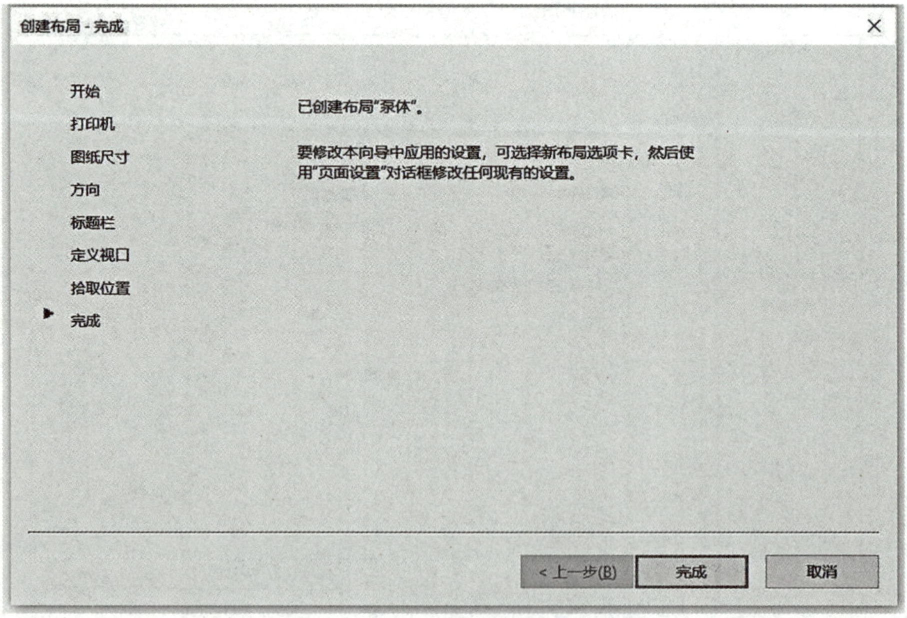

图 9-13 "创建布局-完成"对话框

9.2.2　布局的页面设置

页面设置是指 AutoCAD 2020 中对最终图纸外观和格式有影响的参数集合，用户可根据需求设置，并灵活应用于不同的布局中。当在模型空间中完成图形的绘制后，可选择“布局”选项卡，创建布局页面，根据打印需求设置图纸尺寸、比例、图层显示等，从而创建符合要求的打印布局。

有以下 4 种方式执行“页面设置”命令。

（1）菜单栏：“文件（F）”→“页面设置管理器（G）...”。

（2）功能区：“输出”选项卡→“打印”面板→“页面设置管理器”按钮 页面设置管理器。

（3）命令行：输入“PAGESETUP”，按“Enter”键。

（4）快捷菜单：在模型空间或布局空间中右击“模型”选项卡或“布局”选项卡，在弹出的快捷菜单中选择“页面设置管理器（G）...”选项，如图 9-14 所示。

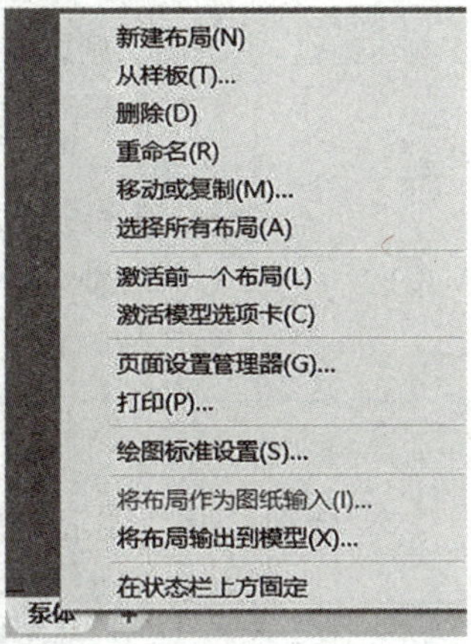

图 9-14　右击“模型”选项卡或“布局”选项卡弹出的快捷菜单

“页面设置”对话框常见选项组及对应的功能如表 9-1 所示。

表 9-1　“页面设置”对话框常见选项组及对应的功能

选项组	功能
打印机/绘图仪	选择打印机或绘图仪。在“名称（M）”下拉列表中选择可用的打印机或绘图仪。单击“特性（R）”按钮，在打开的对话框中可以查看、修改打印机或绘图仪的配置信息
图纸尺寸	可以在下拉列表中选择所需的图纸，并通过对话框中的“预览”窗口进行预览
打印区域	对布局的打印区域进行设置。在“打印范围（W）”下拉列表中有 4 个选项：“布局”选项，打印指定图纸界线内的所有图形；“窗口”选项，指定布局中的某个矩形区域为打印区域；“范围”选项，打印当前图纸中的所有图形；“显示”选项，打印模型空间中的当前视图
打印偏移	指定相对于可打印区域左下角的偏移量。在布局中，可打印区域的左下角点由左边距决定。选中“居中打印（C）”复选框，系统可以自动计算偏移量，从而居中打印
打印比例	在“比例（S）”下拉列表中选择标准比例，相应的值将显示在下方的两个数值框中。如果需要按打印比例缩放线宽，那么可以选中“缩放线宽”复选框
打印样式表	允许用户为布局或视口指定打印样式表。可在下拉列表中选择当前图形或布局的打印样式，单击“编辑”按钮，可以修改打印样式表
着色视口选项	设置打印着色和渲染视口选项，包含每个视口的打印方式和分辨率，这些设置可与图形一同保存

续表

选项组	功能
打印选项	若选中“打印对象线宽”复选框，则打印的图纸显示线宽；若选中“按样式打印(E)”复选框，则应用打印样式表中的设置；若选中“隐藏图纸空间对象(J)”复选框，则不打印布局环境中对象的隐藏线
图形方向	设置图形在图纸上的放置方向。若选中“横向(N)”单选按钮，则水平打印图形；若选中“纵向(A)”单选按钮，则竖直打印图形；若选中“上下颠倒打印(-)”复选框，则图形旋转180°打印

【例 9-2】创建一个“机械零件图打印参数”的页面设置，如图 9-15 所示。

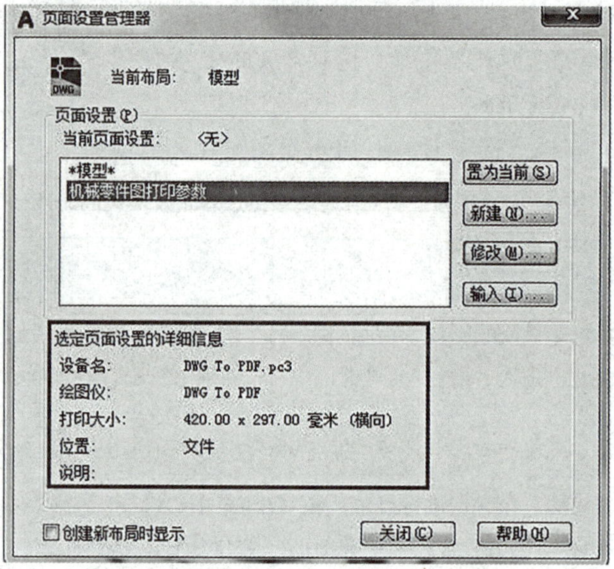

图 9-15　例 9-2 图

解：(1)执行“页面设置”命令后，打开“页面设置管理器”对话框，单击“新建(N)...”按钮，打开“新建页面设置”对话框，如图 9-16 所示。在“新页面设置名(N)”文本框中输入“机械零件图打印参数”，单击“确定(O)”按钮，打开“页面设置-模型”对话框，如图 9-17 所示。

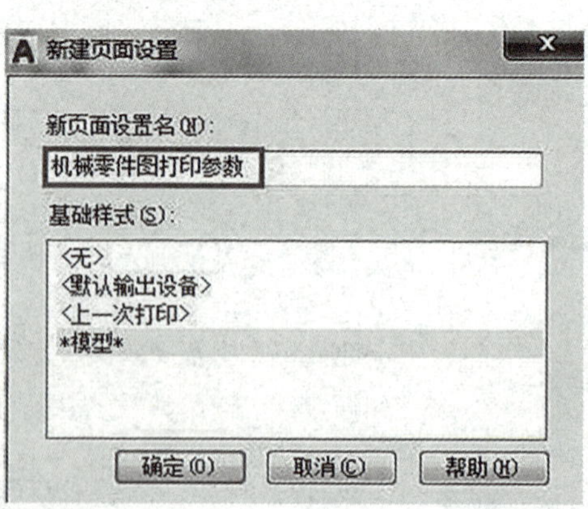

图 9-16　“新建页面设置”对话框

(2)在该对话框中，可以设置打印设备、图纸尺寸等参数。对于一个布局，可利用“页面设置-模型”对话框来完成其设置，布局中的虚线表示图纸中当前配置的图纸尺寸和绘图仪的可打印区域。设置完成后，单击“确定”按钮。

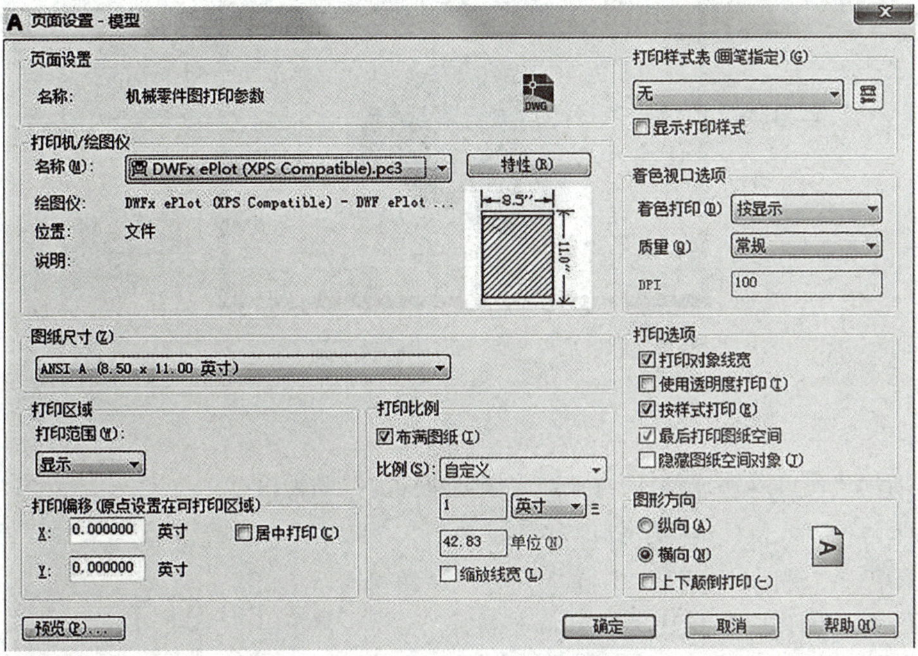

图 9-17　“页面设置-模型”对话框

说明

在图纸空间使用布局进行打印时，一般使用视口控制比例，按照 1∶1 的比例打印。

9.2.3　浮动视口

在 AutoCAD 2020 中，视口分为平铺视口和浮动视口两种。平铺视口是在模型空间中创建的，各个视口之间必须相邻，且均为标准矩形，边界形状不可调整。浮动视口则是在图纸空间中创建的，其形状可以是矩形、任意多边形或圆形等，各个视口能够重叠并同时进行打印，并且允许调整边界形状，具有更大的灵活性。

在默认情况下，在选择“布局”选项卡时，系统会根据模型空间中的图纸尺寸（默认图纸尺寸为 ISO A4）自动创建一个浮动视口，如图 9-18 所示。

在图纸空间中，若要编辑模型空间中的对象，则需先激活浮动视口进入浮动模型空间。浮动模型空间中的所有更改都会反映在图纸空间中。这使得浮动视口成为处理布局图中模型空间对象的重要工具。使用浮动视口的优点是能在每个视口中选择性地冻结图层，这样就可以查看每个浮动视口中的不同对象。通过在浮动视口中平移和缩放，还可以指定显示不同的视图。

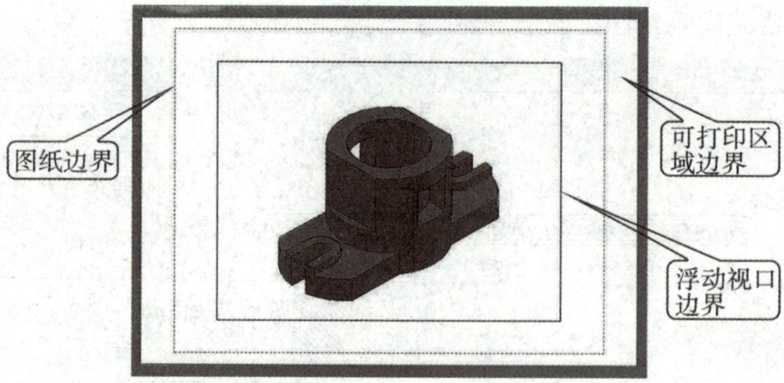

图 9-18　浮动视口

1.创建标准浮动视口

除自动创建视口以外,用户还可根据需求创建标准浮动视口。

有以下两种方式执行“新建视口”命令。

(1)菜单栏:“视图(V)” →“视口(V)” →“新建视口(E)...”。

(2)命令行:输入“VPORTS”,按“Enter”键。

执行“新建视口”命令后,打开“视口”对话框,如图 9-19 所示。在“标准视口(V)”列表框中选择视口数量及配置,可单独设置每个视口的显示类型、视角方法和视觉样式。

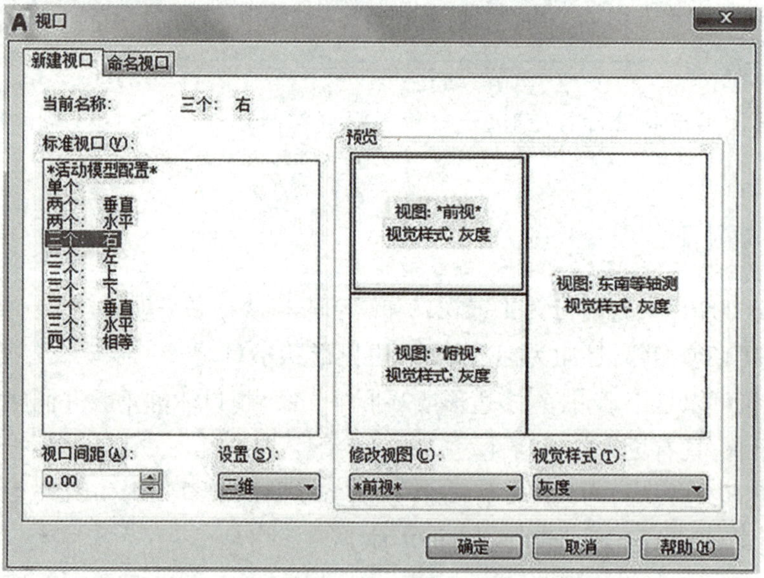

图 9-19　“视口”对话框

【例 9-3】在布局中新建浮动视口,将如图 9-20(a)所示的三维实体以不同视角合理放置,结果如图 9-20(b)所示。

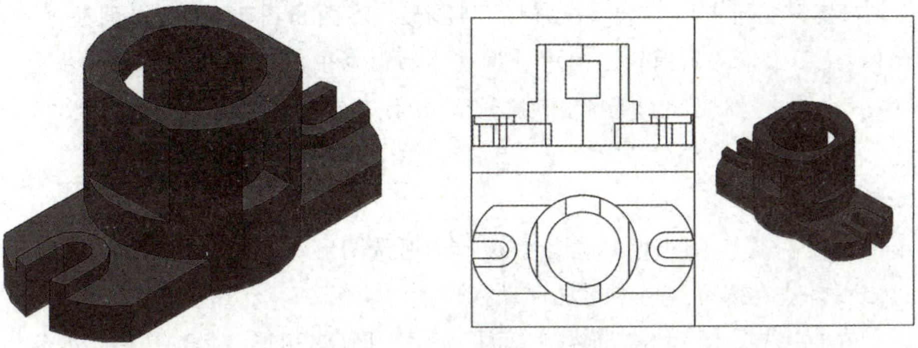

(a)　　　　　　　　　　(b)

图 9-20　例 9-3 图

解：(1)进入图纸空间，执行“新建视口”命令后，在“视口”对话框的“标准视口(V)”列表框中选择“三个：右”选项，在右侧的“预览”窗口中将显示预览效果。

(2)依次设置每个视口的显示类型、视角方法和视觉样式，设置完成后，“预览”窗口中的预览效果也同步更新。“视口”参数设置如图 9-21 所示。

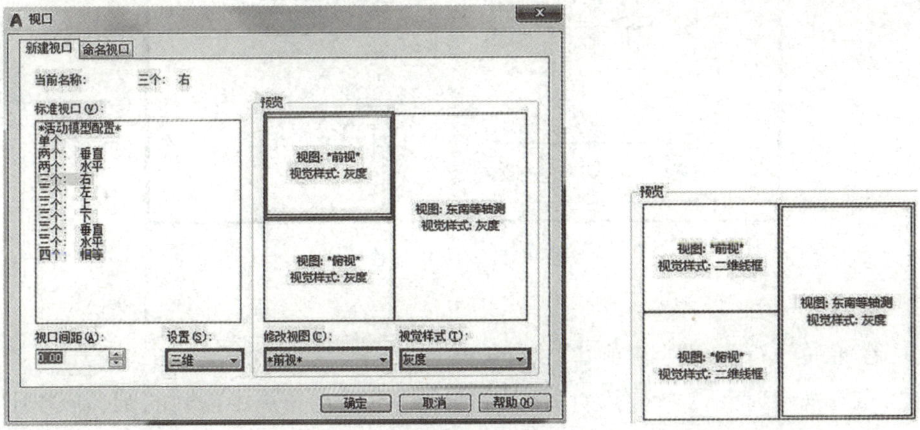

图 9-21　“视口”参数设置

(3)单击“确定”按钮，返回图纸空间，命令行显示操作如下：

```
命令：VPORTS
指定第一个角点或 [布满(F)] <布满>：                //按“Enter”键默认布满图纸
```

(4)在图纸空间中删除原始浮动视口。

说明

(1)若要调整浮动视口中的内容，如缩放、平移视图、添加尺寸或编辑图形等，则需先激活浮动视口。激活浮动视口的方法为，在浮动视口中双击。激活后的浮动视口边界由细线变为粗线。在浮动视口外任意位置双击，即可返回图纸空间。

(2)通常在模型空间中按 1∶1 的比例绘制图形。在输出图形时,可以调整浮动视口中图形的显示比例,使图形缩放到图纸空间中。调整浮动视口中图形显示比例的方法为,激活浮动视口,在状态栏中单击“选定视口的比例”按钮,在打开的列表中选择合适的视口比例。

2.增加浮动视口

用户可以在现有视口中创建以矩形、多边形或所选图形对象为边界的浮动视口。

可通过以下方式在现有视口中增加浮动视口。

功能区:“布局”选项卡 →“布局视口”面板 →“矩形(多边形、对象)”下拉列表。

【例 9-4】在图 9-5 的“泵体”布局中新建圆形浮动视口,结果如图 9-22 所示。

例9-4

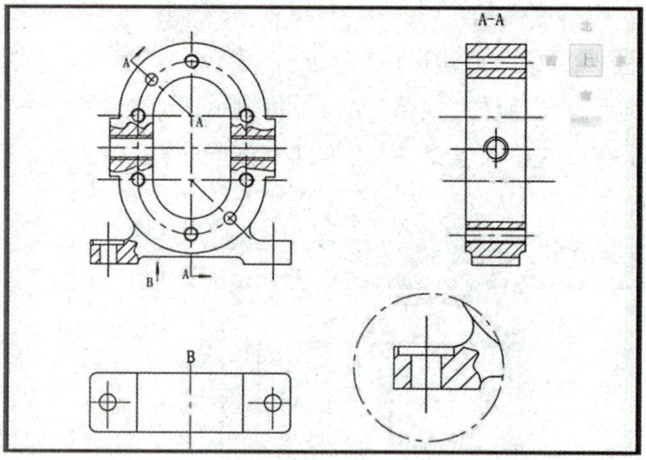

图 9-22　例 9-4 图

解:(1)在布局的右下角创建圆(尺寸自拟)。

(2)在“布局视口”面板中单击“对象”按钮对象,单击在布局中创建的圆,新建圆形浮动视口,模型空间显示在圆形浮动视口中,如图 9-23 所示。

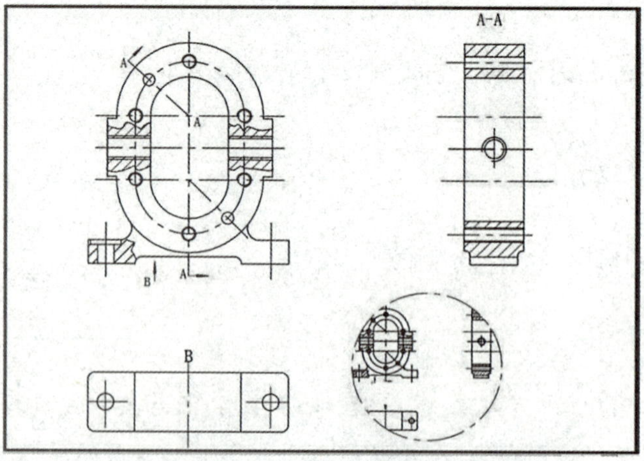

图 9-23　模型空间显示在圆形浮动视口中

(3)激活圆形浮动视口，在状态栏中单击“选定视口的比例”按钮，在打开的列表中选择“2 : 1”选项。在“视图”选项卡的“导航”面板中单击“平移”按钮(或者按住鼠标滚轮)，使剖切部分显示在圆形浮动视口中，成为一个局部放大视图。

说明

(1)当增加浮动视口时，应将当前图层更改为用于布局视口对象的图层。若要关闭布局视口边界的显示，则关闭其图层。冻结图层将不会保持非矩形剪裁边界。

(2)为在布局输出时只打印视图而不打印视口边框，可以将视口所在的图层设置为“不打印”。

(3)当视口与模型空间图形的比例关系确定时，通常可以使用“实时平移”命令调整视口中图形显示的内容，但不要使用“实时缩放”命令，否则会改变视口与模型空间图形的比例关系。

9.2.4　打印图纸

在布局中打印图纸比在模型空间中打印方便，这是因为布局可以视为一种打印的排版，许多打印所需的设置，如打印设备、图纸尺寸、打印方向、打印比例等，在创建布局时已经设置好，从而省去了打印时的设置。

在打印图纸之前，先打开图纸文件并切换至布局视图。

有以下 5 种方式执行“打印”命令。

(1)“应用程序”按钮：→打印→。

(2)快速访问工具栏：。

(3)功能区：“输出”选项卡 →“打印”面板 →“打印”按钮。

(4)命令行：输入“PLOT”，按“Enter”键。

(5)组合键：Ctrl+P。

【例 9-5】对图 9-22 的布局进行打印输出。

解：(1)进入“泵体”布局。

(2)执行“打印”命令后，打开如图 9-24 所示的“批处理打印”对话框。选择“继续打印单张图纸”选项，打开“打印-泵体”对话框，如图 9-25 所示。

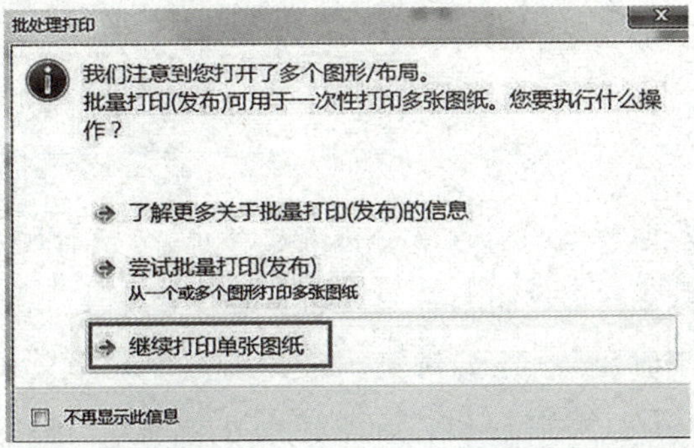

图 9-24　“批处理打印”对话框

(3)在该对话框中,既可调用已有的页面设置,也可根据需要进行设置。

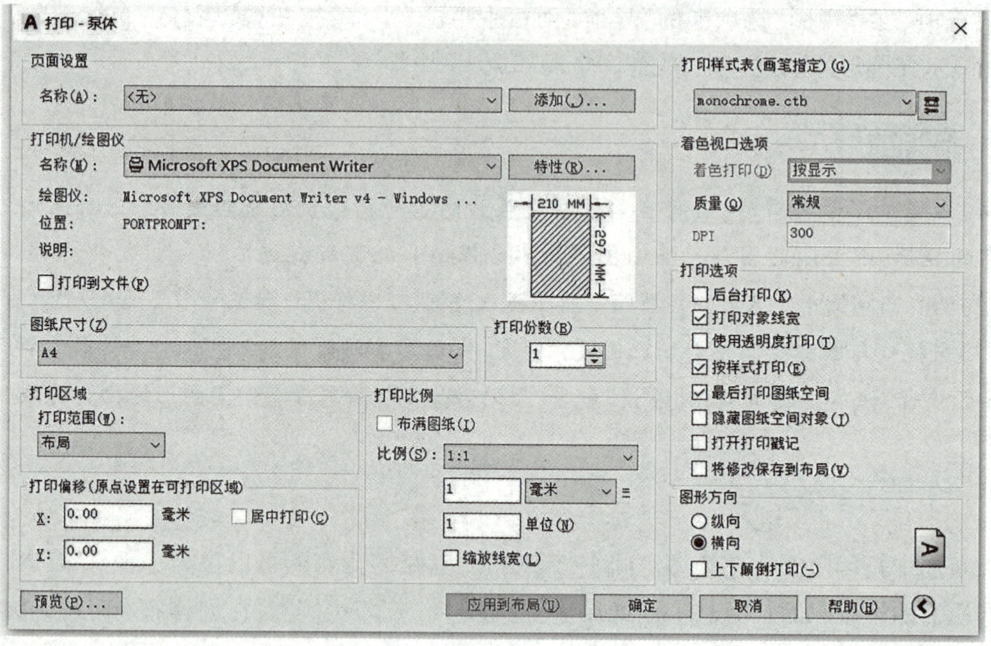

图 9-25 “打印-泵体”对话框

(4)单击“预览(P)...”按钮预览打印效果,单击“确定”按钮开始打印。若选择电子打印机,则系统会提示保存电子打印文件的位置。选择合适的保存路径后单击“保存”按钮,随即开始打印。

完成打印后,状态栏右下角会显示“完成打印和发布作业”的通知,如图 9-26 所示。单击该通知可以打开“打印和发布详细信息”对话框,该对话框记录了详细的打印任务信息。

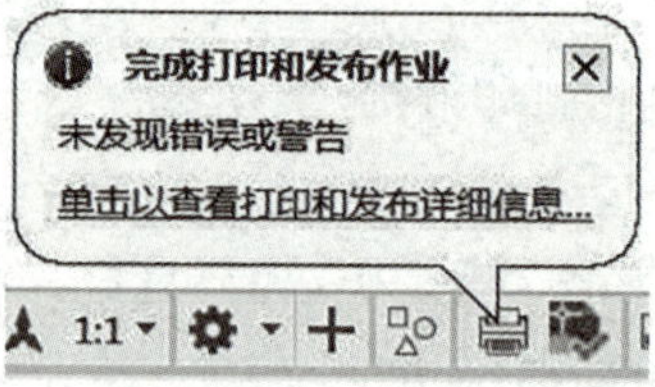

图 9-26 “完成打印和发布作业”的通知

说明

(1)可以将设置好的打印样式保存在页面设置文件中,方便打印时调用。模型空间没有与之关联的页面设置文件,而每一个布局都有专门的页面设置文件。

(2)打印样式表定义了打印特性(如线宽、颜色、填充样式等),以此来控制对象或布局的打印效果。打印样式表有两种,即颜色相关打印样式表和命名打印样式表。一个图形文件只能应用一种打印样式表,这取决于创建文件时的选择。样板文件名含“Named Plot Styles”,即表示使用命名打印样式表。

查验默认打印样式类型的操作方法如下。

①在绘图区右击，在弹出的快捷菜单中选择“选项(O)...”选项，打开“选项”对话框，选择“打印和发布”选项卡，如图 9-27 所示。

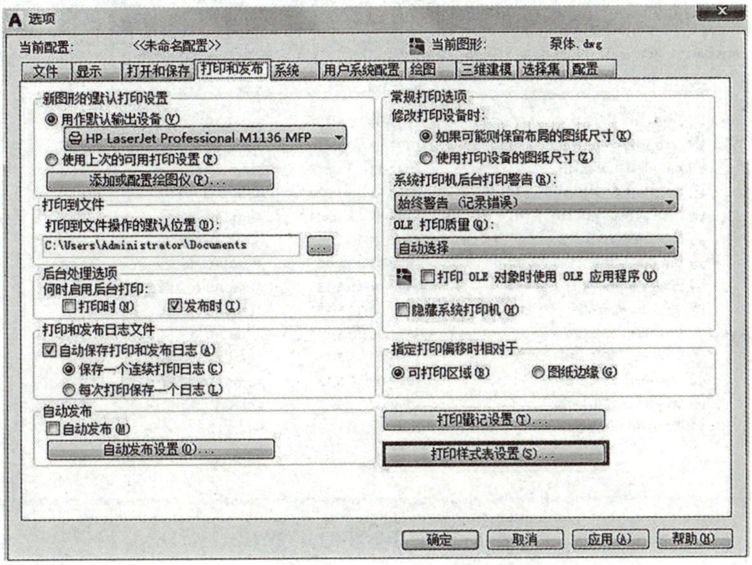

图 9-27　“打印和发布”选项卡

②单击“打印样式表设置(S)...”按钮，打开“打印样式表设置”对话框，如图 9-28 所示。在该对话框中可以选择不同的打印样式，指定新图形的默认打印样式，以及对当前打印样式表设置等。

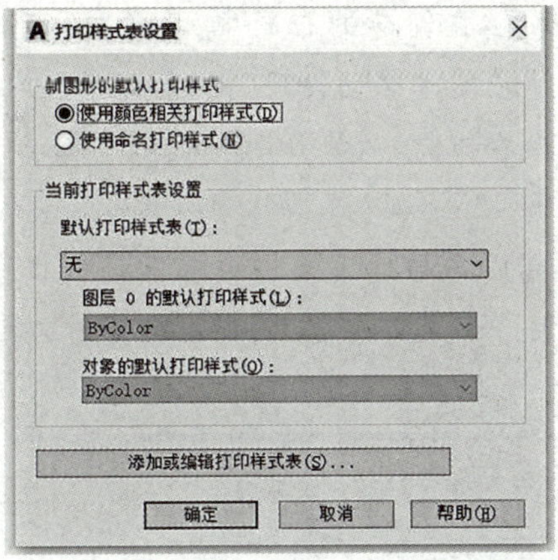

图 9-28　“打印样式表设置”对话框

(3) 完成打印机配置和打印布局后，除使用默认打印样式外，还可添加或编辑打印样式表。在“打印样式表设置”对话框中单击“添加或编辑打印样式表(S)...”按钮，打开“Plot Styles”窗口，如图 9-29 所示。“Plot Styles”窗口中含有多个命名打印样式表文件(*.stb)和颜色相关打印样式表文件(*.ctb)。用户可以根据需要双击打印样式表文件,在打开的对话框中进行修改。

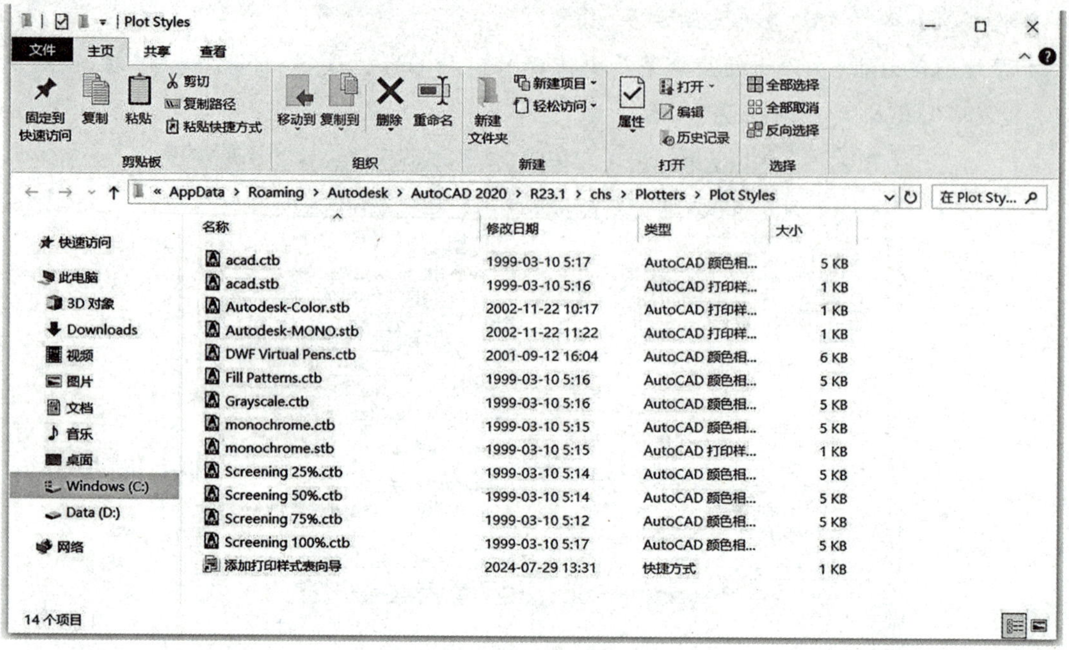

图 9-29 “Plot Styles”窗口

练一练

【练习 9-1】启动 AutoCAD 2020,执行“创建布局”命令,根据命令行的提示信息,自行创建一个新布局。

(1)练习布局的页面设置:在新建的布局中,执行“页面设置”命令,选择新布局并单击“修改(M)...”按钮,打开“新建页面设置”对话框。

(2)练习浮动视口操作:在布局中,执行“新建视口”命令,根据命令行的提示信息,在布局中增加浮动视口。

(3)练习打印图纸:在完成布局的页面设置和浮动视口操作后,执行“打印”命令,查看打印效果是否符合要求。如果符合要求,那么选择打印机,设置打印范围和打印份数等参数后,开始打印图纸。

9.3 图形输出

在 AutoCAD 2020 中,除打印图纸外,还可以将图形文件输出为 DWF 或 PDF 文件,以实现资源共享。

在将图形文件输出为 DWF 或 PDF 文件之前，用户可以设置基本输出选项，如选择文件的保存路径和是否包含图层信息等。用户也可以接受系统默认的输出设置。

1.输出 DWF 文件

DWF(Drawing Web Format)是 Autodesk 公司开发的可以进行网络传输的安全文件格式。DWF 文件是矢量压缩文件，其打开和传输速度较快，下载时间较短。DWF 文件可在装有网络浏览器和 Autodesk WHIP！插件的计算机中打开、查看和输出。

有以下 3 种方式输出 DWF 文件。

(1)菜单栏："文件(F)"→"输出(E)..."。

(2)功能区："输出"选项卡 →"输出为 DWF/PDF"面板 →"输出"按钮。

(3)命令行：输入"EXPORT"(命令别名"EXP")，按"Enter"键。

执行上述任意一种操作后，打开"另存为 DWF"对话框，如图 9-30 所示。在该对话框中选择所需选项，在"文件名(N)"文本框中输入"泵体"，单击"保存(S)"按钮，即可输出 DWF 文件。

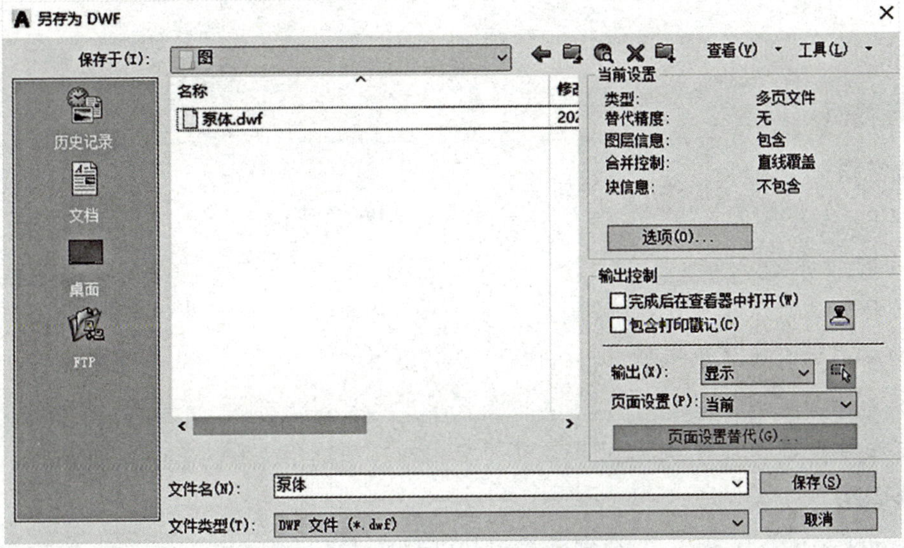

图 9-30 "另存为 DWF"对话框

2.输出 PDF 文件

PDF(Portable Document Format)是 Adobe 公司开发的用于文件交换的文件格式。PDF 文件是一种基于矢量图形和文本的文件，由于它不依赖特定的打印设备或分辨率，因此在不同设备上呈现时，其质量和布局都能得到保留。

输出 PDF 文件的方法与 DWF 文件基本相同，此处不再赘述。

本章小结

本章主要学习 AutoCAD 2020 的图形布局与输出，包含模型空间与图纸空间、创建打印布局和图形输出。在学习完本章后，应重点掌握以下内容。

(1)模型空间与图纸空间的区别。理解这两者的区别是使用 AutoCAD 2020 进行高效绘图的基础。模型空间主要用于绘制和编辑图形对象,而图纸空间主要用于布置和准备打印输出。正确地使用模型空间和图纸空间可以优化绘图和打印流程。

(2)创建和管理打印布局。

①新建布局的步骤和设置:熟悉如何创建新的布局,并对其进行命名和配置,是顺利打印的关键。

②布局页面设置:图纸尺寸、打印区域、比例等参数的设置,都对最终输出效果有直接影响。

③浮动视口的应用:掌握如何在布局中有效使用浮动视口来展示模型空间的内容,对于控制打印内容和打印样式至关重要。

④打印预览:在输出文件之前,使用打印预览功能检查图形,避免打印错误。

(3)图形输出格式的选择。DWF 文件适用于网络分享和查看,PDF 文件适用于电子交付和存档。

思考与练习

一、填空题

1.在 AutoCAD 2020 中,__________主要用于绘制和编辑图形对象,而__________主要用于布置和准备打印输出。

2.在创建新的打印布局时,可以通过__________命令打开"页面设置管理器"对话框。

3.为在布局中有效展示模型空间的内容,可以使用__________功能来创建浮动视口。

4.完成布局设置后,使用__________命令可以进行打印预览。

5.在布局中创建浮动视口后,可以调整视口中的__________和__________。

二、选择题

1.在 AutoCAD 2020 中,(　　)创建新的打印布局。

A.使用"创建布局"命令　　B.使用"LAYOUT"命令

C.使用"打印"对话框　　D.使用"页面设置管理器"

2.在图纸空间中,创建浮动视口的步骤之一是(　　)。

A.选择"模型"选项卡　　B.选择"布局"选项卡

C.在命令行中输入"VPORTS"　　D.使用右键快捷菜单

3.在布局中,(　　)设置浮动视口的比例。

A.通过属性板　　B.使用缩放命令

C.使用视口工具栏　　D.通过"页面设置"对话框

4.AutoCAD 2020 中的模型空间主要用于(　　)。

A.文件管理　　B.绘制和编辑图形对象

C.文本编辑　　D.打印布局

三、操作题

绘制如图 9-31 所示的零件图图纸并进行尺寸标注，用 A3 图幅布局并输出 PDF 文件。

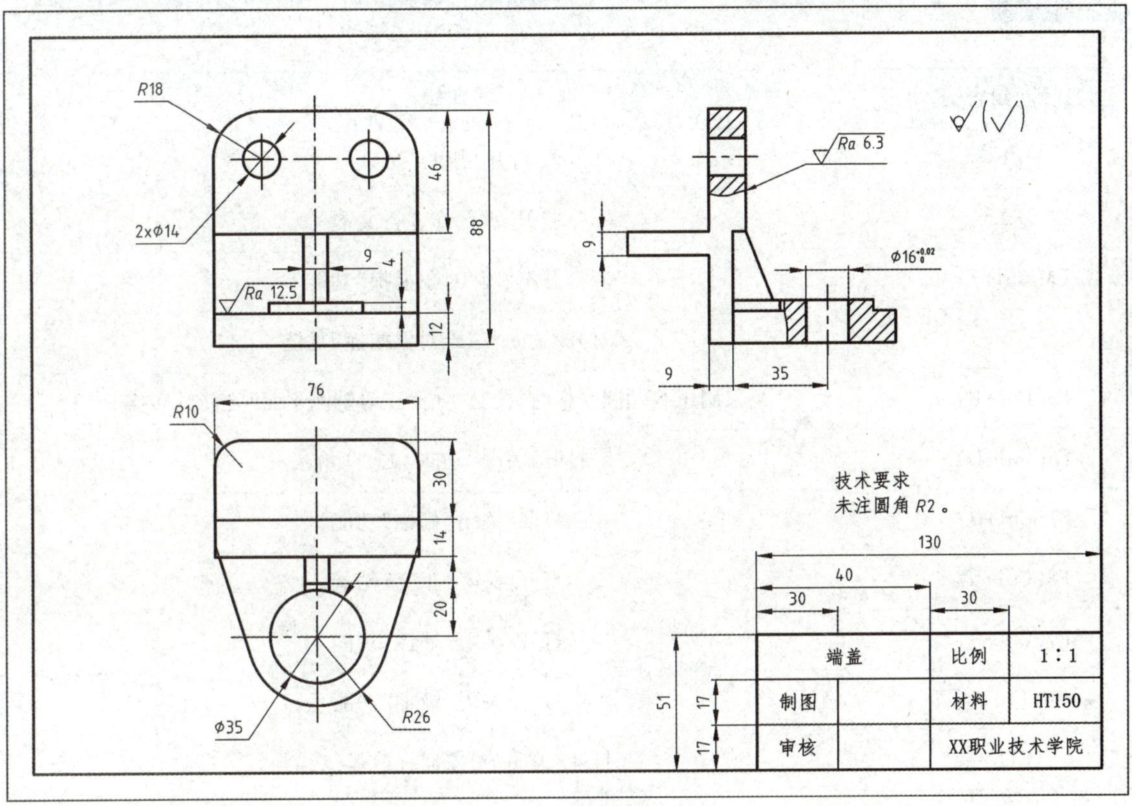

图 9-31　零件图图纸

附录 AutoCAD 2020 常见快捷键(组合键)及其功能一览表

快捷键(组合键)	功能
F1	打开“帮助”窗口
F2	打开/关闭命令行文本
F3(Ctrl+F)	打开/关闭“对象捕捉”功能
F4	打开/关闭“三维对象捕捉”功能
F5(Ctrl+E)	当采用正等轴测光标时,控制 3 个“正等轴测平面”之间的转换
F6(Ctrl+D)	打开/关闭“动态 UCS”功能
F7(Ctrl+G)	打开/关闭“栅格”功能
F8(Ctrl+L)	打开/关闭“正交”功能
F9(Ctrl+B)	打开/关闭“捕捉”功能
F10(Ctrl+U)	打开/关闭“极轴”功能
F11	打开/关闭“对象捕捉追踪”功能
F12	打开/关闭“动态输入”功能
Enter	结束或重复执行上一次命令
Esc	临时取消正在执行的命令,返回待命状态
Del	删除选中的图形对象
Ctrl+0	打开/关闭“全屏显示”
Ctrl+1	打开/关闭“特性”选项板
Ctrl+2	打开/关闭“设计中心”选项板
Ctrl+3	打开/关闭“工具”选项板
Ctrl+4	打开/关闭“图纸集管理器”选项板
Ctrl+6	打开/关闭“数据库连接管理器”选项板
Ctrl+7	打开/关闭“标记集管理器”选项板
Ctrl+8	打开/关闭“快速计算器”

续表

快捷键(组合键)	功能
Ctrl+9	打开/关闭“命令行”窗口
Ctrl+N	新建图形文件
Ctrl+O	打开图形文件
Ctrl+P	打印图形文件
Ctrl+S	保存图形文件
Ctrl+C	复制对象
Ctrl+X	剪切对象
Ctrl+V	粘贴对象
Ctrl+Z	取消上一次执行命令
Ctrl+Y	恢复上一次执行命令
Ctrl+A	选中所有对象
Ctrl+Q	退出图形文件
Ctrl+Tab	多个图形文件之间进行切换

参 考 文 献

[1]李睿,任阿然,陈卓.AutoCAD 2020 绘图技法从新手到高手[M].北京:清华大学出版社,2021.

[2]胡仁喜,沈炳振.AutoCAD 2022 中文版机械制图快速入门实例教程[M].北京:机械工业出版社,2021.

[3]周琼,邢伟,徐建平.中文版 AutoCAD 2016 基础与应用案例教程[M].镇江:江苏大学出版社,2016.

[4]田福润,祝艺丹,陈璐.AutoCAD 2020 计算机绘图[M].哈尔滨:哈尔滨工业大学出版社,2023.

[5]孙簃,许靖,陈洪飞.AutoCAD 2020 基础与应用技术[M].2 版.北京:高等教育出版社,2021.

[6]崔强.计算机绘图简明教程:AutoCAD2019 中文版[M].大连:大连理工大学出版社,2020.

[7]段剑伟,张博.AutoCAD 经典实用教程[M].北京:电子工业出版社,2018.

[8]廖晓露,王倩倩,杨芳.AutoCAD 工程制图案例教程[M].西安:西安电子科技大学出版社,2023.

[9]缪朝东,胥徐.机械制图与 CAD 技术基础[M].2 版.北京:电子工业出版社,2021.

[10]王林玉.AutoCAD 实用教程[M].北京:北京理工大学出版社,2016.